◆高等院校通识课程系列教材
◆高等院校应用型本科系列教材

大学信息技术基础教程

○主　编　谢　楠
○副主编　韩丽茹　陆赛群

中国水利水电出版社
www.waterpub.com.cn
·北京·

内 容 提 要

本书编写理念是信息化实践训练，教材设计出发点是"应用于实践，在实践中创新"，内容分为理论篇和实训篇两大部分，其中，理论篇简要介绍了计算机基础理论与新一代信息技术的基本概念；实训篇则以案例的形式编写了相应的实训，涵盖了中英文录入、Windows 10 操作、Word 2019 文字处理、Excel 2019 电子表格、PowerPoint 2019 演示文稿、网络配置与应用、AI 工具的使用等内容。

本书既适合作为高等院校非计算机专业的本科学生学习用书，也可作为应用型本科院校计算机类公共通识课教材，同时可作为计算机等级考试、职称计算机考试相关科目的参考用书。

图书在版编目（CIP）数据

大学信息技术基础教程 / 谢楠主编. -- 北京：中国水利水电出版社，2025. 5. --（高等院校通识课程系列教材）（高等院校应用型本科系列教材）. -- ISBN 978-7-5226-3317-6

Ⅰ．TP3

中国国家版本馆CIP数据核字第2025Y58H34号

书　　名	高等院校通识课程系列教材 高等院校应用型本科系列教材 **大学信息技术基础教程** DAXUE XINXI JISHU JICHU JIAOCHENG
作　　者	主　编　谢　楠 副主编　韩丽茹　陆赛群
出版发行	中国水利水电出版社 （北京市海淀区玉渊潭南路1号D座　100038） 网址：www.waterpub.com.cn E - mail：sales@mwr.gov.cn 电话：（010）68545888（营销中心）
经　　售	北京科水图书销售有限公司 电话：（010）68545874、63202643 全国各地新华书店和相关出版物销售网点
排　　版	中国水利水电出版社微机排版中心
印　　刷	天津嘉恒印务有限公司
规　　格	184mm×260mm　16开本　15.5印张　368千字
版　　次	2025年5月第1版　2025年5月第1次印刷
印　　数	0001—2000 册
定　　价	**46.00元**

凡购买我社图书，如有缺页、倒页、脱页的，本社营销中心负责调换
版权所有·侵权必究

前言

加快建设数字中国是抢占发展制高点、构筑国际竞争新优势的必然选择。大学信息技术基础是高等院校非计算机专业的一门计算机类公共通识课程，是其他计算机相关专业技术课程的前导和基础。该课程除了讲授计算机与新一代信息技术的基础理论知识之外，还需要实践训练环节与之配合，以更好地推动信息化和数字化教学思想前进。为此，我们在参考大量相关书籍、总结多年实践教学经验的基础上，编写了这本《大学信息技术基础教程》。

本书分为理论篇和实训篇两大部分，理论篇简要介绍了计算机与新一代信息技术的基础理论知识，实训篇则以案例的形式设计了12个实训，绝大多数实训案例来源于实际应用中的需求。其中，实训1是计算机操作中最基本的中英文录入，实训2和实训3是 Windows 10 系统的操作与文件管理，实训4和实训5是 Word 2019 的基本操作和文档综合排版应用，实训6和实训7是 Excel 2019 的基本操作、数据管理与图表应用，实训8和实训9是 PowerPoint 2019 的应用操作，实训10是注册、购物等网络基础应用，实训11是 Windows 10 系统下的网络配置及应用，实训12是利用 AI 工具制作一份汇报 PPT。每个实训末尾均附有"思政元素融入""思考与练习"小节，供读者进行知识点巩固操作及思考练习，以提升操作技能水平。

本书编写基于数字化、信息化思想和"应用于实践，在实践中创新"的出发点，编者经过精心组织和整理，将课程学习的知识点嵌入各个实训案例中，一步步指导学习者上机操作。实训目的明确，步骤清晰，具有较强的操作指导性，能够帮助学习者提高解决实际问题的能力，同时也便于教师更好地组织教学。本书既适合作为高等院校非计算机专业的本科学生学习用书，也可作为应用型本科院校计算机公共通识课的教材，同时可作为计算机等级考试、职称计算机考试相关科目的参考用书。

本书由谢楠担任主编并负责全书统稿校订，韩丽茹、陆赛群担任副主编。具体编写分工如下：计算机信息基础理论部分、实训1~实训3、实训8~实训12由谢楠副教授编写及校订；实训6、实训7由韩丽茹副教授编写及校订；实训 4、实训 5 由陆赛群老师编写及校订。徐欧官教学院长在本书的编写过程中提出了一些建设性意见和建议，计算机科学与技术学院部分授课老师在前期收集资料时做了大量的筛选工作。

本书的编写工作得到了浙江水利水电学院计算机科学与技术学院张运涛书记和王军院长的关怀与支持，还得到了浙江水利水电学院教务处、其他教研室及任课教师们的支持、鼓励与帮助，在此一一表示衷心的感谢！

由于编者水平有限，且计算机与新一代信息技术涵盖范围广、发展更新速度快，本书在文字叙述、实训内容、案例取舍等方面难免存在不足和疏漏之处，敬请广大读者批评指正。

本书中涉及的实训资料请登录行水云课平台下载。

编　者

2024 年 12 月

目录

前言

理论篇

计算机与信息技术基础理论 ················· 3

一、信息与信息技术 ····················· 3

二、数据信息的表示 ····················· 4

三、文本信息常用编码 ··················· 7

四、声音信息编码 ······················ 10

五、图形、图像和视频编码 ················ 10

六、计算机系统组成 ···················· 10

七、计算机网络与计算机病毒 ·············· 13

八、新一代信息技术概述 ················· 18

九、信息检索与信息素养 ················· 23

实训篇

实训 1　中英文录入 ······················ 51

实训 2　Windows 10 的基本操作及系统设置 ······ 57

实训 3　Windows 10 的文件和文件夹管理 ······· 68

实训 4　Word 2019 的基本操作 ··············· 81

实训 5　Word 2019 文档排版 ················ 100

实训 6	学生成绩电子表格管理	121
实训 7	职工信息电子表格管理	143
实训 8	PowerPoint 2019 的基本操作	163
实训 9	毕业论文答辩演示文稿的制作	195
实训 10	网络基础应用	216
实训 11	Windows 10 系统下的网络配置及应用	222
实训 12	利用 AI 工具制作一份汇报 PPT	232

参考文献

理 论 篇

计算机与信息技术基础理论

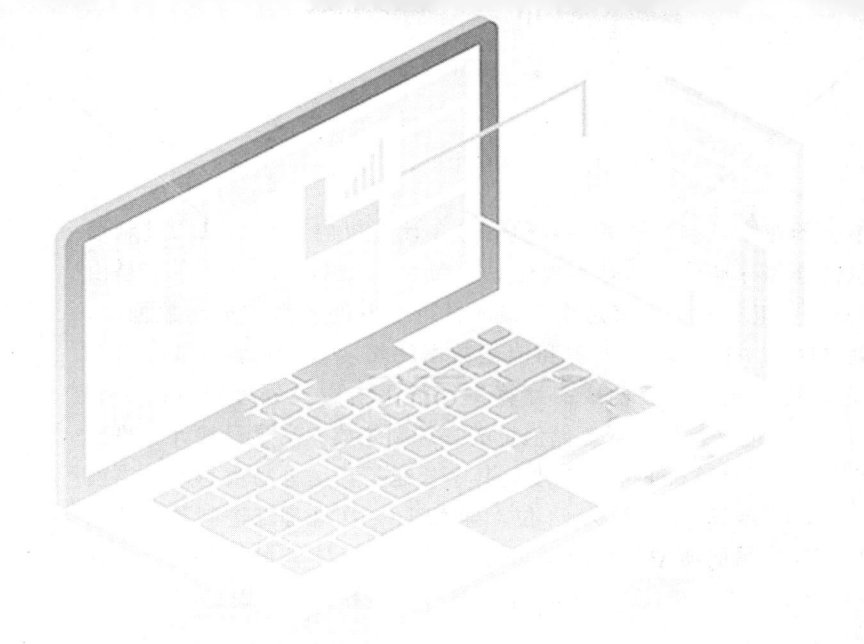

一、信息与信息技术

在信息化的今天，世界对信息的需求日益增长，信息来源于数据，现实世界中的信息，包括文本、音视频、图像等都必须通过一定的信息处理才能被人们接收和使用。信息、数据和信息处理的关系可以简单表示为：信息＝数据＋信息处理。

信息处理是指将数据转换成信息的过程，包括数据的收集、存储、加工、分裂、检索、传播等一系列活动。人类处理信息的历史大致分为以下四个阶段。

（1）原始阶段：语言、绳结语、画图或刻画标记和算筹等。

（2）手工阶段：文字、造纸术和印刷术等。

（3）机电阶段：蒸汽机、机械式计算机、无线电报、有线电话和雷达等。

（4）现代阶段：计算机（Computer）技术、现代通信（Communication）技术和控制（Control）技术，合称"3C技术"。

信息技术（Information Technology，IT）可以理解为与信息处理有关的一切技术，它的发展离不开计算机与计算机技术的发展。自1946年世界上第一台电子计算机——电子数字积分计算机（Electronic Numerical Integrator and Computer，ENIAC）在美国诞生以来，计算机科学与技术已成为近代发展速度最快的一门学科，尤其是随着微型计算机和计算机网络的发展，计算机的应用渗透到社会各个领域，有力推动了信息社会的蓬勃发展。

现实生活中,文本、图像、视频、语音等各种信息在计算机内部都是以二进制形式存储的,计算机信息处理和存储分配的基本单位是字节(B,Byte),每个字节是由8个二进制位(bit,0或1)组成的;而字是作为整体进行存取的1个二进制数据串,即当计算机进行数据处理时,一次存取、加工和传送数据的长度,1个字通常由1个或多个(一般是字节的整数倍数)字节构成;计算机字长是指中央处理器(Central Processing Unit,CPU)一次能并行处理或存储信息的二进制位数,它是反映计算机性能的主要指标之一,字长决定了计算机的运算精度,其字长越长,运算精度越高,当前个人计算机(Personal Computer,PC)字长为64位,即CPU一次处理二进制数的位数可达64位。随着计算机存储容量的激增,出现了多种扩展度量存储容量的单位,但基本单位依然是字节,扩展存储容量各单位的名称、单位符号及换算关系见表0-1。

表0-1 扩展存储容量各单位名称、单位符号及换算关系

单位名称	单位符号	换算关系	单位名称	单位符号	换算关系
千字节	KB	$1KB=2^{10}B=1024B$	帕字节	PB	$1PB=2^{10}TB=2^{50}B=1024TB$
兆字节	MB	$1MB=2^{10}KB=2^{20}B=1024KB$	艾字节	EB	$1EB=2^{10}PB=2^{60}B=1024PB$
吉字节	GB	$1GB=2^{10}MB=2^{30}B=1024MB$	泽字节	ZB	$1ZB=2^{10}EB=2^{70}B=1024EB$
太字节	TB	$1TB=2^{10}GB=2^{40}B=1024GB$	尧字节	YB	$1YB=2^{10}ZB=2^{80}B=1024ZB$

计算机作为一种通用的信息处理工具,具有运算速度快、计算精度高、海量存储(目前台式计算机的机械硬盘或固态硬盘普遍达1TB及以上,而超级计算机的内存可达TB数量级,外存已达PB数量级)等特点,还具有超强的逻辑判断能力、自动控制能力和网络通信能力。计算机在社会生活的各方面得到广泛应用,如科学计算、数据处理、过程控制、计算机辅助系统〔如计算机辅助设计(Computer Aided Design,CAD)、计算机辅助制造(Computer Aided Manufacturing,CAM)、计算机辅助翻译(Computer Aided Testing,CAT)或计算机辅助测试(Computer Aided Translation,CAT)、计算机辅助教学(Computer Aided Instruction,CAI)等〕、电子商务、电子政务、计算机通信、大数据与云计算、物联网应用、人工智能、智能家居等。

当前,计算机发展的趋势是由大到巨、由小到微,向网络化、多媒体化及智能化方向发展。

二、数据信息的表示

人类社会的一切信息须经一定的编码技术转换成二进制数据后才能由计算机进行存储、处理和传输。计算机之所以采用二进制表示各种数据,是因为二进制数码(仅0和1)最少,运算规则最简单,便于逻辑运算,但在计算机的程序和文档书写中,二进制数据表示过于冗长且容易出错,故常常采用十六进制数作为过渡表示。

1. 十进制数(D,Decimal)

在谈及其他进制数之前,先来回忆一下十进制数。十进制数具有10个数码(0、1、2、…、9),其基数为10,特点是逢十进一、借一当十,其权(或称位权)是10^n(n的取值是以小数点为分界点算起,小数点往左第1、2、3…位分别是0、1、2…递

增,而小数点往右分别是-1、-2、-3…递减)。例如,十进制数5093.68利用位权展开式表达为:$5×10^3+0×10^2+9×10^1+3×10^0+6×10^{-1}+8×10^{-2}=5093.68$。

2. 二进制数(B,Binary)

二进制数具有2个数码(0和1),其基数为2,特点是逢二进一、借一当二,其位权是2^n。

3. 十六进制数(H,Hex)

十六进制数具有16个数码(0~9和A、B、C、D、E、F,其中A~F分别对应十进制中的10~15),其基数为16,特点是逢十六进一、借一当十六,其位权是16^n。

4位二进制数的不同进制转换对照见表0-2。

表0-2 4位二进制数的不同进制对照表

二进制	十进制	八进制	十六进制	二进制	十进制	八进制	十六进制
0000	0	0	0	1000	8	10	8
0001	1	1	1	1001	9	11	9
0010	2	2	2	1010	10	12	A
0011	3	3	3	1011	11	13	B
0100	4	4	4	1100	12	14	C
0101	5	5	5	1101	13	15	D
0110	6	6	6	1110	14	16	E
0111	7	7	7	1111	15	17	F

4. 各进制数间的转换

(1) R进制(二进制、八进制、十六进制)数转换为十进制数。转换规则为:按位权展开求和,和值即为其十进制值。例如,二进制数$1011.101B=1×2^3+0×2^2+1×2^1+1×2^0+1×2^{-1}+0×2^{-2}+1×2^{-3}=11.625D$,八进制数$56.23O=5×8^1+6×8^0+2×8^{-1}+3×8^{-2}=46.296875D$,十六进制数$DBA.5H=13×16^2+11×16^1+10×16^0+5×16^{-1}=3514.3125D$。

(2) 十进制数转换成R进制(二进制、八进制、十六进制)数。对十进制数按其整数部分和小数部分分别转换,再通过小数点将转换后的结果连接起来。整数部分转换规则:除以基数R(2、8、16)取余数,一直到商为0为止,从下往上读数。小数部分转换规则:对小数部分乘以基数R(2、8、16)取整,一直到小数部分为0或达到所要求的精度为止,从上往下读数。

例如,把十进制数47.375D分整数和小数部分处理,将其转换成等值的二进制数的计算过程如下:

```
2 | 47
2 | 23    1           0.375
2 | 11    1         ×     2
2 |  5    1          0.750    0
2 |  2    1         ×     2
2 |  1    0          1.50     1
    0     1         ×     2
                     1.0      1
```

故 47.375D=101111.011B

同样，把十进制数 47.375D 分整数和小数部分处理，将其转换成等值的十六进制数的计算过程如下：

$$\begin{array}{r|l} 16 & 47 \\ \hline 16 & 2 \quad F \\ \hline & 0 \quad 2 \end{array} \uparrow \qquad \begin{array}{r} 0.375 \\ \times \quad 16 \\ \hline 6.0 \quad 6 \end{array} \downarrow$$

故 47.375D=2F.6H

思考

十进制数 109.36D 是否可以转换成等值的二进制数？若不可以，请将其分别转换成二进制数和十六进制数，小数位数均保留 3 位。

（3）二进制数与八进制、十六进制数的相互转换。由于二进制数表示过于冗长，故常采用八进制数或十六进制数进行精简过渡表示。因 $2^3=8^1$ 及 $2^4=16^1$，故一般以二进制数的小数点为分界点，往左或往右看，以 3 位或 4 位二进制数为 1 组，进行分组截取；若不足 3 位或 4 位，整数部分在前面补 0，补齐 3 位或 4 位，而小数部分在末尾补 0，补齐 3 位或 4 位，最后分组依次转成对应的八进制数或十六进制数。例如，将二进制数 1010110110.01011 转换成八进制数和十六进制数，分别表示如下：

$$\underline{[00]1010110110.01011[0]}=1266.26\text{O}$$
$$\ \ 1 \ \ \ 2\ \ 6\ \ 6\ .\ 2\ \ 6$$

$$\underline{[00]1010110110.01011[000]}=2\text{B}6.58\text{H}$$
$$\ \ 2\ \ \ \text{B}\ \ \ 6\ .\ 5\ \ \ 8$$

思考

将 1100111010101.101101B 分别转换成对应的八进制数和十六进制数。

反之，将 1 个八进制数或十六进制数转换成二进制数，则需要将它拆分，即将 1 个八进制或十六进制数拆分成 3 位或 4 位二进制数。例如：

3AD6.1CH = $\underline{11}$ $\underline{1010}$ $\underline{1101}$ $\underline{0110}$. $\underline{0001}$ $\underline{1100}$B

思考

如何将 570.23O 和 E86.3FH 转换成对应的二进制数？

5. 数值信息的表示

数值信息（包括整数和实数）在计算机中同样以二进制形式表示。数有正数和负数之分，在计算机存储中则将其最高位用来存放数的符号，正数的符号位为 0，负数的符号位为 1。为了降低运算的复杂度，一般将一个数的符号位和数值位分开处理。

（1）整数的表示。假设 R 进制的两个数 A、B，若 $A+B=R$，则称 A 和 B 互为补码（或称补数），由于补码运算规则统一、简单，在数值有效范围内，符号位与数值位可以一起参与运算，所以计算机系统中大多用补码表示整数。为了便于数的换算，整型数据信息的表示有三种形式：原码、反码和补码。正整数的原码、反码、补码是一样的，而负整数的3个编码各不相同，分别表示如下。

1) 原码的最高位为符号位1，其余位是该数的数值位（负整数取其绝对值后的二进制值）。

2) 反码的最高位为符号位1，其余位是该数原码数值位按位取反。

3) 补码的最高位为符号位1，其余位是对该数反码的数值部分取反加1。

已知两个十进制数 $X=91D$ 和 $Y=-91D$，若当前机器字长为8（即采用8位二进制数表示1个数），则其原码、反码和补码分别表示如下：

$X=+1011011$ $Y=-1011011$

[X] 原码 $=01011011$ [Y] 原码 $=11011011$

[X] 反码 $=01011011$ [Y] 反码 $=10100100$

[X] 补码 $=01011011$ [Y] 补码 $=10100101$

思考

十进制数 $X=57D$ 和 $Y=-57D$ 在当前机器字长为8时的原码、反码和补码各是多少？

当然，若我们得到的运算结果是一个负数的补码，还需要将补码还原后才能得到其真值结果，转换规则仍然为：在原码基础上符号位保持不变，其余位按位取反加1。例如，若当前机器字长为8，一个数 X 的补码为10111010，则其真值计算过程如下：

[X] 补码 $=10111010$

对补码进行"取反加1"后为

[X] 原码 $=11000110$

则

[X] 真值 $=-46H=-70D$

思考

若机器字长为8，得到一个数的补码为11010101，则其对应的真值是多少？

（2）实数的表示。实数采用十进制形式表示，分整数和小数两部分，由小数点分隔，也可用指数表示形式。实数在计算机中的表示可分为以下两大类。

1) 定点数。将小数点约定在一个固定的位置上表示，不占数位，即在计算机中没有设专门表示小数点的数位，小数点的位置是约定默认的。

2) 浮点数。相对于定点数，浮点数的小数点的位置是可变的，可以大大扩大数值的表示范围，提高精度，类似于十进制中的指数计数法，如 $-0.123456789 \times 10^{-108}$。在计算机中通常把浮点数分成阶码和尾数两个部分来表示。阶码的位数决定数的大小范围，尾数的位数决定数的精度。

三、文本信息常用编码

计算机在处理非数值数据文字信息（如西文字符和中文字符等）时，要先对其进行数字化处理，按照一定的规则用二进制编码来表示信息。

1. ASCII 码

在计算机系统中，字符编码目前普遍采用的是 ASCII 码（American Standard Code for Information Interchange，美国信息交换标准代码）。它采用 7 位二进制编码，从 0~127 共有 128 个编码（即表示 128 个字符），涵盖了键盘上所有字符。在计算机中实际用 8 位二进制数（1 个字节）来表示 1 个字符，即在 ASCII 码前补 1 位——最高位"0"。ASCII 码表见表 0-3。

表 0-3 ASCII 码表

低 4 位 $b_3b_2b_1b_0$	高 4 位 $b_7b_6b_5b_4$							
	0000	0001	0010	0011	0100	0101	0110	0111
0000	空	数据链路转义	Space 空格	0	@	P	`	p
0001	头标开始	设备控制 1	!	1	A	Q	a	q
0010	正文开始	设备控制 2	"	2	B	R	b	r
0011	正文结束	设备控制 3	#	3	C	S	c	s
0100	传输结束	设备控制 4	$	4	D	T	d	t
0101	查询	反确认	%	5	E	U	e	u
0110	确认	同步空闲	&	6	F	V	f	v
0111	振铃	传输块结束	'	7	G	W	g	w
1000	Backspace 退格	取消	(	8	H	X	h	x
1001	水平制表符	媒体结束	)	9	I	Y	i	y
1010	换行/新行	替换	*	:	J	Z	j	z
1011	竖直制表符	转义	+	;	K	[	k	{
1100	换页/新页	文件分隔符	,	<	L	\	l	|
1101	回车	组分隔符	-	=	M	]	m	}
1110	移出	记录分隔符	.	>	N	^	n	~
1111	移入	单元分隔符	/	?	O	_	o	Del

查表可知：字符"0"的 ASCII 编码为 00110000，其 ASCII 码值为 48；字母"A"的 ASCII 编码为 01000001，其 ASCII 码值为 65；字母"a"的 ASCII 编码为 01100001，其 ASCII 码值为 97，Space 空格的 ASCII 编码为 00100000，其 ASCII 码值为 32 等等。

2. ASCII 码扩展字符集

ASCII 码采用 7 位编码，只能支持 128 个字符，为了表示更多的欧洲常用字符，把 ASCII 码的最高位进行扩展使用，即 ASCII 扩展字符集采用 8 位（bit）表示 1 个字符，共 256 个字符。

3. Unicode 编码

Unicode 编码（统一码、万国码、单一码）是计算机科学领域里的一项业界标准，包括字符集、编码方案等。Unicode 编码是为了解决传统的字符编码方案的局限问题而产生的，它为每种语言中的每个字符设定了统一且唯一的二进制编码，以满足跨语言、跨平台进行文本转换与处理的需求。Unicode编码共有三种编码形式，分别为UTF-8（占用1~4个字节）、UTF-16（占用2个或4个字节）、UTF-32（占用4个字节）。

4. 中文汉字编码

(1) 区位码。1980年，国家标准总局颁布了《信息交换用汉字编码字符集 基本集》（GB 2312—80）（2017年转为推荐性标准，编号改为GB/T 2312—1980）。区位码也称中文信息编码，是以2个字节构成1个汉字的，第1个字节称为区号，第2个字节称为位号，共可表示8836个字，其中汉字有6763个（一级高频字有3755个，二级非常用字有3008个）。

区位码是4位十进制数，范围是0101~9494，每一个汉字可查《信息交换用汉字编码字符集 基本集》中的汉字区位码表，如汉字"中"的区位码为5448、汉字"国"的区位码为2590等。

(2) 国标码。它是将区位码的区号和位号的十进制数分别转换成十六进制数，再各自加上20H得到的。如汉字"国"的国标码换算过程为：汉字"国"的区号和位号分别为十进制数25、90，将其分别转换成十六进制数19H、5AH，再各自加上20H，则为39H、7AH。由此可得，汉字"国"的国标码为397AH，即有2个字节编码（高字节39H、低字节7AH），其中每个字节的最高位b_7均为0。

(3) 机内码（也称内部码、内码）。它是计算机系统内部处理和存储汉字使用的编码，为了区分西文字符的编码，在计算机内部不直接使用国标码，而是将汉字国标码的高字节、低字节中的最高位b_7分别设置为1，这就是汉字的机内码，简单表示为：机内码＝国标码＋8080H 或者 机内码＝区位码（转换成十六进制数）＋A0A0H。这样，汉字的机内码既兼容英文ASCII码，又不会与ASCII编码产生二义性（因为每个ASCII编码的最高位b7为0）。因此可以算出，汉字"国"的机内码为：397A＋8080＝B9FAH 或者 195A＋A0A0＝B9FAH，其中高字节为B9H，低字节为FAH。

汉字"中"（区位码5448D）的国标码和机内码分别为5650H和D6D0H，其演算过程为

区位码：5448D
↓ 将区号54、位号48分别转换成十六进制数
十六进制：3630H
＋2020H
↓
国标码：5650H
＋8080H
↓
机内码：D6D0H

思考

(1) 汉字"幽"（区位码5136）的国标码和机内码分别是多少？

(2) 字符串"我的学号@586A19"存储在计算机的编码是多少？（可自行查"汉字区位码表"求得）

当然，汉字还有输入码（也称外码），常见的有音码（如谷歌拼音输入、搜狗拼音输入）和形码（如搜狗五笔输入）等。另外，汉字还有字形码，用来显示和打印输出汉字，常见的有点阵式显示和矢量方式显示。常用的汉字字形点阵有 16×16、32×32、64×64 等，假设采用 32×32 点阵显示某个汉字的宋体字形，则存储一个汉字的宋体字形须占 32×32÷8＝128 个字节。同一个汉字的字体不同，其字形编码也不同，常见的字体有宋体、楷体、黑体、隶书等几十种字体，其对应的汉字字体库也有几十种。

四、声音信息编码

声音是振动的波，是随时间连续变化的物理量，音频信号一般指频率范围为 20Hz～20kHz 的信号。声音信号须经采样、量化和编码等技术处理，被转换为数字音频信号之后，才能被计算机处理。

音频编码就是通过一定格式把经过采样和量化得到的离散数据记录下来，并采用一定的算法来压缩数字数据。压缩算法分为有损压缩算法和无损压缩算法，主要有脉冲编码调制（Pulse Code Modulation，PCM）、自适应差分脉冲编码调制（Adaptive Differential Pulse Code Modulation，ADPCM）等。

五、图形、图像和视频编码

图形、图像是多媒体应用系统中最常用的媒体形式，分为位图和矢量图两大类。位图是用矩阵形式表示的一种数字图像，也称点阵图像。位图图像文件保存的是组成位图的各像素点的颜色信息，如 24 位真彩色 BMP 位图，即采用 R、G、B 三基色各 8 位组成 24 位二进制数表示某个像素点的颜色值，将位图图像文件放大、缩小或旋转时，会产生失真。矢量图是采用数学方程和算法绘制的图形，其颜色的多少与文件大小无关，通常生成的图形文件相对较小。矢量图形的输出质量与分辨率无关，可以任意放大或缩小，是表现文字、线条图形（标志）等的最佳选择。图像的数字化过程实际上就是对连续图像进行空间和颜色离散化的过程，同样也是经过采样、量化、压缩编码 3 个步骤完成数字化变化，其压缩编码有相关标准，如 JPEG（Joint Photographic Experts Group，联合图像专家组）图像压缩标准。要实现图像的数字化，需要专门的数字化设备，如图像扫描仪和数码照相机等。常见的图片格式有 JPEG 格式、PSD 格式、GIF 格式、BMP 格式、TIFF 格式等。

视频信号由一幅幅内容连续的图像组成，当这些图像按一定的速度快速播放时，由于人眼的视觉暂留现象，就会产生连续的动态画面效果。计算机处理的是数字化视频信息，即人们需先将来源于电视、录像机、摄像机、影碟机等的模拟视频信号经过采样、量化和压缩编码三个步骤转换为数字化的视频信息。常用的视频格式有 MPEG–4 格式（＊.mp4）、AVI 格式（＊.avi）、WMV 格式（＊.wmv）、RealVideo 格式（＊.rm 或 ＊.ram）等。

六、计算机系统组成

计算机系统由硬件系统和软件系统两大部分组成。计算机硬件是构成计算机系统各功能部件的集合，由电子、机械和光电元件组成，它是完成各项工作的物理实体；

计算机软件是指与计算机系统操作有关的各种程序以及与之相关的文档和数据的集合。当前，一般用户使用的微型计算机或 PC 系统组成如图 0-1 所示。

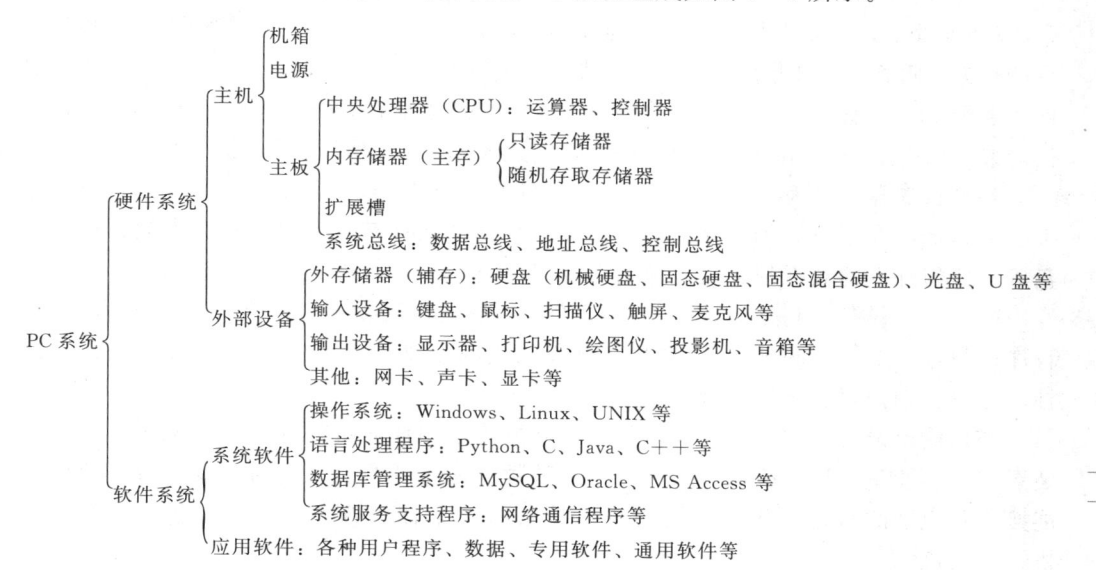

```
              ┌ 主机 ┌ 机箱
              │      │ 电源
              │      └ 主板 ┌ 中央处理器（CPU）：运算器、控制器
              │             │ 内存储器（主存）┌ 只读存储器
              │             │                 └ 随机存取存储器
  ┌ 硬件系统 ┤             │ 扩展槽
  │          │             └ 系统总线：数据总线、地址总线、控制总线
  │          │
  │          └ 外部设备 ┌ 外存储器（辅存）：硬盘（机械硬盘、固态硬盘、固态混合硬盘）、光盘、U 盘等
PC系统 ┤                │ 输入设备：键盘、鼠标、扫描仪、触屏、麦克风等
  │                     │ 输出设备：显示器、打印机、绘图仪、投影机、音箱等
  │                     └ 其他：网卡、声卡、显卡等
  │
  │          ┌ 系统软件 ┌ 操作系统：Windows、Linux、UNIX 等
  │          │          │ 语言处理程序：Python、C、Java、C++等
  └ 软件系统 ┤          │ 数据库管理系统：MySQL、Oracle、MS Access 等
             │          └ 系统服务支持程序：网络通信程序等
             └ 应用软件：各种用户程序、数据、专用软件、通用软件等
```

图 0-1 PC 系统组成

1. 计算机硬件系统

1945 年，被誉为"计算机之父"的美籍匈牙利科学家约翰·冯·诺依曼首先提出"存储程序和程序控制"的概念和二进制原理，后来人们利用这个概念和原理设计的电子计算机被统称为冯·诺依曼体系结构计算机。它由以下五个部件组成。

（1）运算器。运算器也被称为算术逻辑单元（Arithmetic Logic Unit，ALU），它的功能是完成算术运算（指加、减、乘、除及它们的混合运算）和逻辑运算（指非、与、或等逻辑比较和逻辑判断操作）。在计算机中，任何复杂运算都会转化为基本的算术运算与逻辑运算，然后在运算器中完成。

（2）控制器。控制单元（Control Unit，CU）是计算机的指挥系统，一般由指令寄存器、指令译码器、时序电路和控制电路组成。它的基本功能是从内存中取指令和执行指令。指令是指示计算机如何工作的一步操作，由操作码（操作方法）及操作数（操作对象）两部分组成。

人们通常将运算器和控制器合称为中央处理器，它是整个计算机的核心部件，是计算机的"大脑"，控制了计算机的运算、处理、输入和输出工作。

（3）存储器。存储器是计算机的记忆装置，主要功能是存放程序和数据。存储器根据其与 CPU 联系的密切程度可分为内存（主存）和外存（辅存）两大类。内存在计算机主机内，是直接与 CPU 交换信息的，虽然容量小，但存取速度快，一般只存放那些正在运行或即将执行或处理的数据。内存一般采用半导体存储器，分随机存取存储器（Random Access Memory，RAM）和只读存储器（Read - Only Memory，ROM）两种。RAM 断电后数据会丢失，又分为静态随机存取存储器（Static Random Access Memory，SRAM）和动态随机存取存储器（Dynamic Random Access Memory，DRAM），SRAM 的存取速度比一般的 DRAM 快 4～5 倍，一般用作高速缓冲存储器（Cache）。

为了解决 CPU 和内存两者存取速度不匹配的问题，在两者之间插入了一个 Cache，Cache 容量小于内存，由高速 SRAM 构成，存取速度比主存快，直接高速向 CPU 提供指令和数据。随着半导体集成度的进一步提高，部分 Cache 已集成到 CPU 内部，其工作速度接近于 CPU，称为一级 Cache；介于 CPU 与主存之间的 Cache 称为二级 Cache。CPU 读取数据顺序是先 Cache 后内存，Cache 技术大大提高了 CPU 访问内存的速度。

外部存储器（外存、辅存）用以存放当前暂时不用的程序或数据，特点是容量大、成本低，在断电后仍保存信息。目前，常见的外存有硬盘、光盘、优盘、移动硬盘等。任何外存的数据都必须先被调入内存送至 Cache，才可被 CPU 读取。

（4）输入设备。它是向计算机内部传送信息的装置设备，即向计算机输入命令、程序、数据、文本、图形、图像、音频和视频等信息。常见的输入设备有键盘、鼠标、光笔、扫描仪、条形码阅读器、麦克风等。

（5）输出设备。它是将计算机的处理结果传送到计算机外部供计算机用户使用的装置。其功能是将计算机内部二进制形式的数据信息转换成人们所需要的或其他设备能接收和识别的信息形式，常见的输出设备有显示器、打印机、绘图仪、音箱、耳机、刻录机等。

2. 计算机软件系统

计算机软件系统分为系统软件和应用软件两部分，计算机系统软件一般由计算机厂商提供，以控制和协调计算机及外部设备，支持应用软件开发和运行的系统，无须用户干预的各种程序的集合，如操作系统；而应用软件是为了利用计算机解决各类实际应用问题而设计的程序集合，一般是由用户或软件公司开发的，如北京金山办公软件股份有限公司开发的 WPS Office、腾讯公司开发的 QQ 等。

系统软件主要分为以下四类。

（1）操作系统（Operating System，OS）。操作系统是最重要的计算机系统软件，它是控制和管理计算机资源的一组程序，是用户和计算机硬件系统之间的接口，为用户和应用软件提供了访问和控制计算机硬件的桥梁，其作用是管理计算机的所有软件和硬件资源，是计算机的灵魂，具有处理机管理、存储管理、设备管理、文件管理和作业管理五个功能。

操作系统从功能角度分，可分为批处理 OS、分时 OS、实时 OS 和网络 OS 等；从运行的环境分，可分为桌面 OS、手机 OS、服务器 OS、嵌入式 OS 等。目前，常见的操作系统有 HUAWEI Harmony OS（华为鸿蒙系统）、Windows、UNIX、Linux、MacOS、Android、iPadOS 等。

（2）语言处理系统。程序设计语言是用户编写应用程序使用的语言，是人与计算机之间交换信息的工具，一般分为机器语言、汇编语言和高级语言三类。

机器语言是由 0 和 1 构成的二进制代码序列，是计算机系统唯一能直接识别、执行速度最快的程序设计语言。

汇编语言是将机器语言"符号化"的程序设计语言，利用助记符来表示机器语言的二进制代码，用汇编语言编写的源程序需要通过汇编程序翻译成机器语言程序（目标程序）后才能被计算机识别和执行。

高级语言是一种接近数学语言和自然语言的程序设计语言，其独立于具体的计算机硬件，通用性和移植性好，使编程效率大大提高。用高级语言（如 C、C++、Python、Java 等）编写的源程序需要通过编译程序或解释程序翻译成目标程序后，才能被计算机执行。

（3）数据库管理系统。数据库（Database，DB）是指存储在计算机内部，具有较高的数据独立性和较少的数据冗余，数据规范化且数据之间有联系的数据文件的集合。而数据库管理系统（Database Management System，DBMS）是一种管理数据库的软件，它能维护数据库，接收和完成用户提出的访问数据库的各种需求，是帮助用户建立和使用数据库的一种工具和手段。

数据模型是现实中各种实体之间的联系的客观反映，用来描述实体信息的基本结构。基于记录的逻辑数据模型基本有层次数据模型（用树结构表示实体间联系的模型）、网状数据模型（用图结构表示实体间联系的模型）以及关系数据模型（用二维表格表示实体间联系的模型）。目前，市场上使用的数据库管理系统产品（如 Oracle、MySQL、Microsoft SQL Server、Microsoft Access、DB2、Sybase 等）基本上属于关系数据库管理系统。

（4）服务程序。主要包括编辑程序、连接程序、诊断程序、调试程序、网络通信程序等。

七、计算机网络与计算机病毒

1. 计算机网络基础

（1）计算机网络的定义。计算机网络是指将地理位置不同的具有独立功能的多台计算机及其外部设备，通过一定的通信线路连接起来，在网络操作系统、网络管理软件以及网络通信协议的管理和协调下，实现资源共享和信息传递的计算机系统。计算机网络是现代通信技术与计算机技术相结合的产物。

（2）计算机网络的主要功能有资源共享和数据通信。资源共享不仅包括硬件和软件资源共享，还包括数据资源共享。

（3）计算机网络的分类方式多样，主要有以下两种分类方式。

1）按覆盖范围分类，可以分为局域网、城域网和广域网。

局域网（Local Area Network，LAN）是最常见、应用最广的一种网络，它是一种私有网络，主要在一个建筑物或一个单位内，如家庭、办公室或工厂。局域网大体由计算机设备、网络连接设备、网络传输介质三大部分构成，其中，计算机设备包括网络服务器与网络工作站；网络连接设备则包含了网卡、集线器、交换机；网络传输介质分为无线和有线两种，有线传输介质简单来说就是网线，例如，同轴电缆、双绞线及光缆，无线传输介质有无线电波、Wi-Fi、卫星等。局域网通过网络传输介质将网络服务器、网络工作站、打印机等网络互联设备连接起来，实现系统管理文件，共享应用软件、数据、办公设备，传送文件等通信服务。

城域网（Metropolitan Area Network，MAN）采用的是 IEEE 802.6 标准，在一个大城市中，一个城域网通常连接着多个局域网，属宽带局域网，它主要采用光缆作为传输媒介，如连接医院的局域网、连接公司企业的局域网等。

广域网（Wide Area Network，WAN）是指不同城市的局域网或城域网之间互联起来的网络，它能连接多个地区、城市和国家，或横跨几个洲，并能提供远距离通信服务，形成国际性的远程网络，又称外网或公网。广域网并不等同于互联网，这种网络一般要租用专线，通过接口信息处理与协议和线路连接起来，多采用网状拓扑结构。

2）按拓扑结构分类。计算机网络的拓扑结构是指网络上的计算机或设备（抽象为"点"）与传输介质（抽象为"线"）形成的几何图形，它可以反映出计算机网络中各设备之间的连接关系。网络中的"点"也称"节点"，分为交换信息的转换节点（如交换机、路由器、集线器等）和访问节点（即计算机或其他终端设备）。而"线"指的是各种网络传输介质，可以是有线传输介质，如双绞线、光纤、同轴电缆等，也可以是无线传输介质，如无线电波、微波、红外线、蓝牙、Wi-Fi、NFC、ZigBee、激光、卫星通信等。因此，在网络方案设计过程中，计算机网络的拓扑结构是关键问题之一。

常见的计算机网络拓扑结构有总线型、环型、星型、树型、网状等，如图 0-2 所示。

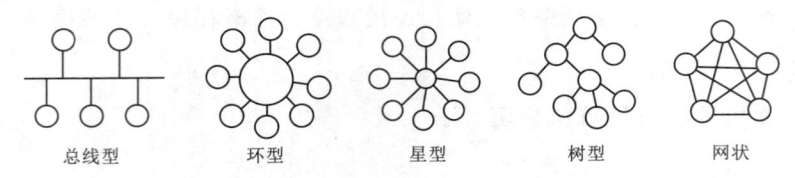

图 0-2　常见的网络拓扑结构

（4）网络体系结构。计算机网络体系结构是一种网络功能层次化的模型，它明确规定了计算机网络应设置几层，每层应提供哪些功能。

1）OSI/RM 模型（7层模型）。为了解决网络之间的兼容性问题，实现网络设备间的相互通信，国际标准化组织（International Organization for Standardization，ISO）于 1984 年提出了开放系统互连参考模型（Open System Interconnection Reference Model，OSI/RM）。该模型共分为 7 层，从下到上、从低到高分别是物理层、数据链路层、网络层、传输层、会话层、表示层和应用层。低 3 层主要负责通信，属于通信子网，高 3 层属于资源子网，而传输层将上、下 3 层连接起来，每一层又有各自的功能。

2）TCP/IP 模型（4层模型）。由于 OSI/RM 模型标准实现起来比较复杂，运行效率很低，目前，互联网广泛使用的是传输控制协议/网际协议（Transmission Control Protocol/Internet Protocol，TCP/IP）网络模型，它分为 4 层，从低到高分别是网络接口层、网络层、传输层和应用层，其中应用层的协议主要有以下几种。

超文本传输协议（Hypertext Transfer Protocol，HTTP）。它是万维网上应用最广的一种协议，负责在万维网上传输超文本数据信息。

文件传输协议（File Transfer Protocol，FTP）。它是在 TCP/IP 下运行的文件传输协议，用于在万维网上传输文件，这也是因特网上文件传输的基础服务。它允许用户将一台计算机上的文件下载或上传到另一台计算机上，而且文件类型多样。

TelNet（远程登录协议）。它是在 TCP/IP 下运行的远程登录协议，是因特网上一项比较常用的服务，通过因特网与其他主机连接在一起，用户即可在本机上远程登录操控远端的网络终端计算机。

简单邮件传输协议（Simple Mail Transfer Protocol，SMTP）。它是在 TCP/IP 下运行的邮件传输协议，用于在万维网上传输邮件。

安全外壳协议（Secure Shell，SSH）。它是一种用于在两台计算机之间进行加密安全的远程登录的协议。

域名系统（Domain Name System，DNS）。它是万维网上用于将域名和 IP 地址相互映射的协议。

另外，还有简单网络管理协议（Simple Network Management Protocol，SNMP）、动态主机配置协议（Dynamic Host Configuration Protocol，DHCP，动态配置 IP 地址）、邮件协议（Post Office Protocol - Version 3，POP3，用于接收邮件）、安全超文本传输协议（Hypertext Transfer Protocol Secure，HTTPS，兼顾安全套接层和超文本传输）等。这些协议都是在 TCP/IP 体系结构中的应用层上运行的，它们提供了万维网上应用程序之间交换信息的标准方法。

网络协议是为计算机网络中进行数据交换而建立的规则、标准或约定的集合。网络协议的主要要素有：语义，解释控制信息每个部分的意义；语法，用户数据与控制信息的结构与格式，以及数据出现的顺序；时序/同步性，对事件发生顺序的详细说明。TCP/IP 网络体系结构主要有两个协议：传输控制协议（Transmission Control Protocol，TCP）是一种面向连接的、可靠的、基于字节流的传输层通信协议，是为了确保数据传输的正确性；互联网协议（Internet Protocol，IP）是 TCP/IP 体系中的网络层协议，是为了提高网络的可扩展性和确保路由器的正确选择及报文的正确传输。

（5）IP 地址。为实现 Internet 上各台主机之间的通信，每台计算机必须有一个唯一的网络标识，这个标识就是 IP 地址。IP 地址分为 IPv4 和 IPv6 两类，通常我们说的 IP 地址是指 IPv4。

1）IPv4。它由 4 个字节（32 个二进制位）组成，每个字节用十进制数表示，字节之间用小数点"."分隔，例如，IP 地址 192.168.106.99。每个 IP 地址由网络地址和主机地址两部分构成，其中网络地址用于标识大规模网络内的单个网段，可以共享访问同一个网络的所有系统，或者说，所有的主机在其完整的 IP 地址内都有 1 个公用的网络地址；而主机地址是用来识别每个网络内部节点的，例如，可能是 1 台服务器或是路由器，还可能是其他网络设备终端，每个设备的主机地址都是唯一的。根据网络地址和主机地址的长度，IP 地址可分为 A 类～E 类 5 种类型，它们第 1 个字节的高位分别是 0、10、110、1110、1111，其中 A 类、B 类、C 类 IP 地址的网络号分别占 1 个、2 个、3 个字节，主机号为剩余字节数。具体网络段地址分类和使用的范围见表 0-4。

2）IPv6。由于 IPv4 所表示的网络地址有限，大大制约了互联网的应用和发展，因特网工程任务组（Internet Engineering Task Force，IETF）设计了下一代 IP 协议——IPv6（互联网协议第 6 版），它由 128 个二进制位构成，是 IPv4 地址长度的

4倍，可以形象地说，其地址数量可以为全世界上的每一粒沙子编号。它采用十六进制表示的方法，即将128位二进制数以16位为1组进行划分，共分成8组，每组采用4位十六进制数表示，中间用冒号隔开，如A6CD：01EF：0809：A5C8：020F：52B0：1A8F：59FC。

表0－4　IP地址分类和使用的范围

分类	IP地址（IPv4）：4个字节（32bits)				网络段地址范围 第1个字节	使用的范围
	第1个字节	第2个字节	第3个字节	第4个字节		
A类	0　网络号	主机号（占3个字节）			1~127	大型网络
B类	10　　　网络号		主机号（占2个字节）		128~191	中等规模网络
C类	110　　　　网络号			主机号 占1个字节	192~223	校园网、企业网等小规模网络
D类	1110	多点广播地址			224~239	组播
E类	1111	实验性地址			240~255	实验用、备用

由于IP地址不便我们记忆和识别，人们设计了"域名"来代替计算机之间通信的数字地址形式，用一些字母来简化记忆，如"baidu"是"百度"的汉语拼音。域名采用层次结构，形如"*．三级域名．二级域名．顶级域名"，一般由计算机名、网络名、机构名和顶级域名组成，整个域名不超过255个字符，且每个域名之间用英文状态的点号"."分隔，每一级域名可以由英文字母和数字组成，不区分字母大小写。例如，域名www.zjweu.edu.cn中，www代表WWW服务器，zjweu代表网络名，edu代表教育机构，cn代表中国，从左到右级别依次升高。在Windows系统下使用cmd命令提示符，输入"ping www.baidu.com"命令，可以查看到域名www.baidu.com对应的服务器IP地址为153.3.238.102，域名www.tsinghua.edu.cn对应的IP地址为101.6.15.66。对于一大串数字我们难以记忆，使用域名就给人们访问网络带来了极大的便利。顶级域名代表建立网络的组织机构或网络所隶属的地区或国家，大致分为组织性顶级域名和地理性顶级域名两类，常见的顶级域名见表0－5。

表0－5　常见的顶级域名

域名	含义	域名	含义	域名	含义
edu	教育机构	net	网络机构	org	非营利性组织
com	商业机构	mil	军事机构	info	信息服务机构
gov	政府机构	int	国际机构	mobi	手机及移动终端设备
cn	中国	uk	英国	de	德国
fr	法国	us	美国	ko	韩国

(6) 网络服务与应用。计算机网络和因特网（Internet）并不是同一个概念。因特网是全球最大的开放性计算机网络，计算机网络有很多种，因特网是其中最大的一种而已。因特网起源于1969年美国五角大楼的ARPA Net（阿帕网），该网开始是由四个节点连接的网络，主要用于军事实验。目前，因特网提供的服务主要有以下

两种。

1) WWW（World Wide Web，万维网）服务。它是目前因特网上最为先进、交互性最好、应用最广的信息检索工具，它包括了各种信息，如文本、声音、图像、视频等。不同的协议对应不同的应用，如 HTTP、HTTPS 等。我们日常浏览的网页文件实际上是一种文本文件，是可以被多种网页浏览器读取，产生网页，传递各类资讯的文件，也称 Web 页的集合。从本质上来说，因特网是一个由一系列传输协议和各类文档所组成的集合，HTML 文件只是其中的一种，这些 HTML 文件存储在分布于世界各地的服务器硬盘上，用户通过 HTTP 或 HTTPS（在 HTTP 的基础上加入 SSL 协议，有安全套接字，安全性能更高）在浏览器中的地址栏中输入统一资源定位符（Uniform Resource Locator，URL）来指定网上信息资源地址，可以远程获取这些文件所传达的资讯信息，URL 俗称"网址"，其组成是：协议＋服务器主机地址＋路径与文件名，如 https://www.zjweu.edu.cn/01/cf/c386a131535/page.htm。

2) 电子邮件（Electronic Mail，简称 E－mail）。其格式是"用户名@服务器域名"，分隔符"@"（读作 at）一定要有，例如，ZR812345@zjweu.edu.cn、581234@qq.com 等均是正确的邮件地址。E－mail 同样是因特网上使用最广泛的服务之一，它可以向一个或多个用户发送、转发同一封电子邮件，也可以把声音、图像、视频、文档、程序等各类文件作为附件发送。

另外，还有基于 TCP/IP 模型的应用层的 FTP、TelNet 等其他常用服务。

2. 计算机病毒

计算机病毒（Computer Virus）是编制者在计算机程序中植入的破坏计算机功能或者数据的代码，能影响计算机使用和实现自我复制。计算机病毒是人为制造的，有破坏性、传染性和潜伏性，对计算机信息或系统起破坏作用，但它不是独立存在的，而是隐蔽在其他可执行的程序之中。

（1）计算机病毒分类。①根据计算机病毒所依附的媒体类型，可分为网络病毒、文件病毒、引导性病毒、寄生在 Microsoft Office 文档或模板中的宏病毒等；②根据病毒特定的算法，可分为附带型病毒、蠕虫病毒、可变病毒等。

计算机病毒的主要特征有隐蔽性、传染性、破坏性、寄生性、可执行性、可触发性等。

（2）计算机病毒的防治方法。①安装最新的杀毒软件、定期查杀病毒、不随意下载不明文件；②不打开非法网站，一旦打开，计算机就有可能被植入木马或其他病毒；③培养自己的信息安全意识；④定期给系统打全补丁等。

3. 计算机软件知识产权

知识产权是一种无形财产权，是从事智力创造性活动取得成果后，能依法享有的权利。计算机软件知识产权包括著作权（如源程序、可执行程序和文档等）、商标权（如软件名称、标识等）和专利权（如软件设计技术）等。根据《计算机软件保护条例》，软件著作权的保护自软件开发完成之日产生，保护期为自然人（开发者）终生及其死亡后 50 年；法人或其他组织的软件著作权，保护期为 50 年。

我国与计算机知识产权保护有关的法律法规主要有以下几种。

（1）1990 年 9 月《中华人民共和国著作权法》通过，于 1991 年 6 月 1 日起施行，分别于 2001 年、2010 年、2020 年进行了修订。

（2）《计算机软件保护条例》于 2002 年 1 月 1 日起施行，分别于 2011 年、2013 年进行了修正。

（3）1982 年 8 月 23 日通过《中华人民共和国商标法》，于 1983 年 3 月 1 日起施行，此后又进行了 4 次修正。

（4）1984 年 3 月 12 日通过《中华人民共和国专利法》，于 1985 年 4 月 1 日起施行，此后又进行了 4 次修正。

（5）2004 年 8 月 28 日通过《中华人民共和国电子签名法》，于 2005 年 4 月 1 日起施行，又分别于 2015 年、2019 年进行了修正。

八、新一代信息技术概述

1. 人工智能

人工智能（Artificial Intelligence，AI）是研究、开发用于模拟、延伸和扩展人的智能的理论、方法、技术及应用系统的一门新的技术科学，是计算机科学的一个分支，旨在了解智能的实质，并生产出一种新的能以与人类智能相似的方式做出反应的智能机器，该领域的研究包括 AI 机器人、语言识别、图像识别、计算机视觉、自然语言处理和专家系统等。

人工智能是新一轮科技革命和产业变革的重要驱动力量，目的是让计算机可以像人类一样进行学习、推理、感知、理解和创造等活动。例如，阿尔法围棋（AlphaGo）是第一个击败人类职业围棋选手、第一个战胜围棋世界冠军的人工智能机器人，其主要工作原理是深度学习系统训练，它是人工智能技术中的一项重要成果。人工智能不是人的智能，是对人的意识、思维的信息过程的模拟，计算机能像人那样思考，也可能超过人的智能。人工智能是一门极富挑战性的学科，从事这项工作的人必须懂得计算机科学、控制学、心理学、脑神经学、哲学、仿生学、经济学、社会学等知识，它集合了数门学科的精华，是一门尖端的综合学科。

人工智能利用一定量的数据集和算法建立起模型，完成机器学习。机器学习可分为监督学习、无监督学习、半监督学习和强化学习。监督学习一般用于解决回归问题和分类问题，前者是分析因变量和自变量之间的关系，通常用于给定业务的销售收入预测、房价预测等，常用的回归算法有线性回归、逻辑回归和多项式回归等；后者是使用一种算法将测试数据准确地分配到特定的类别中，常见的分类算法有线性分类器、支持向量机（Support Vector Machine，SVM）、决策树、K 近邻和随机森林等。无监督学习是相对于监督学习而言的，是让机器学会自己做事情，像是机器在自学，即根据类别未知的训练样本解决模式识别中的各种问题。无监督学习的典型例子是聚类，即把相似的东西聚在一起，而无须关心这一类东西是什么。常用的聚类算法有 K-means 算法、随机森林、使用代表聚类（Clustering Using Representatives，CURE）算法等。半监督学习是监督学习和无监督学习的结合。强化学习是模型通过与环境的交互和学习来使某种奖励信号最大化，常应用于游戏、机器人控制和自动驾驶等领域。机器学习流程如图 0-3 所示，先通过一定量的数据集和算法建立模型，使用数据集中的训练数据进行模型训练，再使用测试数据对模型进行测试，之后利用新的数据进行模型预测，最后可通过各种评价指标对模型进行评价及优化。

图 0-3 机器学习流程

人工智能技术的应用已涉及各行各业，例如，智能家居、网上购物的个人化推荐系统、人脸识别门禁系统、人工智能医疗影像、人工智能导航系统、人工智能写作助手、人工智能语音助手、医学专家系统、地质勘测、石油化工、无人机、自动驾驶等。其就业方向主要有以下几类。

（1）计算机科学。在计算机科学领域，人工智能方向的研究和就业机会主要涉及算法设计、模型优化等。随着大数据和云计算技术的发展，计算机科学领域对人工智能专业人才的需求将更加旺盛。

（2）数据挖掘。数据挖掘领域在人工智能的推动下得到了快速发展。这个领域的就业机会主要集中在数据分析、数据预测等方面，为企业提供决策支持。

（3）自然语言处理。自然语言处理是人工智能的重要组成部分，涉及语音识别、机器翻译、智能写作等领域。在这个领域，就业机会主要集中在算法设计、语言模型优化等方面。

（4）机器人。随着机器人技术的进步，机器人研发和制造领域对人工智能人才的需求也在逐渐增加。这个领域的就业机会包括机器人设计、控制算法设计等。未来人工智能的研究方向主要有人工智能理论、机器学习模型和理论、不精确知识表达及其推理、人工思维模型、智能人机接口、知识发展与知识获取等。

2. 云计算

云计算（Cloud Computing）是分布式计算的一种，它是通过网络"云"将巨大的数据计算处理程序分解成无数个小程序，然后通过多部服务器组成的系统处理和分析这些小程序，得到结果并返回给用户。早期的云计算可以被理解为简单的分布式计算，即解决任务分发问题，并进行计算结果的合并。而现阶段的云计算是指可以在很短的时间内（几秒钟）完成数以万计的数据处理，从而实现强大的网络服务，这种云服务不是一种简单的分布式计算，而是分布式计算、效用计算、负载均衡、并行计算、网络存储、热备份冗余和虚拟化等计算机技术混合演进并跃升的结果，一般是通过计算机网络（多指因特网）形成的计算能力极强的系统，可存储、集合相关资源并可按需配置，向用户提供个性化服务。

云计算由 Google、Amazon、IBM、微软等 IT 巨头推动，它不是一种全新的网络技术，而是一种全新的网络应用概念。云计算的核心就是以互联网为中心，在网站上提供快速且安全的云计算服务与数据存储，让每一个使用互联网的人都可以使用网络上的庞大计算资源，同时获取的资源不受时间和空间的限制。云计算的应用主要体现如下。

（1）云存储，又称存储云，它是在云计算技术上发展起来的一项新的存储技术，用户可以将本地的资源上传至云端，可以在任何地方连入互联网来获取云端的资源。例如，谷歌、微软、百度等大型网络公司均有云存储的服务。

（2）医疗云，它是指在云计算、移动技术、多媒体、4G/5G 通信、大数据以及物联网等新技术基础上,结合医疗技术,使用"云计算"来创建医疗健康服务云平台,实现了医疗资源的共享和医疗范围的扩大。例如,与我们生活息息相关的医院预约挂号、电子病历、医保等。

(3) 金融云,它是指利用云计算的模型,将信息、金融和服务等功能分散到由庞大分支机构构成的互联网"云"中,旨在为银行、保险和基金等金融机构提供互联网处理和运行服务,同时共享互联网资源,从而解决现有问题并且实现高效、低成本的目标。例如,阿里金融、苏宁金融、腾讯金融等均推出了自己的云服务。

(4) 教育云,它实质上是教育信息化的一种发展,可以将人们所需要的任何教育资源虚拟化,然后将其传入互联网,为教育机构、学生和老师提供一个方便快捷的平台。例如,慕课 MOOC(大规模开放的在线课程),现阶段慕课的优秀平台有 Coursera、edX 和 Udacity,国内有中国大学 MOOC、清华大学学堂在线 MOOC、超星泛雅(学习通 App)学习平台等。

3. 大数据 (Big Data)

随着社交网络、电子商务、互联网和云计算的兴起,音频、视频、图像、日志等数据呈现了爆炸性增长的趋势,使得大数据成为继云计算、物联网之后信息技术领域又一次颠覆性的技术变革。麦肯锡全球研究所对大数据的定义是:一种规模大到在获取、存储、管理、分析方面大大超出了传统数据库软件工具能力范围的数据集合,具有数据规模大、数据流转速度快、数据类型多样和价值密度低等特征。大数据具有五大特点(5V):多样性(Variety,数据类型的多样化)、大量性(Volume,巨大海量数据信息)、高速性(Velocity,实时获取信息)、低价值密度性(Value,沙里淘金)和真实性(Veracity,数据质量)。

从技术上看,大数据与云计算的关系就像一枚硬币的正反面一样密不可分。大数据必然无法用单台计算机进行处理,必须采用分布式架构,它的特色在于对海量数据进行分布式数据挖掘,但它必须依托云计算的分布式处理、分布式数据库和云存储、虚拟化技术。而适用于大数据分析的技术主要有大规模并行处理(Massively Parallel Processing,MPP)数据库、数据挖掘、分布式文件系统、分布式数据库、云计算平台、互联网和可扩展的存储系统等。

阿里巴巴创办人马云曾提到,未来的时代将不是 IT 时代,而是 DT(Data Technology)的时代,即数据科技的时代。大数据的关键并不在于"大",而在于"有用",其价值含量、挖掘成本比数量更为重要,对当前很多行业而言,充分利用这些大规模数据是赢得竞争的关键。

4. 物联网

物联网(Internet of Things,IoT),即物物相连的互联网,是指通过各种射频识别技术、传感器、红外感应器、全球定位系统、激光扫描器等信息传感技术和设备,按约定的协议,把任何物品与互联网相连接,采集其光、声、电、热、化学、力学、位置、生物等各种需要的信息,通过各种可能的网络接入,进行信息交换和通信,实现物与物、物与人的泛在连接,完成对物品的智能化感知、识别、定位、跟踪、监控和管理的一种网络。

物联网的基本特征可概括为:①整体感知,即可以利用射频识别、二维码、智能传感器等技术和设备感知、获取物体的各类信息;②可靠传输,即通过对互联网、无线网络的融合,将物体的信息实时、准确地传送,以便交流、分享信息;③智能处理,即使用各种智能技术,对感知和传送到的数据、信息进行分析处理,实现监测与控制的智能化。

物联网的应用领域涉及方方面面,在工业、农业、环境、交通、物流、安保等基础设施领域的应用,有效地推动了这些方面的智能化发展,使得有限的资源被更加合理地使用和分配,从而提高了行业效率与效益;在家居、医疗健康、教育、金融、服务业、旅游业等与生活息息相关的领域的应用,从服务范围、服务方式到服务质量等方面都有了极大的改进,大大提高了人们的生活质量;在国防军事领域,虽然还处在研究探索阶段,但物联网应用带来的影响也不可小觑,大到卫星、导弹、飞机、潜艇等装备系统,小到单兵作战装备,物联网技术的嵌入有效推进了军事智能化、信息化、精准化,极大提升了军事战斗力,是未来军事变革的关键。

5. 虚拟现实技术

从理论上来讲,虚拟现实(Virtual Reality,VR)技术是一种可以创建和体验虚拟世界的计算机仿真系统,它利用高性能计算机生成一种模拟环境,是一种多源信息融合的、交互式的三维动态视景和实体行为的系统仿真,使用户沉浸在该环境中。虚拟现实技术就是利用现实生活中的数据,通过计算机技术产生的电子信号,将其与各种输出设备结合,使其转化为能够让人们感受到的现象,这些现象可以是现实中真真切切的物体,也可以是我们肉眼所看不到的物质,通过三维模型表现出来。

虚拟现实技术受到了越来越多人的认可,用户可以在虚拟现实世界体验到最真实的感受,其模拟环境的真实性与现实世界难辨真假,让人有种身临其境的感觉。同时,虚拟现实技术具有一切人类所拥有的感知功能,如听觉、视觉、触觉、味觉、嗅觉等。此外,它具有超强的仿真系统,真正实现了人机交互,使人在操作过程中可以随意操作,并且得到环境最真实的反馈。正是虚拟现实技术的沉浸感、多感知交互性、构想性等特征,使它受到了许多人的喜爱。

近几年虚拟现实技术的应用也得到了快速发展,在教育、影视娱乐、工程设计、医学、军事、航空航天等领域均有很好的成效。在多维影视或游戏中,虚拟现实技术的应用使得体验者在保持实时性和交互性的同时,大幅提升了场景的真实感;虚拟现实技术和可穿戴设备的研发降低了现实生活中一些特别项目的参与门槛,如赛车、国际象棋等运动,选手们可接入服务器"穿越"到世界各地的赛场,与各国高手同台竞技。当前,各大高校还利用虚拟现实技术建立了与学科相关的虚拟仿真实验室来帮助学生更好地学习。由于虚拟现实的立体感和真实感,在军事方面,人们将地图上的山川地貌、海洋湖泊等数据通过计算机模拟,利用虚拟现实技术,能将原本平面的地图变成一幅三维立体的地形图,再通过全息技术将其投影出来,有助于进行军事演习等训练,提高我国的综合国力。此外,现在的战争是信息化战争,战争机器都朝着自动化方向发展,无人机便是信息化战争的最典型产物。无人机以其自动、便利的特点,深受各国喜爱,在训练期间,可以利用虚拟现实技术去模拟无人机的飞行、射击等工作模式。在战争期间,军人也可以通过眼镜、头盔等机器操控无人机进行侦察等,降低战争中军人的伤亡率。由于虚拟现实技术能将无人机拍摄到的场景立体化,降低操作难度,提高侦查效率,所以无人机和虚拟现实技术的发展刻不容缓。在汽车工业领域,特别是在汽车设计和产品研发中利用虚拟现实技术建立三维汽车模型,完成各种计算并得到测试数据,汽车制造商再合理优化模型进行大规模生产等。

6. 区块链（Block Chain）

随着电子商务的广泛应用，网上购物与交易快速推广，电子货币逐渐流行起来。对于电子货币为避免出现双重支付等问题，确保交易的安全性、可靠性，需要第三方机构提供信任保证，如银行、支付宝、财付通等，这也要求第三方机构必须保证其服务的高可用性和数据安全。当前，分布式架构技术得到了普及应用，其去中心化、高可用、高效率的特点深入人心。基于这样的背景，人们也不禁开始思考，能否将电子货币技术和分布式技术结合，实现不需要第三方机构信任保证的去中心化电子货币系统，解决第三方带来的可用性、安全性等方面的不确定性问题。而区块链本质上是一个去中心化的数据库，它是指通过去中心化和去信任的方式集体维护一个可靠数据库的技术方案。

区块链技术是一种不依赖第三方、通过自身分布式节点进行网络数据的存储、验证、传递和交流的一种技术方案。因此，有人从金融会计的角度，把区块链技术看成是一种分布式开放性去中心化的大型网络记账簿，任何人任何时间都可以采用相同的技术标准加入自己的信息，延伸区块链，持续满足各种需求带来的数据录入需要。我们也可以将区块链技术通俗理解为一种全民参与记账的方式。实际上，所有的系统背后都有一个数据库，可以把数据库看成一个大账本，谁来记这个账本就变得很重要。目前，是谁的系统谁来记账，但区块链系统中，系统中的每个人都可以有机会参与记账。在一定时间段内，如果有任何数据变化，系统中每个人都可以来进行记账，系统会评判这段时间内记账最快最好的人，把他记录的内容写到账本，并将这段时间内的账本内容发给系统内所有的其他人进行备份。这样，系统中的每个人都有了一本完整的账本。这种方式，就被称为区块链技术。区块链技术依靠密码学和数学巧妙的分布式算法，在无法建立信任关系的互联网上，无须借助任何第三方中心的介入就可以使参与者达成共识，以极低的成本解决了信任与价值的可靠传递难题。区块链技术具有分布式高冗余存储、时序数据且不可篡改和伪造、去中心化信用、安全和隐私保护等显著的特点，这使得区块链技术可以成功应用于数字加密货币领域，其核心技术主要为分布式账本、密码学、共识机制、智能合约。

在数字经济时代，数据是社会经济发展的主要生产力，数据的共建、共享、共治是数字经济发展动力来源。区块链作为重要底层技术之一，其不可篡改、可追溯等特性，一方面可以助力建立基于"技术信任"的可信数字环境，加快数字经济、数字社会、数字政府建设，广泛应用在数字货币、跨境支付、供应链金融、供应链溯源、数字版权等场景。另一方面，区块链与工业互联网、物联网等技术的融合，能够助力产业链上下游协作创新，推动产业数字化和数字产业化发展。此外，随着元宇宙、非同质化通证（Non-Fungible Token，NFT）等新业态的出现，未来数字经济下的资产数字化和数字资产化将成为区块链发展的新目标和主阵地。

7. 元宇宙

元宇宙（Metaverse）是一个平行于现实世界，又独立于现实世界的虚拟空间，融合了多种新技术，如增强现实（Augmented Reality，AR）、虚拟现实、混合现实（Mixed Reality，MR）、区块链等，构建了一个与现实世界持久、稳定连接的数字世界，元宇宙是一个虚拟和现实相融合的"第三时空"，其技术底座主要包括人工智能、数字孪生、区块链、云计算、扩展现实（包括虚拟现实、增强现实和混合现实等）、机器人、脑机接口，以及5G网络等，这些技术为元宇宙提供了高速率、低时延、全域立体覆盖的应用需求，以及超高内容拟真度和实时交互自由度。

国家发展改革委等部门印发《国家数据标准体系建设指南》，推动数据流通，利用基础设施、数据管理、数据服务等方面的标准化建设，为元宇宙的发展提供数据支撑。多地政府出台了相关政策来支持元宇宙产业的发展。2023年10月23日，江苏省出台了《江苏省元宇宙产业发展行动计划（2024—2026年）》，提出到2026年前初步形成"1+2+N"产业布局，明确指出到2026年，省元宇宙产业核心竞争力进一步增强，企业发展质量稳步提升，产业生态进一步完善，公共服务体系更加健全，引育5家生态主导型企业，打造20家细分领域专精特新企业和100家融合应用企业，争创1个国家级元宇宙创新应用先导区。2024年12月20日，中国社会科学评价研究院、中国社会科学院财经战略研究院、冯氏集团利丰研究中心与社会科学文献出版社联合发布了《流通蓝皮书：中国商业发展报告（2023～2024）》，它指出未来工业会继续数字化，元宇宙科技（如人工智能、增强现实、虚拟现实等）会为工业发展带来新动力；且工业元宇宙是工业互联网后的下一个阶段，它会进一步融合现实世界和虚拟世界，降低工业生产成本，提高效率和智能化水平，使产业化更高效、安全、精准；工业元宇宙会对商业产生连锁反应。将来，用户可以在工业元宇宙构建的虚拟世界中参与产品设计，实时定制自己的产品。

元宇宙的应用也凸显成效，例如，首钢一高炉·SoReal科幻乐园是一个国家级元宇宙项目，它结合了5G、AR、VR等技术，是全球首个全沉浸式太空探索主题科幻综合体，乐园最大限度地保留了高炉原有的结构和外部工业建筑风貌，并广泛布局了5G、云计算、AR、VR、MR、AI、数字孪生、大空间定位、全息影像、3D投影等前沿科技，游客可以体验到乘坐"太空星舰"探索未来世界星辰大海的旅程，乐园内部包含虚拟现实博物馆、沉浸式科技秀、沉浸式剧场、VR人机对战游戏、VR电竞、冬奥智能体育产品体验区、未来光影互动餐厅及全息光影互动酒吧等。另外，元宇宙在医疗领域的应用也取得较大成效，例如，利用元宇宙的特性，医生可以实现跨域分布式合诊疗，满足远程协作诊疗的需求，再通过统一的信息传输标准与协议，实现多虚拟空间、多学科之间的互动与协调，医生可以完成虚拟诊断，并通过数字孪生技术和XR（Extended Reality，扩展现实）技术构建虚拟治疗环境，搭建沉浸式和交互式虚拟平台，使患者在安全可控的前提下，进行功能性物理治疗和远程医疗服务等。

九、信息检索与信息素养

信息检索（Information Retrieval）是用户查询和获取信息的主要方式，是查找信息的方法和手段。狭义的信息检索仅指信息查询（Information Search），即用户根据需要，采用一定的方法，借助检索工具，从信息集合中找出所需信息的查找过程。广义的信息检索是按一定的方式对信息进行加工、整理、组织并将其存储起来，再根据信息用户特定的需要，将相关信息准确查找出来的过程，又称信息的存储与检索。一般情况下，信息检索指的就是广义的信息检索，大致分5个步骤进行。

（1）分析研究课题、明确检索要求。主要明确信息检索的目的，有哪些主题概念，分析各个主题概念之间的关系。明确检索要求，包括明确所需信息的学科范围、类型、语种和年代等具体要求。

（2）选择信息检索系统。主要根据课题的专业性质选择检索系统，即选择与学科专业相关的工具，如常用的中文信息检索系统有 CNKI 数字图书馆、万方数据资源系统、维普、中国人大书报资料中心等，常用的外文信息检索系统有 Web of Science、Springer Link、ISI 系列数据库、EI Compendex Web 数据库等，也可是网页、社交媒体、专利、商标、数字信息资源平台等。另外，还需考虑检索系统的权威性，尽量选择该学科的权威性检索工具，还要了解检索工具收录的信息的范围，包括时间跨度、地理范围、文献类型等。

（3）实施检索。首先选择检索词，可以切分或替换或用同义词、近义词、缩写词、翻译名等查漏补缺；其次确定检索方法，如布尔逻辑算符组配检索（即采用布尔代数中的逻辑与、逻辑或、逻辑非等算符，将检索提问式转换成逻辑表达式，限定检索词在记录中必须存在的条件或不能出现的条件，以命中文献）；最后选择检索途径，常根据题名、责任者、机构、分类、主题、号码等区分检索。

（4）调整和优化检索结果。检索是一个动态的随机过程，当检索结果不理想时，可以从检索词、组配算符、检索途径 3 个方面调整检索策略。

（5）管理与评价检索结果。对检索结果进行文献信息的选择、下载、保存、打印等操作。另外，当前的检索结果是否令人满意，可以用收录范围、查全率、查准率、响应时间、用户负担和输出形式等几个评价指标来衡量，其中最常用的两个评价指标是查全率 R（Recall）和查准率 P（Precision）。

信息素养（Information Literacy），也称信息文化，是一种对信息社会的适应能力，即通过熟练使用信息技术来明确信息需求、选择信息源、检索信息、分析信息、综合信息、评估信息、利用信息和推理信息的能力。简单而言，信息素养是一种能力，包含了信息意识、信息知识、信息技能、信息道德、终身学习等能力，而信息技术是它的一种工具体现。

思政元素融入

随着信息技术的发展，中国在芯片（如龙芯、华为鲲鹏）、操作系统（鸿蒙 OS、统信 UOS、麒麟 OS）、数据库（达梦、OceanBase）等领域仍面临"卡脖子"问题，《中华人民共和国国民经济和社会发展第十四个五年规划和 2035 年远景目标纲要》中关于核心技术自主可控的要求，强调基础理论对突破技术封锁的意义，年轻一代树立科技强国信念、增强民族自信和社会责任感。

思考与练习

一、单选题

1.（   ）是固态电子存储芯片阵列制成的硬盘。
A. 移动硬盘　　　B. 固态硬盘　　　C. 固态软磁盘　　　D. U 盘

2.（   ）为计算机的所有部件提供插槽和接口，并通过其中的线路统一协调所有部件的工作。

A. CPU　　　　　　B. 总线　　　　　　C. 主机箱　　　　　　D. 主板

3. 1965 年科学家提出"超文本"概念，其"超文本"的核心是（　　）。

A. 链接　　　　　　B. 网络　　　　　　C. 图像　　　　　　D. 声音

4. 64 位微型计算机中的"64"指的是（　　）。

A. 微机型号　　　　B. 机器字长　　　　C. 内存容量　　　　D. 存储单位

5. MS Access 所属的数据库类型是（　　）。

A. 层次数据库　　　B. 网状数据库　　　C. 关系数据库　　　D. 分布式数据库

6. CAI 表示（　　）。

A. 计算机辅助设计　　　　　　　　　B. 计算机辅助教学
C. 计算机辅助制造　　　　　　　　　D. 计算机辅助军事

7. CAM 表示（　　）。

A. 计算机辅助设计　　　　　　　　　B. 计算机辅助教学
C. 计算机辅助制造　　　　　　　　　D. 计算机辅助军事

8. CPU 中的控制器的主要功能是（　　）。

A. 分析指令并产生控制信号　　　　　B. 进行逻辑运算
C. 控制运算的速度　　　　　　　　　D. 进行算术运算

9. CPU 的主要技术性能指标有（　　）。

A. 字节、主频和运算速度　　　　　　B. 可靠性和精度
C. 耗电量和效率　　　　　　　　　　D. 冷却效率

10. GIS 是指（　　）。

A. 地理信息系统　　B. 文字处理软件　　C. 辅助设计软件　　D. 工具信息系统

11. HTTP 是（　　）。

A. 超文本传输协议　　　　　　　　　B. 文件传输协议
C. 发送邮件协议　　　　　　　　　　D. 远程登录协议

12. Internet 中 URL 的含义是（　　）。

A. 统一资源定位器　　　　　　　　　B. Internet 协议
C. 简单邮件传输协议　　　　　　　　D. 传输控制协议

13. IP 地址包括（　　）。

A. 网络号　　　　　　　　　　　　　B. 网络号和主机号
C. 网络号和 MAC 地址　　　　　　　 D. MACIBE

14. Linux 是一种（　　）。

A. 单用户多任务系统　　　　　　　　B. 多用户单任务系统
C. 单用户单任务系统　　　　　　　　D. 多用户多任务系统

15. MIS 是指（　　）。

A. 管理信息系统　　B. 文字处理软件　　C. 辅助设计软件　　D. 工具软件

16. SMTP 是指（　　）。

A. 简单邮件传送协议　　　　　　　　B. 文件传输协议
C. 接收邮件协议　　　　　　　　　　D. 因特网消息访问协议

17. TB 是度量存储器容量大小的单位之一，1TB 等于（　　）。

A. 1024GB　　　　B. 1024MB　　　　C. 1024PB　　　　D. 1024KB

18. TCP/IP 是（　　）。
A. 远程登录协议　　　　　　　　　　B. 传输控制/网络协议
C. 文件传输协议　　　　　　　　　　D. 邮件协议

19. Windows 操作系统的文件组织一般采用（　　）。
A. 网络结构　　　B. 环型结构　　　C. 线性结构　　　D. 树型结构

20. 在 Windows 操作系统下，将回收站中的文件还原时，被还原的文件将回到（　　）。
A. 桌面上　　　B. 内存中　　　C. "我的文档"中　　　D. 被删除的位置

21. Windows 中的"剪贴板"是（　　）。
A. 硬盘中的一块存储区域　　　　　　B. 硬盘中的一个文件
C. 高速缓存中的一块存储区域　　　　D. 内存中的一块存储区域

22. Windows 中进行系统设置的工具集是（　　），用户可以根据自己的偏好更改显示器、键盘、鼠标、桌面等的设置。
A. "开始"菜单　　B. 我的电脑　　C. 资源管理器　　D. 控制面板

23. 按计算机应用的分类，办公自动化属于（　　）。
A. 科学计算　　　B. 辅助设计　　　C. 实时控制　　　D. 数据处理

24. 按照一定的数据模型组织的，长期储存在计算机内，可为多个用户所共享的数据的集合是（　　）。
A. 数据库系统　　　　　　　　　　　B. 数据库
C. 关系数据库　　　　　　　　　　　D. 数据库管理系统

25. 被称为网络十大危险病毒之一的"QQ 大盗"属于（　　）。
A. 聊天游戏　　　B. 文本文件　　　C. 木马程序　　　D. 下载工具

26. 下列设备中，不属于存储设备的是（　　）。
A. 无线鼠标　　　B. 移动硬盘　　　C. U 盘　　　D. 固态硬盘

27. 操作系统是（　　）。
A. 主机与外设的接口　　　　　　　　B. 用户与计算机的接口
C. 系统软件与应用软件的接口　　　　D. 高级语言与汇编语言的接口

28. 操作系统是计算机软件系统中（　　）。
A. 最常用的应用软件　　　　　　　　B. 最核心的系统软件
C. 最通用的专用软件　　　　　　　　D. 最流行的通用软件

29. 操作系统是系统软件，用于管理（　　）。
A. 程序资源　　　B. 软件资源　　　C. 计算机资源　　　D. 硬件资源

30. 从大量不完全的、有噪声的、模糊的、随机的实际应用数据中，提取隐含在其中的潜在信息和知识的过程被称为（　　）。
A. 决策支持　　　B. 数据融合　　　C. 数据分析　　　D. 数据挖掘

31. 在大数据时代，数据使用的关键是（　　）。
A. 数据收集　　　B. 数据储存　　　C. 数据可视化　　　D. 数据再利用

32. 大数据应用需依托的技术有（　　）。

A. 大规模存储与计算 B. 数据处理分析
C. 智能化 D. 以上三个均有

33. 电子邮件地址的一般格式为（　　）。
A. IP地址@域名 B. 用户名@域名
C. 用户名 D. 用户名@IP地址

34. 电子邮件是Internet应用最广泛的服务项目之一，通常采用的传输协议是（　　）。
A. HTTP B. FTP C. TelNet D. SMTP

35. 对局域网来说，网络控制的核心是（　　）。
A. 工作站 B. 网卡 C. 网络服务器 D. 网络互联设备

36. 对于计算机来说，首先必须安装的软件是（　　）。
A. 数据库软件 B. 应用软件
C. 操作系统 D. 办公自动化软件

37. 多媒体技术中，自然界的各种声音被定义为（　　）。
A. 感觉媒体 B. 表示媒体 C. 表现媒体 D. 存储媒体

38. 二进制数101101.11对应的八进制数为（　　）。
A. 61.6 B. 61.3 C. 55.3 D. 55.6

39. 二进制数101101.11对应的十六进制数为（　　）。
A. 2D.3 B. 2D.C C. 8D.3 D. 8D.C

40. 二进制数1001001转换成十进制数是（　　）。
A. 71 B. 72 C. 73 D. 75

41. 在发送电子邮件时，如果对方没有开机，那么邮件将（　　）。
A. 丢失 B. 退回给发件人
C. 开机时重新发送 D. 保存在邮件服务器上

42. 发现计算机可能中病毒后，比较合理的操作是（　　）。
A. 断网后用杀毒软件杀毒 B. 重启计算机，等待自行恢复
C. 关闭计算机 D. 上网聊天

43. 高级语言的编译程序按软件系统分类来看，属于（　　）。
A. 操作系统 B. 系统软件
C. 应用软件 D. 数据库管理软件

44. 广泛用在一些视频播放网站上的视频文件格式是*.（　　）。
A. MPEG B. AVI C. MOV D. DAT

45. Internet最早起源于（　　）。
A. Intranet B. ARPA Net C. OSI D. WLAN

46. 互联网的开放性是指世界上任何地方的、任何遵循（　　）标准的系统，只要连接起来就能互相通信。
A. ISO B. OSI C. HTTP D. TCP

47. 基于TCP/IP的Internet体系结构体系保证了系统的（　　）。
A. 可靠性 B. 安全性 C. 开放性 D. 可用性

48. 基于冯·诺依曼思想而设计的计算机硬件系统的五大组成部分分别是（   ）。
    A. 控制器、运算器、存储器、输入设备、输出设备
    B. 主机、存储器、显示器、输入设备、输出设备
    C. 主机、输入设备、输出设备、硬盘、鼠标
    D. 控制器、运算器、输入设备、输出设备、乘法器

49. 计算机病毒是可以造成机器故障的一种计算机（   ）。
    A. 芯片   B. 部件
    C. 指令序列或程序   D. 设备

50. 计算机病毒是一段程序代码，具有如下特点：寄生性、隐蔽性、可触发性和（   ）。
    A. 传染性   B. 潜伏性   C. 破坏性   D. 以上都是

51. 用于机器学习的线性回归算法属于（   ）算法。
    A. 分类   B. 聚类   C. 回归   D. 深度学习

52. 计算机的存储器中，组成1个字节的二进制位数是（   ）。
    A. 32   B. 16   C. 8   D. 4

53. 以下不属于大数据技术特点的是（   ）。
    A. 高速性   B. 大量性   C. 收敛性   D. 多样性

54. 物联网技术通过一定的信息传感设备，按照约定的协议，将物体与网络连接起来，通过信息传播媒介进行信息交换，以实现智能化识别、（   ）等功能。
    A. 定位   B. 跟踪   C. 监控   D. 以上均是

55. 计算机的硬盘是一种（   ）。
    A. 输出设备   B. 输入设备
    C. 既是输入也是输出设备   D. 以上都不对

56. 计算机软件的确切含义是（   ）。
    A. 计算机程序、数据与相应文档的总称
    B. 系统软件和应用软件的总和
    C. 操作系统、数据库管理软件和应用软件的总和
    D. 各类应用软件的总和

57. 计算机软件是相对于计算机硬件而言的，它是指（   ）。
    A. 程序   B. 程序及其数据
    C. 程序及其文档   D. 程序及其数据和文档

58. 计算机网络安全的最终目标是（   ）。
    A. 保密性   B. 完整性   C. 可用性   D. 以上都是

59. 计算机网络的实现是现代通信技术和（   ）技术的结合。
    A. 人工智能   B. 区块链   C. 云计算   D. 计算机

60. 计算机网络是将地理位置不同的、具有独立功能的（   ）和外部设备构成的计算机系统。
    A. 机器人   B. 人   C. 计算机   D. Wi-Fi

61. 计算机网络中，所有的计算机都连接到一个中心节点上，一个网络节点需要

传输数据，首先传输到中心节点上，然后由中心节点转发到目的节点，这种结构被称为（　　）。
　　A. 总线型结构　　　B. 环型结构　　　C. 星型结构　　　D. 网状结构
62. 计算机网络中，英文缩写LAN的中文名是（　　）。
　　A. 广域网　　　　　B. 城域网　　　　C. 局域网　　　　D. 有线网
63. 计算机网络最突出的特点是（　　）。
　　A. 资源共享　　　　B. 运算精度高　　C. 运算速度快　　D. 内存容量大
64. 计算机网站的统一资源定位符，用（　　）缩写表示。
　　A. ABC　　　　　　B. URL　　　　　C. HTTP　　　　　D. WWW
65. 计算机系统中最基本、最核心的软件是（　　）。
　　A. 操作系统　　　　　　　　　　　　B. 数据库管理系统
　　C. 程序语言处理系统　　　　　　　　D. 系统维护工具
66. 计算机应用中当前难度最大且研究最为活跃的领域之一是（　　）。
　　A. 人工智能　　　　B. 信息处理　　　C. 过程控制　　　D. 辅助设计
67. 计算机硬件系统主要包括中央处理器、存储器和（　　）。
　　A. 显示器和键盘　　　　　　　　　　B. 打印机和键盘
　　C. 显示器和鼠标　　　　　　　　　　D. 输入/输出设备
68. 计算机网络域名中，".edu"表示（　　）。
　　A. 科研机构　　　　B. 教育机构　　　C. 政府部门　　　D. 商业机构
69. 计算机指令的操作码表示的是（　　）。
　　A. 执行什么操作　　B. 停止操作　　　C. 操作结果　　　D. 操作地址
70. 计算机主机的主要组成部分是（　　）。
　　A. 运算器和控制器　　　　　　　　　B. CPU和主存储器
　　C. 运算器和外设　　　　　　　　　　D. 运算器和存储器
71. 计算机的主要技术指标通常指的是（　　）。
　　A. 所配备的系统的版本
　　B. CPU的时钟频率、运算速度、字长和存储容量
　　C. 扫描仪的分辨率、打印机的配置
　　D. 硬盘容量的大小
72. 计算思维是应用计算机科学的基础概念进行问题求解、系统设计、人类行为理解等涵盖计算机科学领域的一系列思维活动，它是（　　）。
　　A. 计算机的思维　　　　　　　　　　B. 面向计算机科学的思维
　　C. 编写程序过程的思维　　　　　　　D. 人的思维
73. 计算思维最根本的内容，即其本质是（　　）。
　　A. 自动化　　　　　　　　　　　　　B. 抽象化和自动化
　　C. 程序化　　　　　　　　　　　　　D. 抽象
74. 既可以存储静态图像，又可以存储动画的文件格式为（　　）。
　　A. GIF　　　　　　B. BMP　　　　　C. PSD　　　　　　D. JPG
75. 假设某台式计算机的内存储器容量为512MB，硬盘容量为40GB，则硬盘的

容量是内存容量的（　　）。
A. 240 倍　　　　B. 160 倍　　　　C. 80 倍　　　　D. 120 倍

76. 将十六进制数 586 转换成 16 位二进制数是（　　）。
A. 0000　0101　1000　0110　　　　B. 0110　1000　0101　0000
C. 0101　1000　0110　0000　　　　D. 0000　0110　1000　0101

77. 局域网中的路由器工作在 OSI 七层模型中的（　　）。
A. 物理层　　　B. 网络层　　　C. 数据链路层　　　D. 应用层

78. 具有多媒体功能的微型计算机系统中使用的 CD-ROM 是一种（　　）。
A. 半导体存储器　　B. 只读型硬磁盘　　C. 只读型光盘　　D. 只读型软磁盘

79. 具有扫描功能的打印机是一种（　　）。
A. 输出设备　　　　　　　　　　B. 输入设备
C. 既是输入也是输出设备　　　　D. 以上都不对

80. 决定 CPU 可直接寻址内存空间大小的是（　　）。
A. 数据总线的带宽　　　　　　　B. 地址总线的位数
C. 控制总线的位数　　　　　　　D. 外部总线的带宽

81. 决定个人计算机性能的最主要的因素是（　　）。
A. 计算机的价格　B. 计算机的 CPU　C. 计算机的内存　D. 计算机的硬盘

82. 决定显示器分辨率的指标是（　　）。
A. 点距　　　　B. 亮度　　　　C. 尺寸大小　　　D. 对比度

83. 在利用恺撒密码进行加密时，约定明文中的所有字母都在字母表上向后循环偏移 3 位，从而得到密文，这里的数字 3 可以被理解为（　　）。
A. 密钥　　　　B. 算法　　　　C. 明文　　　　D. 密文

84. 某企业为提供更好的智能化后期服务而开发的后勤管理系统属于（　　）。
A. 系统软件　　B. 编译软件　　C. 应用软件　　D. 目标软件

85. 某计算机的内存是 16MB，则它的容量为（　　）个字节。
A. 16×1024×1024　　　　B. 16×1000×1000
C. 16×1024　　　　　　　D. 16×1000

86. 目前，IP 地址一般分为 A、B、C 3 类，其中 C 类地址的主机号占（　　）位二进制数，因此一个 C 类地址网段内最多只有 250 余台主机。
A. 4　　　　　　B. 8　　　　　　C. 16　　　　　D. 24

87. 目前，网页中最常用的两种图像文件格式为 GIF 和（　　）。
A. BMP　　　　B. TIF　　　　C. PSD　　　　D. JPG

88. 区分局域网和广域网的依据是（　　）。
A. 网络用户　　B. 传输协议　　C. 联网设备　　D. 联网范围

89. 人类应具备的三大思维能力是指（　　）。
A. 抽象思维、逻辑思维和形象思维　　B. 实验思维、理论思维和计算思维
C. 逆向思维、演绎思维和发散思维　　D. 计算思维、理论思维和辩证思维

90. 任何程序要被 CPU 执行，都必须先加载到（　　）中。
A. 外存　　　　B. 内存　　　　C. 固态硬盘　　　D. 机械硬盘

91. 任意一个实数在计算机内部都可以用"指数"和"尾数"来表示,这种用指数和尾数来表示实数的方法叫作(　　)。
   A. 定点表示法　　B. 不定点表示法　　C. 尾数表示法　　D. 浮点表示法
92. 如果需要让 Windows 启动进入安全模式,应该在计算机启动时按下(　　)键。
   A. F1　　　　　　B. F2　　　　　　　C. F5　　　　　　D. F8
93. 如果要编辑硬盘上的文件,数据首先要加载到(　　)中。
   A. 缓存　　　　　B. CPU　　　　　　C. 硬盘　　　　　D. 内存
94. 射频识别技术属于物联网产业链的(　　)环节。
   A. 标识　　　　　B. 感知　　　　　　C. 处理　　　　　D. 信息传送
95. 声音是一种波,它的两个基本参数为(　　)。
   A. 振幅、频率　　　　　　　　　　　　B. 音色、音高
   C. 噪声、音质　　　　　　　　　　　　D. 采样率、采样位数
96. 十进制数 100 对应的二进制数、八进制数和十六进制数分别为(　　)。
   A. 1100110B、142O 和 62H　　　　　　B. 1100100B、144O 和 64H
   C. 1011100B、144O 和 66H　　　　　　D. 1100100B、142O 和 60H
97. 十进制数 101 转换成二进制数是(　　)。
   A. 01101011　　B. 01100011　　　　C. 01100101　　　D. 01101010
98. 世界上第一台电子计算机诞生于(　　)年。
   A. 1939　　　　B. 1942　　　　　　C. 1946　　　　　D. 1952
99. 世界上第一台电子计算机诞生在(　　)。
   A. 中国　　　　B. 美国　　　　　　C. 日本　　　　　D. 德国
100. 世界上首次提出存储程序计算机体系结构的是(　　)。
   A. 艾伦·图灵　　B. 冯·诺依曼　　　C. 比尔·盖茨　　D. 肖特
101. 视频信息的最小单位是(　　)。
   A. 比率　　　　B. 赫兹(Hz)　　　　C. 位(bit)　　　D. 帧
102. 数据结构是指(　　)。
   A. 数据元素的组织形式　　　　　　　B. 数据类型
   C. 数据存储结构　　　　　　　　　　D. 数据定义
103. 数据结构中,树是一种常用的数据结构,树的逻辑结构是(　　)。
   A. 一对一　　　B. 一对多　　　　　C. 二对一　　　　D. 多对多
104. 数据库管理系统的英文缩写是(　　)。
   A. DBB　　　　B. DBS　　　　　　C. DBMS　　　　　D. DBSS
105. 数据挖掘的目的在于(　　)。
   A. 从已知的大量数据中统计出详细的数据
   B. 从已知的大量数据中发现潜在的规律
   C. 对大量数据进行归类整理
   D. 对大量数据进行汇总统计
106. 数据挖掘分为(　　)型数据挖掘和预测型数据挖掘。

A. 列举型　　　　　B. 交换型　　　　　C. 描述型　　　　　D. 重点型

107. 数据在计算机内部传送、处理和存储时采用的数制是（　　）进制。

A. 十六　　　　　　B. 八　　　　　　　C. 十　　　　　　　D. 二

108. 数字签名技术的使用是为了确保信息的（　　）。

A. 保密性　　　　　B. 可控性　　　　　C. 可用性　　　　　D. 不可否认性

109. 数字签名技术是将签名信息用（　　）进行加密传送给接收者。

A. 发送者的公钥　　B. 发送者的私钥　　C. 接收者的公钥　　D. 接收者的私钥

110. 算法的空间复杂度是指（　　）。

A. 算法程序的长度　　　　　　　　　　B. 算法程序中的指令条数

C. 算法程序中的指令条数　　　　　　　D. 算法执行过程中所需要的存储空间

111. 算法的3种基本控制结构是顺序结构、分支结构和（　　）。

A. 模块结构　　　　B. 情况结构　　　　C. 流程结构　　　　D. 循环结构

112. 算法的时间复杂度是指（　　）。

A. 算法程序执行所需的时间

B. 算法程序的长度

C. 算法程序中的指令条数

D. 算法执行过程中所需要的基本运算次数

113. 算法指的是（　　）。

A. 计算机程序　　　　　　　　　　　　B. 解决问题的计算机方法

C. 排序方法　　　　　　　　　　　　　D. 解决问题的有限运算序列

114. 通过植入（　　）病毒程序，黑客可以远程控制你的计算机，并进行窃取信息的活动。

A. 远程桌面连接　　B. 木马　　　　　　C. 蠕虫　　　　　　D. 小邮差

115. 图像的色彩模型是用数值方法指定颜色的一套规则和定义，常用的色彩模型有CMYK模型和（　　）。

A. PSD模型　　　　B. RGB模型　　　　C. PAL模型　　　　D. GIF模型

116. 网络协议的三要素是语义、语法和（　　）。

A. 时间　　　　　　B. 同步　　　　　　C. 保密　　　　　　D. 报头

117. 网页文件实际上是一种（　　）。

A. 声音文件　　　　B. 图形文件　　　　C. 图像文件　　　　D. 文本文件

118. 网址"www.zju.edu.cn"中cn表示（　　）。

A. 英国　　　　　　B. 美国　　　　　　C. 日本　　　　　　D. 中国

119. 微机的销售广告中，i7 3.0G/16G/2T 中的2T指的是（　　）。

A. 硬盘容量　　　　　　　　　　　　　B. 内存容量

C. CPU的时钟主频为2THz　　　　　　D. CPU的运算速度为2TIPS

120. 微型计算机采用总线型结构连接CPU、内置存储器和外部设备，总线包括（　　）。

A. 地址总线、逻辑总线和信号总线　　　B. 数据总线、地址总线和控制总线

C. 数据总线、传输总线和通信总线　　　D. 控制总线、地址总线和运算总线

121. 微型计算机处理器使用的元器件是（　　）。
   A. 超大规模集成电路　　　　　　B. 电子管
   C. 小规模集成电路　　　　　　　D. 晶体管

122. 微型计算机中，最核心、最关键的部件是（　　）。
   A. 主板　　　　B. CPU　　　　C. 内存　　　　D. 显卡

123. 无法在一定时间范围内用常规软件工具进行捕捉、管理和处理的数据集合被称为（　　）。
   A. 非结构化数据　　B. 数据库　　　　C. 异常数据　　　　D. 大数据

124. 下列编码中，属于正确的汉字机内码（内码）的是（　　）。
   A. DAD6H　　　B. CD7FH　　　C. 5A9BH　　　D. F866H

125. 下列不属于存储器容量的计量单位的是（　　）。
   A. PB　　　　B. MB　　　　C. GHz　　　　D. GB

126. 下列不属于电子邮件协议的是（　　）。
   A. POP3　　　B. SMTP　　　C. SNMP　　　D. IMAP

127. 下列不属于数据库管理系统的是（　　）。
   A. SQL Server　　　B. Java
   C. MySQL　　　　　D. Access

128. 下列各存储器中，存取速度最快的是（　　）。
   A. 硬盘　　　　B. 内存　　　　C. Cache　　　　D. U盘

129. 下列各类计算机程序语言中，不属于高级程序设计语言的是（　　）。
   A. Python　　　B. C++　　　　C. Java　　　　D. 汇编语言

130. 下列各项软件中均属于系统软件的是（　　）。
   A. DOS和Word　　　　　　　　B. WPS和UNIX
   C. Android（安卓系统）和Linux　　D. MIS和WPS

131. 下列关于软件安装和卸载的叙述中，正确的是（　　）。
   A. 安装不同于复制，卸载不同于删除
   B. 安装就是复制，卸载就是删除
   C. 安装软件就是把软件直接复制到硬盘中
   D. 卸载软件就是将指定软件删除

132. 下列关于"U盘"的描述中，错误的是（　　）。
   A. U盘有基本型、增强型和加密型　　B. 优盘的特点是重量轻、体积小
   C. U盘多固定在机箱内，不便携带　　D. 断电后，U盘存储的数据不会丢失

133. 以下不属于多媒体需要解决的关键技术问题的是（　　）。
   A. 音频、视频信息的获取、回放　　　B. 多媒体数据压缩编码和解码
   C. 音频、视频数据的同步实时处理　　D. 图文信息的混合排版

134. 下列可以支持动画效果的图像格式是（　　）。
   A. GIF　　　　B. TIFF　　　　C. JPEG　　　　D. BMP

135. 若机器字长为8，一个数的补码为10011010，则其原码是（　　）。
   A. 11100100　　B. 11100110　　C. 01100110　　D. 01100100

136. 下列描述中，正确的是（　　）。

A. 光盘驱动不是外部设备

B. 摄像头属于输入设备，而投影仪属于输出设备

C. U 盘可以作为外存，也可以作为内存

D. 硬盘是辅助储存器，不属于外设

137. 下列不属于音频文件格式的是（　　）。

A. WAVE　　　　B. BMP　　　　C. MPEG　　　　D. MIDI

138. 下列设备组中，完全属于计算机输出设备的一组是（　　）。

A. 喷墨打印机、显示器、键盘　　　　B. 激光打印机、键盘、鼠标

C. 键盘、显示器、扫描仪　　　　D. 打印机、绘图仪、显示器

139. 下列属于计算机网络通信设备的是（　　）。

A. 显卡　　　　B. 交换机　　　　C. 音箱　　　　D. 声卡

140. 下列数据结构中，属于非线性数据结构的是（　　）。

A. 栈　　　　B. 线性表　　　　C. 队列　　　　D. 二叉树

141. 下列选项中表示电子邮件地址的是（　　）。

A. djks@163.com　　　　B. 192.168.0.1

C. www.zjweu.edu.cn　　　　D. mail.qq.com

142. 下列信息安全控制方法，不合理的是（　　）。

A. 设置网络防火墙　　　　B. 限制对计算机的物理接触

C. 设置用户权限　　　　D. 数据加密

143. 下列叙述中，错误的是（　　）。

A. 硬盘的存取速度显著高于内存

B. 硬盘属于外部存储器，属于外设之一

C. 硬盘驱动器既可作为输入设备，又可作为输出设备

D. 硬盘与 CPU 之间不能直接交换数据

144. 下列选项中，不可用于即时通信的软件是（　　）。

A. 腾讯 QQ　　　　B. 微信

C. 钉钉　　　　D. Microsoft Edge 浏览器

145. 下列选项中，不属于显示器主要技术指标的是（　　）。

A. 分辨率　　　　B. 重量　　　　C. 像素的点距　　　　D. 尺寸

146. 下列选项中，属于嵌入式设备的操作系统是（　　）。

A. Android　　　　B. Windows 10　　　　C. WPS　　　　D. UNIX

147. 下列选项中，可用于文件解压和压缩的应用软件是（　　）。

A. WinRAR　　　　B. QQ　　　　C. Access　　　　D. Outlook

148. 下列 IP 地址中，属于 C 类 IP 地址的是（　　）。

A. 200.168.1.1　　　　B. 224.4.3.2.1

C. 255.255.255.0　　　　D. 256.0.0.1

149. 下列不是用于保证网络信息安全的服务功能的是（　　）。

A. Windows 防火墙　　　　B. 360 杀毒

C. Chrome D. 腾讯电脑管家

150. 下列电子邮箱地址中，正确的是（　　）。
A. student♯163.com B. student@163.com
C. student@163 D. 163.com@student

151. 已知汉字"杭"的区位码是 2628，则其国标码（十六进制值）是（　　）。
A. AAB4 B. 2A64 C. BABC D. 3A3C

152. 下列关于操作系统的叙述中，正确的是（　　）。
A. 操作系统是计算机软件系统中的核心系统软件
B. 操作系统属于应用软件
C. Windows 是 PC 唯一的操作系统
D. 操作系统的功能是启动、打印、显示文件存取和关机

153. 下面关于防火墙的说法，错误的是（　　）。
A. 防火墙可以杀毒
B. 防火墙对流经它的网络通信进行扫描，能够过滤掉一些攻击
C. 防火墙能将内部网和公用网络（如 Internet）分开
D. 防火墙能检测网络通信

154. 已知汉字"熙"的区位码是 4685，则其机内码（十六进制值）是（　　）。
A. 4E75 B. CEF5 C. 326D D. B2ED

155. 下列关于网站与网页的说法中，错误的是（　　）。
A. 网页是网站的基本组成元素
B. 网站由域名、网站源程序和网站空间构成
C. 一个网站可以由多个网页构成
D. 同一网站内的各网页之间相互独立

156. 下列属于人工智能专业研究领域的是（　　）。
A. AI 算法设计 B. 机器学习 C. AI 产品设计 D. 以上都是

157. 下列网络拓扑结构中，最常用于家庭网络的是（　　）。
A. 总线型 B. 星型 C. 环型 D. 树型

158. 下列协议中，用于网页传输的协议是（　　）。
A. HTTPS B. URL C. SMTP D. HTML

159. 下列有关无线局域网的描述中，错误的是（　　）。
A. 无线局域网是依靠无线电波进行传输的
B. 建筑物无法阻挡无线电波，对无线局域网通信没有影响
C. 家用的无线局域网设备常用无线路由器
D. 家庭无线局域网最好设置访问密码

160. 下一代 IPv6 的编址采用（　　）位二进制数。
A. 32 B. 64 C. 128 D. 256

161. 显示器的参数为 1024×768，它表示（　　）。
A. 显示器的分辨率 B. 显示器的颜色指标
C. 显示器的屏幕大小 D. 字符的列数和行数

162. 显示器的主要技术指标之一是（   ）。
    A. 分辨率   B. 亮度   C. 色彩   D. 对比度
163. 现代人类生存和社会发展的三大基本资源是物质、能源和（   ）。
    A. 信息   B. 计算机   C. 软件   D. 媒体
164. 现代信息技术中的"3C"技术是指计算机技术、控制技术和（   ）。
    A. 多媒体技术   B. 通信技术   C. 光电技术   D. 人工智能技术
165. 现在的计算机中，存储整型数据使用最广泛的表示方法是（   ）。
    A. 符号加绝对值   B. 二进制反码   C. 二进制补码   D. 无符号整型
166. 虚拟现实的关键技术不包括（   ）。
    A. 动态环境建模技术   B. 实时三维图形生成技术
    C. 立体显示与传感器技术   D. 自动修复技术
167. 要确保信息的保密性，可以采用（   ）。
    A. 信息加密技术   B. 防火墙技术   C. 身份认证技术 D. 病毒查杀技术
168. 液晶显示器的主要技术指标不包括（   ）。
    A. 显示分辨率   B. 显示速度   C. 亮度和对比度 D. 储存容量
169. 一个完整的计算机系统应该包括（   ）。
    A. 主机、键盘和显示器   B. 硬件系统和软件系统
    C. 主机和它的外部设备   D. 系统软件和应用软件
170. 一个网咖将一幢写字楼的所有计算机连接成网络，该网络属于（   ）。
    A. 广域网   B. 城域网   C. 局域网   D. 网吧
171. 一个应用程序窗口被最小化后，该应用程序将（   ）。
    A. 转入后台执行   B. 暂停执行
    C. 终止执行   D. 执行而不占用资源
172. 一台微型计算机的硬盘容量为1TB，指的是（   ）。
    A. 1024G 位   B. 1024G 字节   C. 1024G 字   D. 1TB 汉字
173. 一座大楼内的一个计算机网络系统属于（   ）。
    A. PAN   B. LAN   C. MAN   D. GAN
174. 已知汉字"庆"的区位码为3976，则其国标码是（   ）。
    A. 0F88H   B. FFA8H   C. 476CH   D. 678CH
175. 已知汉字"蓉"的区位码为4056，则其机内码是（   ）。
    A. 2FF8H   B. B078H   C. 4858H   D. C8D8H
176. 已知3个用不同数制表示的整数 A＝00111101B，B＝3CH，C＝64D，则它们的大小关系是（   ）。
    A. A＜B＜C   B. B＜C＜A   C. B＜A＜C   D. 以上都不是
177. 已知3个字符：b、Y 和 6，按它们的ASCII 码值升序排序，结果是（   ）。
    A. 6、b、Y   B. b、6、Y   C. Y、b、6   D. 6、Y、b
178. 已知字符"2"的ASCII 码是32H，则字符"9"的ASCII 码为（   ）。
    A. 39H   B. 3BH   C. 40H   D. 41H
179. 已知字符"B"的ASCII 码是01000010B，ASCII 码为01000011B 的字符是

( )。
A. B B. C C. D D. F

180. 以下（　　）不是VR技术的显示设备。
A. 移动端头显设备 B. 一体式头显设备
C. 外接式头显设备 D. VR数据手套

181. 以下（　　）不是物联网的相关技术。
A. 射频识别（RFID）技术 B. 传感网技术
C. 虚拟现实技术 D. 云计算技术

182. 以下（　　）不需要运用云计算技术。
A. 播放本地计算机音频 B. 在线实时翻译
C. 搜索引擎 D. 在线文档协同编辑

183. 以下URL统一资源定位符的格式中，正确的是（　　）。
A. http：//www.163.com B. https：//mail.163.com
C. https：//www.sina.com.cn D. 以上均正确

184. 以下不属于TCP/IP参考模型的层次的是（　　）。
A. 网络层 B. 表示层 C. 传输层 D. 应用层

185. 以下不属于常用杀毒软件的是（　　）。
A. 360安全卫士 B. 金山毒霸 C. SQL Server D. 火绒安全软件

186. 以下不属于常用搜索引擎的是（　　）。
A. 百度 B. 谷歌 C. 优酷 D. 搜狗

187. 以下不属于顶级域名的是（　　）。
A. .cn B. .com C. .net D. .zj

188. 以下（　　）不是局域网的特点。
A. 局域网有一定的地理范围 B. 局域网经常为一个企业单位所有
C. 局域网内通信速度和广域网一致 D. 局域网内更方便共享网络资源

189. 以下（　　）不是一个网络协议的组成要素。
A. 语法 B. 语义 C. 时序 D. 层次结构

190. 以下不属于信息安全基本属性的是（　　）。
A. 及时性 B. 可用性 C. 保密性 D. 完整性

191. 以下关于Windows快捷方式的说法中，正确的是（　　）。
A. 一个快捷方式可指向多个文件 B. 一个文件可以有多个快捷方式
C. 只有文件可以建立快捷方式 D. 只有文件夹可以建立快捷方式

192. 以下关于编译程序的说法中，正确的是（　　）。
A. 编译程序可直接生成可执行文件
B. 编译程序不会生成目标程序，而是直接执行源程序
C. 编译程序完成高级语言程序到低级语言程序的等价翻译
D. 各种编译程序构造都比较复杂，所以执行效率高

193. 以下关于计算机病毒的说法中，错误的是（　　）。
A. 计算机病毒是一个程序，是一段可执行代码

B. 计算机病毒是天然存在的
C. 计算机病毒具有自我复制等生物病毒的特征
D. 计算机病毒可通过网络传播

194. 以下关于算法的叙述中，错误的是（　　）。
A. 算法可以用伪代码、流程图等多种形式来描述
B. 一个正确的算法必须有输入
C. 一个正确的算法必须有输出
D. 用流程图可以描述的算法可以用任何一种计算机高级语言编写成程序代码

195. 以下打印机中，打印质量最好的是（　　）。
A. 点阵打印机　　B. 激光打印机　　C. 针式打印机　　D. 喷墨打印机

196. 以下（　　）不是防火墙技术的优点。
A. 防止恶意入侵　　　　　　　　B. 消灭恶意攻击源
C. 阻止恶意代码传入　　　　　　D. 保障内部网络数据安全

197. 以下（　　）不属于计算机病毒被制造的目的。
A. 破坏用户健康　　　　　　　　B. 盗取使用者信息
C. 破坏计算机功能　　　　　　　D. 破坏用户数据

198. 以下操作中，不可能传播计算机病毒的是（　　）。
A. 使用 U 盘　　　　　　　　　　B. 使用 QQ 传输文件
C. 使用正版软件　　　　　　　　D. 收发 E-mail

199. 以下设备中，既可以作为输入设备，又可以作为输出设备的是（　　）。
A. 硬盘　　　　B. 鼠标　　　　C. 键盘　　　　D. 显示器

200. 虚拟现实的缩写是（　　）。
A. VR　　　　　B. AR　　　　　C. TR　　　　　D. MR

201. 以下属于计算机病毒特征的是（　　）。
A. 传染性　　　B. 实时性　　　C. 突发性　　　D. 独立性

202. 以下设备中，既可以作为输入设备，又可以作为输出设备的是（　　）。
A. 刻录机　　　B. 投影仪　　　C. 扫描仪　　　D. 耳麦

203. 以下选项中，不会导致计算机中病毒的是（　　）。
A. 及时更新杀毒软件　　　　　　B. 随意运行来源不明的程序
C. 随便浏览或登录陌生网站　　　D. 打开不明邮件及附件

204. 因特网的 IPv4 地址由 4 个字节组成，每个字节之间用（　　）符号分开。
A. 、　　　　　B. ,　　　　　　C. :　　　　　　D. .

205. 大数据的关键技术不包括（　　）。
A. 数据采集　　　　　　　　　　B. 数据产生
C. 数据存储与管理　　　　　　　D. 数据分析与挖掘

206. 物联网的关键技术不包括（　　）。
A. 传感与网络通信技术　　　　　B. 射频识别技术
C. 视频生成技术　　　　　　　　D. 信息融合技术

207. 用 16*16 点阵来表示汉字的字形，存储一个汉字的字形需用（　　）个

字节。

    A. 16　　　　　　B. 32　　　　　　C. 64　　　　　　D. 128

208. 用8位二进制数能表示的最大的无符号整数（十进制整数）是（　　）。

    A. 255　　　　　B. 256　　　　　C. 128　　　　　D. 127

209. 用二维表结构表示实体与实体间联系的数据模型称为（　　）。

    A. 网状模型　　　B. 层次模型　　　C. 关系模型　　　D. 面向对象模型

210. 用高级程序设计语言编写的程序（　　）。

    A. 计算机能直接执行　　　　　　　B. 具有可读性、可移植性
    C. 执行效率高　　　　　　　　　　D. 依赖具体机器

211. 用来控制、指挥和协调计算机各部分工作的是（　　）。

    A. 运算器　　　　B. 鼠标　　　　　C. 控制器　　　　D. 存储器

212. 增强现实是将虚拟对象与真实环境相结合的技术，其简称为（　　）。

    A. AR　　　　　　B. DR　　　　　　C. HR　　　　　　D. VR

213. 域名中的后缀 .gov 表示机构所属类型为（　　）。

    A. 教育机构　　　B. 军事机构　　　C. 商业公司　　　D. 政府机构

214. 在Windows及其应用程序中，"取消"操作所对应的快捷键一般为（　　）。

    A. Ctrl+A　　　　B. Ctrl+S　　　　C. Ctrl+N　　　　D. Ctrl+Z

215. 在Internet中，用于文件传输的协议是（　　）。

    A. HTML　　　　　B. POP　　　　　　C. SMTP　　　　　D. FTP

216. 在OSI/RM七层结构模型中，处于数据链路层与传输层之间的是（　　）。

    A. 物理层　　　　B. 网络层　　　　C. 会话层　　　　D. 表示层

217. 在Windows操作系统环境下，若要将当前活动窗口以图片的形式复制到粘贴面板中，应按（　　）键。

    A. Print Screen　　　　　　　　　　B. Alt+Print Screen
    C. Ctrl+Print Screen　　　　　　　D. Shift+Print Screen

218. 在Windows系统中，搜索文件时可使用通配符"*"，其含义是（　　）。

    A. 匹配任意一个字符　　　　　　　B. 匹配任意两个字符
    C. 匹配任意多个字符　　　　　　　D. 匹配任意八个字符

219. 在Windows及其应用程序中，"全选"操作所对应的快捷键为（　　）。

    A. Ctrl+A　　　　B. Ctrl+V　　　　C. Ctrl+X　　　　D. Ctrl+C

220. 在Windows系统下，如果要打开"任务管理器"，可以按（　　）快捷键。

    A. Ctrl+Shift　　　　　　　　　　　B. Ctrl+Alt+Del
    C. Ctrl+Esc　　　　　　　　　　　 D. Alt+Tab

221. 在Windows中，文件扩展名用来区分文件的（　　）。

    A. 存放位置　　　B. 类型　　　　　C. 建立日期　　　D. 大小

222. 在Windows中，下列字符串中合法的文件名是（　　）。

    A. ad＊.jpg　　　B. saq/.txt　　　C. .w??u.word　　D. myfile.xlsx

223. 在Windows系统中，搜索文件时可使用通配符"?"，其含义是（　　）。

    A. 匹配任意多个字符　　　　　　　B. 匹配任意八个字符

C. 匹配任意两个字符　　　　　　　　D. 匹配任意一个字符

224. 在常用的传输媒体中，带宽最宽、信号传输衰减最小、抗干扰能力最强的是（　　）。

　　A. 双绞线　　　　B. 无线信道　　　　C. 同轴电缆　　　　D. 光纤

225. 在地址栏中显示 http：//www.hdu.edu.cn，则所采用的协议是（　　）。

　　A. HTTP　　　　B. FTP　　　　C. WWW　　　　D. 电子邮件

226. 在对声音信号进行数字化处理时，每隔一个固定的时间间隔对波形区域的振幅进行一次取值，这被称为（　　）。

　　A. 量化　　　　B. 采样　　　　C. 音频压缩　　　　D. 音乐合成

227. 在计算机网络中，完成路径选择功能是在 OSI 模型的（　　）。

　　A. 物理层　　　　B. 数据链路层　　　　C. 网络层　　　　D. 运输层

228. 在计算机系统中，被誉为"高速公路"的部件是（　　）。

　　A. CPU　　　　B. 主机　　　　C. 总线　　　　D. 外设

229. 在计算机中，1TB 等于（　　）。

　　A. 2^{50} Bytes　　B. 2^{40} Bytes　　C. 2^{30} Bytes　　D. 2^{20} Bytes

230. 在浏览器的地址栏中输入 "https：//www.zju.edu.cn"，其中的 "zju.edu.cn" 是一个（　　）。

　　A. 域名　　　　B. 文件　　　　C. 邮箱　　　　D. 国家

231. 在软件系统中，文字处理软件属于（　　）。

　　A. 应用软件　　　　　　　　　　B. 系统软件
　　C. 数据库软件　　　　　　　　　D. 管理信息系统

232. 在数字音频信息获取与处理过程中，下述正确的顺序是（　　）。

　　A. A/D 变换、采样、压缩、存储、解压缩、D/A 变换
　　B. 采样、压缩、A/D 变换、存储、解压缩、D/A 变换
　　C. 采样、A/D 变换、压缩、存储、解压缩、D/A 变换
　　D. 采样、D/A 变换、压缩、存储、解压缩、A/D 变换

233. 在微机工作期间突然断电，下列描述中错误的是（　　）。

　　A. RAM 中的信息会丢失　　　　　B. ROM 中的信息不会丢失
　　C. 硬盘中的信息绝不会丢失　　　D. U 盘中的信息可能会丢失

234. 在 Windows 的"资源管理器"窗口中，若要一次选定多个连续的文件或文件夹，正确的操作是（　　）。

　　A. 执行"编辑"菜单中的"全选"命令
　　B. 按住 Ctrl 键，单击首尾文件或文件夹
　　C. 单击第一个文件或文件夹，然后按住 Ctrl 键单击最后一个文件或文件夹
　　D. 单击第一个文件或文件夹，然后按住 Shift 键单击最后一个文件或文件夹

235. 针对媒体，国际电报电话咨询委员会对它做了若干分类，在多媒体计算机系统中，摄像机和显示器属于（　　）。

　　A. 感觉媒体　　　　B. 表现媒体　　　　C. 传输媒体　　　　D. 存储媒体

236. 中国超级计算机（　　）在 2010 年的全球超级计算机五百强排行榜中位列

世界第一。

  A. 东方红一号   B. 天河一号
  C. 银河一号   D. 神威·太湖之光

237. 计算机主板中最重要的部件是（　　），它是主板的灵魂，决定了主板能够支持的功能。

  A. 电源   B. 总线   C. 芯片组   D. 扩展槽

238. 字长是CPU的主要技术性能指标之一，它表示的是（　　）。

  A. CPU的计算结果的有效数字长度
  B. CPU一次能处理的二进制数据的位数
  C. CPU能表示的最大的有效数字位数
  D. CPU能表示的十进制整数的位数

239. 字长为7位的无符号二进制整数能表示的十进制整数的数值范围是（　　）。

  A. 0～128   B. 0～255   C. 0～127   D. 1～127

240. 利用计算机来模仿人的高级思维活动称为（　　）。

  A. 数据处理   B. 数据挖掘   C. 人工智能   D. 虚拟现实

二、多选题

1. CPU的运算器的主要功能是（　　）。

  A. 算术运算   B. 分析指令   C. 逻辑运算   D. 取指令

2. Windows 10操作系统主要的版本有（　　）。

  A. Windows 10 Home（家庭版）   B. Windows 10 Professional（专业版）
  C. Windows 10 Enterprise（企业版）   D. Windows 10 Education（教育版）

3. 操作系统按用户数目来分，可分为（　　）。

  A. 无用户，具有自动执行功能   B. 单用户
  C. 双用户   D. 多用户

4. 常见的数据库类型有（　　）。

  A. 层次型   B. 阶梯型   C. 网状   D. 关系型

5. 从传送信息的方式上，可把接口分为（　　）。

  A. 链式   B. 并行   C. 串行   D. 队列

6. 大数据的典型应用有（　　）。

  A. 交通行为预测   B. 疾病疫情预测
  C. 股票市场预测   D. 设备故障监测

7. 多媒体数据压缩技术一般分为（　　）。

  A. 有损压缩   B. 快速压缩   C. 无损压缩   D. 不可逆压缩

8. 浮点数的两个组成部分为（　　）。

  A. 阶码   B. 原码   C. 尾数   D. 补码

9. 计算机的三类总线中，包括（　　）。

  A. 数据总线   B. 地址总线   C. 控制总线   D. 传输总线

10. 计算机技术是有关信息的（　　）等技术。

A. 获取　　　　　　B. 储存　　　　　　C. 传递　　　　　　D. 处理

11. 计算机软件包含（　　）。
A. 程序　　　　　　B. 输入数据　　　　C. 输出数据　　　　D. 相关文档

12. 计算机网络功能中的资源共享主要包括（　　）。
A. 硬件资源共享　　　　　　　　　　B. 软件资源共享
C. 数据资源共享　　　　　　　　　　D. 用户资源共享

13. 图像、声音或视频数字化的过程一般包括（　　）。
A. 采样　　　　　　B. 量化　　　　　　C. 编码　　　　　　D. 传输

14. 视频文件的内容包括（　　）。
A. 文本　　　　　　B. 图片　　　　　　C. 声音数据　　　　D. 视频数据

15. 算法的三种基本结构是（　　）。
A. 顺序结构　　　　B. 分支结构　　　　C. 循环结构　　　　D. 上下结构

16. 网络中常用的无线传输介质主要有（　　）。
A. 无线电波　　　　B. 蓝牙　　　　　　C. NFC　　　　　　D. 微波

17. 外存与内存相比，其主要特点有（　　）。
A. 存取速度快　　　　　　　　　　　B. 能长期保存信息
C. 能存储大量信息　　　　　　　　　D. 单位容量的价格更便宜

18. 下列选项中，可能是八进制数据的是（　　）。
A. 129　　　　　　B. 107　　　　　　C. 0012　　　　　　D. 678

19. 系统软件可以是（　　）。
A. 操作系统　　　　　　　　　　　　B. 设备驱动程序
C. 网络通信程序　　　　　　　　　　D. 程序设计与编译语言

20. 以下属于储存器容量单位的是（　　）。
A. PB　　　　　　　B. MB　　　　　　C. GB　　　　　　　D. MHz

21. 下列各组软件中，属于应用软件的是（　　）。
A. 视频播放系统　　　　　　　　　　B. 数据库管理系统
C. 导弹飞行控制系统　　　　　　　　D. 语言处理程序

22. 下列关于计算机网络的叙述中，正确的是（　　）。
A. 网络中的计算机在共同遵循通信协议的基础上相互通信
B. 只有相同类型的计算机互相连接起来，才能构成计算机网络
C. 计算机网络可实现资源共享
D. 计算机网络可实现数据传输

23. 下列软件中，属于操作系统的是（　　）。
A. Windows　　　　B. Harmony OS　　C. Linux　　　　　D. Android

24. 下列软件中，属于系统软件的是（　　）。
A. C++编译程序　　B. Excel　　　　　C. 学籍管理系统　　D. Linux

25. 下列软件中，属于应用软件的是（　　）。
A. iOS　　　　　　　　　　　　　　　B. PowerPoint
C. UNIX　　　　　　　　　　　　　　D. 某人事管理系统

26. 下列设备中，属于输出设备的有（　　）。
   A. 显示器　　　　B. 打印机　　　　C. 话筒　　　　D. 投影仪

27. 下列设备中，属于计算机输出设备的是（　　）。
   A. 刻录机　　　　B. 绘图仪　　　　C. 音箱　　　　D. 键盘

28. 下列属于操作系统功能的是（　　）。
   A. 文件管理　　　B. 存储管理　　　C. 设备管理　　　D. 处理机管理

29. 下列文件格式中，属于音频文件格式的是（　　）。
   A. *.dat　　　　B. *.wav　　　　C. *.mid　　　　D. *.wma

30. 下列叙述正确的是（　　）。
   A. 任何二进制整数都可以完整地用十进制整数来表示
   B. 任何十进制小数都可以完整地用二进制小数来表示
   C. 任何二进制小数都可以完整地用十进制小数来表示
   D. 任何十六进制整数都可以完整地用十进制整数来表示

31. 下列选项中，属于微型计算机主机部分的是（　　）。
   A. 主板　　　　　B. CPU　　　　　C. 硬盘　　　　D. 内存

32. 下列选项中，可能是十六进制数据的是（　　）。
   A. 20GB　　　　B. 107B　　　　 C. 12AB　　　　D. 68TB

33. 下列选项中，属于CPU性能指标的是（　　）。
   A. 耗电量　　　　B. 字长　　　　C. 内存容量　　　D. 主频

34. 人工智能的研究领域包括（　　）。
   A. 机器人　　　　B. 图像识别　　　C. 自然语言处理　D. 专家系统

35. 下列选项中，属于互联网基本服务的是（　　）。
   A. WWW　　　　B. FTP　　　　　C. E-mail　　　　D. TelNet

36. 下列选项中，属于计算机局域网拓扑结构的是（　　）。
   A. 全连接型　　　B. 总线型　　　　C. 星型　　　　　D. 树型

37. 下列选项中，属于外存储器的是（　　）。
   A. 硬盘存储器　　　　　　　　　B. 高速缓冲存储器
   C. ROM存储器　　　　　　　　　D. U盘

38. 下列选项中，属于系统软件的是（　　）。
   A. 数据库管理系统　　　　　　　B. Linux
   C. Java程序集成开发环境　　　　D. Photoshop

39. 下列选项中，属于应用软件的是（　　）。
   A. 微信　　　　　B. 钉钉　　　　　C. 支付宝　　　　D. UNIX

40. 下列有关电子邮件的说法中，正确的是（　　）。
   A. 没有主题的邮件无法发送
   B. 电子邮件是Internet提供的一项基本服务
   C. 当发送电子邮件时，可以抄送邮件给其他邮件地址接收者
   D. 电子邮件可发送的信息只有文字和图像

41. 下列有关汉字机内码（内码）的说法，正确的是（　　）。

A. 内码一定无重码　　　　　　　　B. 内码就是区位码
C. 使用内码来显示汉字　　　　　　D. 内码每字节的最高位为 1

42. 下面说法正确的有（　　）。
A. 一个完整的计算机系统由硬件系统和软件系统组成
B. 电源关闭后，ROM 中的信息会丢失
C. 计算机与其他计算工具不同，其最主要特点是可以存储程序和程序控制
D. 32 位字长计算机能处理最大数是 32 位十进制数

43. 一个 IPv4 版的 IP 地址可以细化为 3 个组成部分，它们是（　　）。
A. 类别　　　　B. 网络号　　　　C. 主机号　　　　D. 域名

44. 在 HTML 语言中，可以有下列（　　）标签。
A. <HEAD>　　　B. <BODY>　　　C. <TXT>　　　D. <TITLE>

45. 在 Internet 中，URL（统一资源定位器）的组成部分包括（　　）。
A. 协议　　　　B. 路径及文件名　　C. 主机名　　　D. 端口

46. 计算机网络安全主要包括（　　）。
A. 系统安全　　B. 网络安全　　　C. 信息内容安全　D. 物理安全

47. 在 TCP/IP 体系结构中，应用层的协议有（　　）。
A. HTTP　　　　B. FTP　　　　　C. DHCP　　　　D. SMTP

48. 在 Windows 环境下，文件名或文件扩展名可以出现的通配符是（　　）。
A. !　　　　　B. @　　　　　　C. *　　　　　　D. ?

49. 在 Windows 环境下，用 E?6 能找到的文件有（　　）。
A. E56.docx　　B. AE76.pptx　　C. EE6.bak　　　D. E66E.c

50. 以下属于云计算的关键技术的是（　　）。
A. 虚拟化　　　　　　　　　　　　B. 分布式文件系统和数据库
C. 能耗管理技术　　　　　　　　　D. 信息安全技术

三、判断题

1. 1958 年，清华大学研制成功我国第一台小型电子管数字计算机（103 型计算机）。（　　）
2. Access 是由微软公司发布的关系数据库管理系统。（　　）
3. Baidu AI 是专注于技术研发的通用人工智能企业。（　　）
4. CPU 的主频指的是 CPU 的运行速度。（　　）
5. Internet 起源于美国的 ARPA Net。（　　）
6. Internet 中的 SMTP 是用于文件传输的协议。（　　）
7. JPEG 是无损压缩，不降低图像的质量。（　　）
8. Linux 是一个开源的操作系统，其源码可以免费获得。（　　）
9. PowerPoint 是应用软件。（　　）
10. Windows 的任务栏只能存放在桌面的底部。（　　）
11. Windows 控制面板是一个应用程序，主要用于查看并操作基本的系统设置和控制。（　　）

12. Windows 是 PC 唯一的操作系统。（   ）
13. Windows 是单任务操作系统。（   ）
14. Windows 系统中，当用户为应用程序创建了快捷方式时，就是将应用程序增加一个备份。（   ）
15. Windows 系统中，文件夹实际代表的是外存储介质上的一个存储区域。
（   ）
16. Windows 系统中，文件属性有只读、隐藏、存档和系统 4 种。（   ）
17. 一个 8 位二进制数可以表示最多 256 种状态。（   ）
18. 表现媒体是指将感觉媒体输入计算机中或通过计算机展示感觉媒体所使用的物理设备。（   ）
19. 采用折半查找法对有序表进行查找总比采用顺序查找法要快。（   ）
20. 常用的电子邮件协议有 SMTP、POP3、IMAP，其中 POP3 是接收邮件服务协议。（   ）
21. TTPS 比 HTTP 安全性更高。（   ）
22. 大数据处理的关键技术一般包括大数据采集、大数据预处理、大数据存储及管理、大数据分析及挖掘、大数据展现和应用。（   ）
23. 大数据处理流程主要包括数据采集数据、预处理数据、存储、数据处理与分析等环节。（   ）
24. 当前物联网的核心是互联网，物联网是比互联网更为庞大的网络。（   ）
25. 当他人发来电子邮件时，计算机必须处于开机状态，否则邮件就会丢失。
（   ）
26. 典型的虚拟现实系统主要由计算机软、硬件系统（包括 VR 软件和 VR 环境数据库）和 VR 输入、输出设备组成。（   ）
27. 电子邮件中所包含的信息只能是文字。（   ）
28. 顶级域名 .gov 表示非营利机构。（   ）
29. 动态图像压缩编码分为帧内压缩和帧间压缩两部分。（   ）
30. 队列、链表、堆栈和树都是线性数据结构。（   ）
31. 对音频数字化来说，在相同条件下，量化级数越高，占的空间越小。（   ）
32. 对于大数据而言，最基本、最重要的要求是减少错误、保证质量，因此大数据收集的信息要非常精确。（   ）
33. 多媒体技术促进了通信、娱乐和计算机的融合。（   ）
34. 多媒体技术是指通过计算机对图像、动画、声音等多种媒体信息进行综合处理和管理，使用户可以通过多种感官与计算机进行实时信息交互的技术。（   ）
35. 多媒体数据之所以能被压缩，是因为数据本身存在冗余。（   ）
36. 防范计算机病毒，只要安装了杀毒软件，就万无一失了。（   ）
37. 分辨率是显示器的一个重要指标，它表示显示器屏幕上像素的数量。（   ）
38. 分布在一座大楼中的网络可称为一个局域网。（   ）
39. 分时操作系统要求具有对输入数据及时做出反应（响应）的能力。（   ）
40. 负数求补的规则：对原码，符号位保持不变，其余各位变反。（   ）

41. 高速缓存存储器是 CPU 与内存之间进行数据交换的缓冲，其特点是访问速度快，但容量小。（   ）

42. 1 个正确的算法可以有 0 个或者多个输入，但必须有 1 个或者多个输出。（   ）

43. 根据传递信息的种类不同，系统总线可分为地址总线、控制总线和数据总线。（   ）

44. 汇编程序是由多种语言混合编写的程序。（   ）

45. 基本 ASCII 码包含 128 个不同的字符。（   ）

46. 计算机互联网的主要目的是相互通信和资源共享。（   ）

47. 计算机网络由通信子网和资源子网构成。（   ）

48. 计算机网络中子网掩码用于区分 IP 地址中的网络和主机部分时，使用的是"逻辑与"运算。（   ）

49. 计算机显示器画面的清晰度决定于显示器的尺寸。（   ）

50. 计算机主要应用于科学计算、信息处理、过程控制、辅助系统、通信等领域。（   ）

51. 计算思维的本质是抽象和自动化。（   ）

52. 计算思维实际上就是人类求解问题的思维方法。（   ）

53. 计算思维是应用数据科学的原理、方法、技术解决现实场景中问题的思维逻辑。（   ）

54. 加密技术是保障信息安全的基本技术。（   ）

55. 将 Windows 应用程序窗口最小化后，该程序也将立即关闭。（   ）

56. 科学计算是计算机最早的应用。（   ）

57. 链表是一种采用链式存储结构存储的线性表。（   ）

58. 两个相同名字的文件可以存放在同一个文件夹中。（   ）

59. 描述算法只能用流程图。（   ）

60. 内存储器容量的大小是衡量计算机性能的指标之一。（   ）

61. 较外存而言，内存的速度快，但容量一般比外存小，价格相对较贵。（   ）

62. 区块链技术是一种特殊的分布式数据库，属于一种去中心化的记录技术，它就是比特币。（   ）

63. 区块链起源于比特币。（   ）

64. 人工智能最后会演变为人类。（   ）

65. 如果数据是有序的，则可以采用二分查找算法来提高效率。（   ）

66. 若要安装 Windows 10，系统磁盘分区必须为 NTFS 格式，即文件系统为 NTFS 格式。（   ）

67. 删除桌面上的快捷方式，它所指向的项目同时也被删除。（   ）

68. 声音中的频率反映声音的音调，而振幅则反映声音的强弱。（   ）

69. 十进制数 59 转换成无符号二进制整数是 0111101。（   ）

70. 十进制数的 11 在十六进制中仍然表示成 11。（   ）

71. 时间复杂度是衡量算法性能的唯一标准。（   ）

72. 实数的浮点表示由指数和尾数（含符号位）两部分组成。（   ）

73. 实数在计算机中一般采用浮点表示法。（   ）

74. 实现人工智能目前较主流的方法是机器学习和深度学习，其中机器学习是深度学习的子类。（   ）

75. 使用 ping 命令可以测试本机回环地址 127.0.0.1 的 TCP/IP 是否正常。（   ）

76. 使用电子邮件应该有一个电子邮件地址，它的格式是固定的，其中必不可少的字符是 @。（   ）

77. 数据结构与算法的关系：数据结构是高层，算法是底层，数据结构为算法提供服务。（   ）

78. 数据库就是数据表，数据表也就是数据库。（   ）

79. 数据挖掘的经典案例"啤酒和尿不湿"试验主要应用了关联规则数据挖掘方法。（   ）

80. 数据挖掘的目标不在于数据采集策略，而在于对已经存在的数据进行模式的挖掘。（   ）

81. 数据总线用于单向传输 CPU 与内存或 I/O 之间的数据。（   ）

82. 数字视频就是对数字视频信号进行数字化后的产物。（   ）

83. 双绞线是目前最常用的带宽最宽、信号传输衰减最小、抗干扰能力最强的一类传输介质。（   ）

84. 算法的五个重要特征是确定性、可行性、输入、输出、有穷性/有限性。（   ）

85. 算法的有穷性是指算法必须在执行有限个步骤之后终止。（   ）

86. 算法复杂度主要包括时间复杂度和空间复杂度。（   ）

87. 随着物联网及人工智能时代的到来，数据库技术正在向与 AI 结合、融合 OLTP 和 OLAP 技术等方向发展。（   ）

88. 图像数据压缩的主要目的是减少存储空间。（   ）

89. 外码是用于将汉字输入计算机而设计的汉字编码。（   ）

90. 网络通信可以不遵循任何协议。（   ）

91. 微机上广泛使用的 Windows 是多任务操作系统。（   ）

92. 微信、钉钉等属于应用软件。（   ）

93. 物联网的英文名称是"The Internet of Things"，它只能实现物与物之间的通信。（   ）

94. 相对于有线局域网，可移动性是无线局域网的优势之一。（   ）

95. 信息安全是国家安全的需要，是组织持续发展的需要，是保护个人隐私与财产的需要。（   ）

96. 信息安全是指信息网络中的硬件、软件受到保护，不被破坏和更改。（   ）

97. 信息共享是计算机网络的重要功能之一。（   ）

98. 信息技术就是指计算机技术。（   ）

99. 虚拟现实技术通过计算机仿真系统生成一种模拟环境，使用户沉浸到该环境中，但是只能模拟听觉和视觉效果。（   ）

100. 一个数据库中只能包含 1 个数据表。（   ）
101. 一个文档可对应多个快捷方式图标。（   ）
102. 一个字符的标准 ASCII 码的长度是 7bit。（   ）
103. 移动硬盘与 U 盘连接计算机所使用的接口通常是并行接口。（   ）
104. 以太网是当今局域网最通用的通信协议标准。（   ）
105. 硬盘属于外部存储器。（   ）
106. 云计算通常提供基础设施即服务（IaaS）、平台即服务（PaaS）、软件及服务（SaaS）3 类服务。（   ）
107. 在 IPv4 的地址分类中，A 类地址的第一个字节是以二进制"10"开头的。（   ）
108. 在 Windows 系统中，文件夹的命名不能带扩展名。（   ）
109. 在 Windows 系统中，cyz＊.jpg 是合法文件名。（   ）
110. 在 Windows 系统中，切换当前的各个窗口可以按"Alt＋Esc"快捷键或"Alt＋Tab"快捷键。（   ）
111. 在 Windows 系统中，资源管理器可以对系统资源进行管理。（   ）
112. 在计算机网络术语中，LAN 的中文含义是局域网。（   ）
113. 在计算机网络中按拓扑结构分类有树型结构。（   ）
114. 在数据库的设计过程中，规范化是必不可少的。（   ）
115. 在域名的格式中，以"."分隔不同级别的域名字段。（   ）
116. 增强现实展现了完全虚拟的场景，让人拥有很强的沉浸感。（   ）
117. 栈和队列的存储，既可以用顺序存储结构，又可以用链式存储结构。（   ）
118. 支持应用软件的开发和运行是系统软件的重要功能之一。（   ）
119. 字长为 32 位表示这台计算机的 CPU 一次能处理 32 位二进制数。（   ）
120. 激光属于计算机网络无线传输的介质之一。（   ）

四、信息检索与综述

请同学们选择当前新一代信息技术中的一个主题，例如，人工智能、智能信息技术处理与应用、大数据、深度学习、无人驾驶、智慧水利、区块链技术、电网窃电行为分析等，按照信息检索的五个步骤，即选择某个检索系统（如中国期刊网 CNKI），确定检索词和检索方法，根据题名、责任者、机构、分类、主题、号码等不同检索途径，再不断优化和调整检索结果，完成信息检索，从中选择 3~5 篇最优的检索结果（下载 PDF 格式），并撰写对检索结果的文献综述（不少于 800 字），以 Word 形式提交个人成果。

参考答案

请扫二维码查阅参考答案，答案仅供参考。

参考答案

实训篇

实训 1 中英文录入

实训目的

(1) 了解计算机系统的基本概念。

(2) 掌握计算机的启动和关闭以及应用程序的启动和退出方法。

(3) 熟悉键盘、掌握中英文输入法和软键盘的使用方法。

实训课时

建议课内 2 课时,课外 2 课时。

实训要求

(1) 计算机的启动和关闭。计算机正常启动和关闭的操作顺序示意图如图 1-1 所示。

要特别注意开关机的先后顺序:开机时一般先打开显示器电源,再打开主机电源;而关机时则相反。当遇到计算机死机,无法执行任何操作时,可以按计算机的重启键,重启计算机,或者按住主机电源开关几秒钟,强制关机。

(2) 计算机键盘和中英文输入。

1) 计算机键盘。标准计算机键盘主要有 101 键键盘和 104 键键盘,104 键键盘是目前最流行的一种键盘,键盘布局如图 1-2 所示,10 个手指的键盘键位如图 1-3 所示。

2) Windows 系统下的几个主要快捷键及其作用见表 1-1。

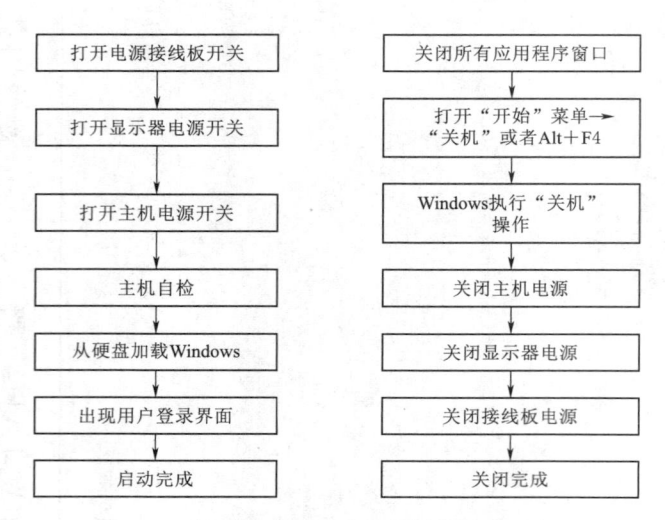

图 1-1　计算机启动和关闭的操作顺序示意图

图 1-2　键盘布局

图 1-3　10个手指的键盘键位

表 1-1　Windows 系统下的几个主要快捷键及其作用

快捷键	作　　用
Ctrl＋C	复制
Ctrl＋V	粘贴
Ctrl＋X	剪切
Ctrl＋Esc	打开"开始"菜单
Ctrl＋Shift	选择一种输入法
Ctrl＋Space	中、英文切换
Shift＋空格键	全角/半角切换
Win 图标＋D	显示桌面
Win 图标＋L	注销
Alt＋Tab	选择活动窗口
Alt＋Esc	顺序在多窗口之间切换
Alt＋Print Screen	复制当前窗口图像到剪贴板
Alt＋F4	关闭当前窗口或弹出"关闭 Windows"对话框
Ctrl＋Alt＋Delete	打开任务管理器

　　在中文输入状态下按 Shift 键可输入英文符号；在全角且按下大写字母锁定键，即输入大写字母状态下，可按 Shift 键完成小写字母的输入。一些常用的中文标点符号见表 1-2。

表 1-2　一些常用的中文标点符号

中文标点符号	符号名称	按　键	中文标点符号	符号名称	按　键
。	句号	">."键	《》	书名号	"<>"键
、	顿号	"\"键或者"？/"键	……	省略号	"^"键；Shift＋6
""	双引号	"""键	·	间隔号	"~"键
''	单引号	"'"键	￥	人民币符号	"$"键；Shift＋4

　　输入间隔号"·"，如输入"马丁·路德·金"，而不是输入"马丁。路德。金"或者"马丁．路德．金"，可以在中文输入状态下，按"～"键输入间隔号"·"。

　　一般而言，对于打不出来的符号，可选择一种中文输入法，连续输入字母"v"和数字"1"，出现图 1-4 中的符号输入和选择，之后可按"PageDown"键（或者"＞"键）往后翻页和按"PageUp"键（或者"＜"键）往前翻页选择相应的符号。注意：图 1-4 是在中文搜狗拼音输入法下，连续输入字母"v"和数字"1"的示意图。

　　实训前的准备：在本地计算机的最后一个盘符下建立一个自己学号文件夹，取名为"学号姓名_实训1"，例如"90123 赵一力_实训1"。

图 1-4　键盘"v1"符号输入和选择

实训内容及步骤

一、文件保存

打开计算机并启动 Word 2019 应用程序，新建一个空白的 Word 文档，先将其保存在自己学号文件夹中，并命名为"学号姓名_实训1.docx"。

二、字符和符号的输入

在打开的 Word 文档中，选择合适的字号并输入以下字符和符号。注意区分全角和半角状态下字符的大小，通过"Shift＋Space"组合键可切换全/半角状态。

(1) 1234567890（半角数字符号）。

(2) ，－'"．:;? \ ~! @＃＄％·＆| () {} [] <>＋－＊/＝ → ➔ （半角符号之间加一个空格）。

(3) AaBbCcDdEeFfGgHhIiJjKkLlMmNn（半角字母）。

(4) １２３４５６７８９０（全角数字符号）。

(5) ＡａＢｂＣｃＤｄＥｅＦｆＧｇＨｈＩｉＪ ｊ ＫｋＬｌＭｍＮｎ（全角字母）。

(6) ，。；："＂、？｜＼ ｛｝""'《》～ ·￥……×（）＋＝（全角中文符号）。

三、中、英短文录入

输入以下中、英短文（注意：中文短文请在全角状态下输入）。

我有一个梦想
——马丁·路德·金

……

我今天有一个梦想。

我梦想有一天，幽谷上升，高山下降；坎坷曲折之路成坦途，圣光披露，照满人间。

这就是我们的希望。我怀着这种信念回到南方。有了这个信念，我们将能从绝望之岭劈出一块希望之石。有了这个信念，我们将能把这个国家刺耳的争吵声，改变成为一支洋溢手足之情的优美交响曲。

有了这个信念，我们将能一起工作，一起祈祷，一起斗争，一起坐牢，一起维护自由；因为我们知道，终有一天，我们是会自由的。

在自由到来的那一天，上帝的所有儿女们将以新的含义高唱这支歌："我的祖国，美丽的自由之乡，我为您歌唱。您是父辈逝去的地方，您是最初移民的骄傲，让自由之声响彻每个山冈。"

如果美国要成为一个伟大的国家，这个梦想必须实现。因此，让自由之声从新罕布什尔州的巍峨高峰响起来！让自由之声从纽约州的崇山峻岭响起来！让自由之声从宾夕法尼亚州的阿勒格尼山高峰响起来！

让自由之声从科罗拉多州冰雪覆盖的洛基山响起来！让自由之声从加利福尼亚州

蜒蜒的群峰响起来！不仅如此，还要让自由之声从佐治亚州的石岭响起来！让自由之声从田纳西州的瞭望山响起来！

让自由之声从密西西比的每一座丘陵响起来！让自由之声从每一片山坡响起来！

当我们让自由之声响起来，让自由之声从每一个大小村庄、每一个州和每一个城市响起来时，我们将能够加速这一天的到来，那时，上帝的所有儿女，黑人和白人，犹太教徒和非犹太教徒，耶稣教徒和天主教徒，都将手携手，合唱一首古老的黑人灵歌："终于自由了！终于自由了！感谢全能的上帝，我们终于自由了！"

——节选自《我有一个梦想》（马丁·路德·金）

I Have a Dream
by Martin Luther King, Jr.

I have a dream today.

I have a dream that one day every valley shall be exalted, every hill and mountain shall be made low, the rough places will be made plain, and the crooked places will be made straight, and the glory of the Lord shall be revealed, and all flesh shall see it together.

This is our hope. This is the faith with which I return to the South. With this faith we will be able to hew out of the mountain of despair a stone of hope. With this faith we will be able to transform the jangling discords of our nation into a beautiful symphony of brotherhood.

With this faith we will be able to work together, to pray together, to struggle together, to go to jail together, to stand up for freedom together, knowing that we will be free one day.

This will be the day when all of God's children will be able to sing with a new meaning:

My country'tis of thee, sweet land of liberty, of thee I sing.

Land where my fathers died, land of the Pilgrim's pride,

From every mountainside, let freedom ring!

And if America is to be a great nation this must become true. So let freedom ring from the prodigious hilltops of New Hampshire. Let freedom ring from the mighty mountains of New York. Let freedom ring from the heightening Alleghenies of Pennsylvania!

Let freedom ring from the snowcapped Rockies of Colorado!

Let freedom ring from the curvaceous peaks of California!

But not only that; let freedom ring from Stone Mountain of Georgia!

Let freedom ring from Lookout Mountain of Tennessee!

Let freedom ring from every hill and every molehill of Mississippi. From every mountainside, let freedom ring.

When we let freedom ring, when we let it ring from every village and every hamlet, from every state and every city, we will be able to speed up that day when all of God's children, black men and white men, Jews and Gentiles, Protestants and Catholics, will be able to join hands and sing in the words of the old Negro spiritual, "Free at last! Free at last! Thank God almighty, we are free at last!"

This article is excerpted from "*I Have a Dream*" speech.

四、打字速度测试

启动"金山打字通"应用程序，根据个人情况进行指法练习、中英文输入练习。速度测试要求：设定时间为 5 分钟，对学生中、英文录入速度进行测试，并记录成绩（打字速度基本要求：英文每分钟 70 个字符，中文每分钟 35 个汉字）。

思政元素融入

国产办公软件的标杆——WPS Office，它源于金山软件，其创始人求伯君是中国第一代程序员中的标志性人物，被誉为"中国程序员的精神领袖"。他的经典话语，例如"写代码是快乐的""中国软件不能永远靠汉化，必须有自己的核心技术""写程序就像写诗，需要激情，也需要严谨"等，都激励着年轻一代技术人员、青年学子既需创造力，也需极致细节和一定人文素养，将兴趣慢慢转化为职业信仰。

思考与练习

1. 在关闭计算机时，为什么不能直接关闭电源？
2. 请简述计算机冷启动和热启动的区别。
3. 实地调查或网络搜索当前主流笔记本电脑或台式计算机的配置与价格情况，简单描述你选择的一款高性价比的 PC 配置清单。

实训 2 Windows 10 的基本操作及系统设置

实训目的

(1) 掌握 Windows 10 的基本操作。
(2) 掌握 Windows 10 控制面板设置。

实训课时

建议课内 2 课时，课外 2 课时。

实训要求

(1) 掌握自定义桌面的显示图标及排列方式。
(2) 熟练掌握窗口操作，如窗口切换、最大化、最小化、窗口的层叠显示等。
(3) 学习、掌握 Windows 10 控制面板的新增功能。
(4) 学习、掌握 Windows 10 更改账户信息以及管理其他账户的操作。
(5) 能够设置桌面的主题、背景、屏保等。
(6) 能够个性化设置任务栏和"开始"菜单，如自动隐藏任务栏、不显示最近在"开始"菜单中打开的程序等。
(7) 掌握数字格式和货币符号的设置。

实 训 内 容 及 步 骤

一、Windows 10 的基本操作

1. 桌面的基本操作

(1) 启动 Windows 10 系统，观察桌面系统的组成。Win-

dows 10 的桌面主要包括图标、任务栏和桌面背景三个部分。

桌面图标是一种快捷方式，而不是程序或文件本身。双击图标可以打开某个对应的文件、文件夹或应用程序。

（2）自定义桌面图标的显示。将光标置于桌面空白处，右击鼠标打开快捷对话框，如图 2-1 所示。

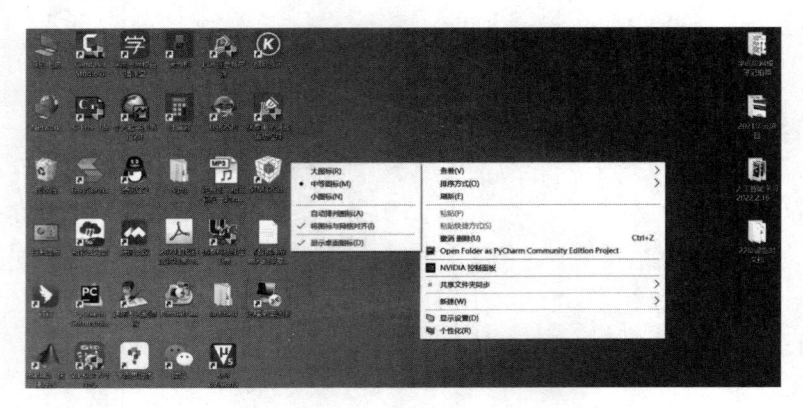

图 2-1 快速设置桌面图标

这里选择"查看"中的"大图标"，则桌面以大图标显示，如图 2-2 所示。我们可以清楚地看到，桌面快捷方式图标的左下角都有一个向上的箭头。

图 2-2 桌面以大图标显示

大家可以试着设置不同的桌面查看方式，观察桌面图标的变化。

（3）更改桌面图标的排列方式。将光标置于桌面空白处，右击鼠标，打开快捷对话框，选择"排列方式"，可以对桌面图标分别按名称、大小、项目类型、修改日期的方式进行排列。具体操作这里不再赘述，大家可以试着设置不同的桌面排列方式，观察桌面图标的变化。

2. 窗口的操作

双击桌面图标，打开"我的电脑""回收站"和"Network"窗口，进行以下操作。

（1）试用不同的方法进行窗口切换。

（2）窗口最大化、还原、最小化。

（3）改变窗口大小。

（4）移动窗口位置。

（5）拖动已显示的滚动条。

（6）采用"层叠窗口""堆叠显示窗口"和"并排显示窗口"等不同的方式排列上述三个窗口，体会不同排列方式的异同。

有时我们同时打开两个、三个或者更多个窗口，需要在各个窗口之间移动或者复制文件，如果是打开几个窗口，然后慢慢地把窗口拖拽分开，调整窗口大小，这样就非常麻烦，而且比较费劲。Windows 10 提供了多窗口显示功能。

在"任务栏"空白的地方右击鼠标，弹出窗口的显示方式快捷菜单，如图 2-3 所示，其中有"层叠窗口""堆叠显示窗口""并排显示窗口"这三个选项。用户只需要根据自己的需求进行选择，即可让 Windows 10 系统桌面按照自己想要的方式显示窗口。另外，我们也可使用"Alt+Tab"快捷键来选择自己想要的窗口。

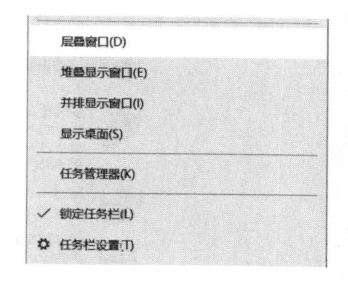

图 2-3　窗口的显示方式快捷菜单

二、Windows 10 控制面板新增功能简介

控制面板是 Windows 系统中重要的设置工具之一，它可以方便用户查看和设置系统状态。Windows10 系统中的控制面板有一些操作方面的改进设计，一些刚开始使用 Windows 10 系统的用户可能还不太习惯，我们不妨来一起了解一下。

单击桌面的"控制面板"图标，或者右击"我的电脑"，选择"属性"，在弹出的"设置"对话框中，我们可以看到当前 Windows 的版本、版本号、安装日期和操作系统内部版本等信息，如图 2-4（a）所示，单击左上角的"⌂"按钮，在搜索栏中输入"控制面板"，或者打开"开始"菜单，打字输入"控制面板"，如图 2-4（b）所示，均可进入控制面板进行操作设置。

（a）　　　　　　　　　　　　　　（b）

图 2-4　打开"控制面板"

1. 控制面板的显示方式

Windows 10 控制面板以"类别"的形式来显示功能菜单，分为系统和安全、用户账户、网络和 Internet、外观和个性化、硬件和声音、时钟和区域、程序和轻松使用 8 个类别，每个类别下会显示该类别的具体功能选项。除了"类别"外，Windows 10 控制面板还提供了"大图标"和"小图标"的查看方式，我们可以单击控制面板右上角"查看方式"旁边的小箭头，从中选择不同的显示方式，如图 2-5 所示。

图 2-5 "控制面板"窗口

2. 利用搜索功能快速查找 Windows 10 控制面板中的应用

Windows 10 系统的搜索功能非常强大，只要在控制面板右上角的搜索框中输入关键词，即可看到控制面板功能中相应的搜索结果。例如输入"桌面"，相应结果则按照类别分类显示，如图 2-6 所示，极大地方便用户快速查看功能选项。

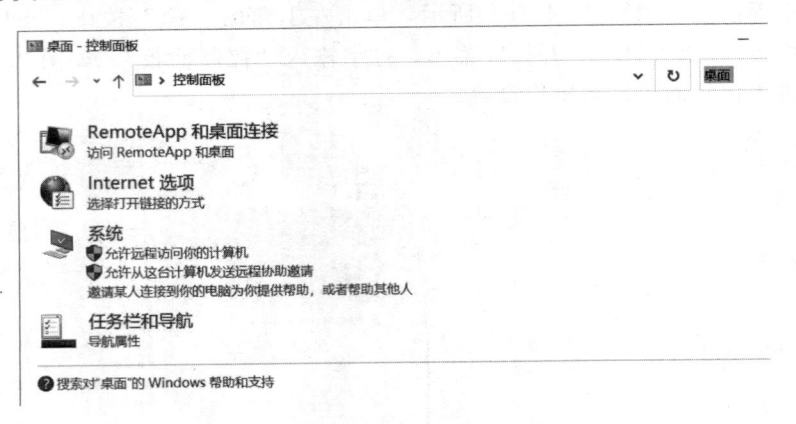

图 2-6 控制面板的搜索功能

3. 用地址栏导航快速查找 Windows 10 控制面板功能

我们还可以充分利用 Windows 10 控制面板中的地址栏导航，快速切换到相应的分类选项或者指定需要打开的程序。例如单击"外观和个性化"，弹出相应的设置项目，再次单击"任务栏和导航"，将弹出相应的"设置"对话框，可以对任务栏等设置进行更改，如图 2-7 所示。

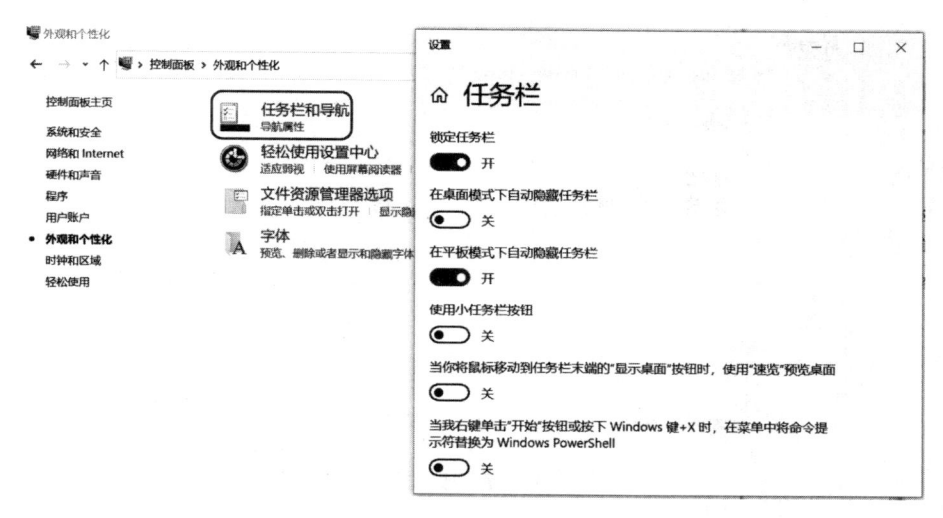

图 2-7　快速查找 Windows 10 控制面板功能

三、用户账户管理

1. 管理账户

打开控制面板，在"控制面板"窗口（图 2-5）中单击"用户账户"→"更改账户类型"，如图 2-8 所示。

图 2-8　"用户账户"窗口

接着将弹出"管理账户"窗口，如图 2-9 所示，继续单击"xn 本地账户"，将弹出"更改账户"窗口，如图 2-10 所示。

在"更改账户"窗口中，可以更改账户名称、更改密码、更改账户类型和管理其他账户。

2. 管理其他账户

单击"管理其他账户"→"在电脑设置中添加新用户"，弹出"Microsoft 账户"

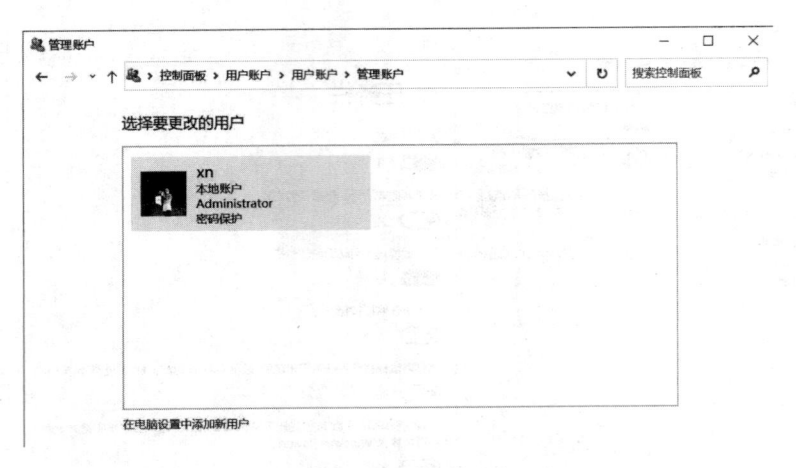

图 2-9 "管理账户"窗口

图 2-10 "更改账户"窗口

窗口，填写相应的电子邮件或电话号码，即可添加或切换新用户，如图 2-11 所示。

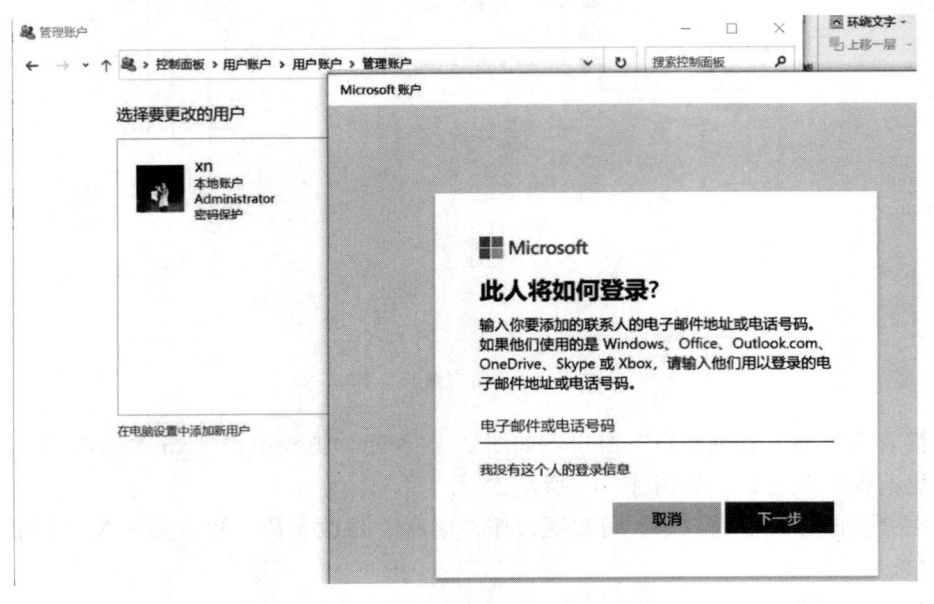

图 2-11 管理其他账户

四、桌面的个性化设置

将 Windows 10 的主题更改为"Windows（浅色主题）"；更改桌面背景图片，设置图片契合度为"填充"；设置屏幕保护程序为"3D 文字"，等待时间为 10 分钟。

"主题"是 Windows 10 系统下的所有图片、颜色和声音的组合，它包括桌面背景、屏幕保护程序、窗口边框颜色和声音方案。某些主题也可能包括桌面图标和鼠标指针。

Windows 10 的设计有别于 XP 系统等以往的 Windows 系列，它通过 Windows 10 的个性化设置使计算机延续了 Windows XP/VISTA 的个性化功能。可以通过更改 Windows 10 系统的主题、颜色、声音、桌面背景、屏幕保护程序、字体大小和用户账户图片来向计算机添加个性化设置，还可以为桌面选择特定的小工具。

1. 更改主题

在桌面的空白区域右击鼠标，在弹出的快捷菜单中，执行"个性化"命令，并在弹出的"设置"窗口中单击"⌂"按钮，将弹出图 2-12（a）所示窗口（也可单击"开始"→"设置"，打开 Windows 的"设置"窗口），单击"个性化"→"主题"，在打开的"设置"窗口中，选择"Windows（浅色主题）1 个图像"，如图 2-12（b）所示。

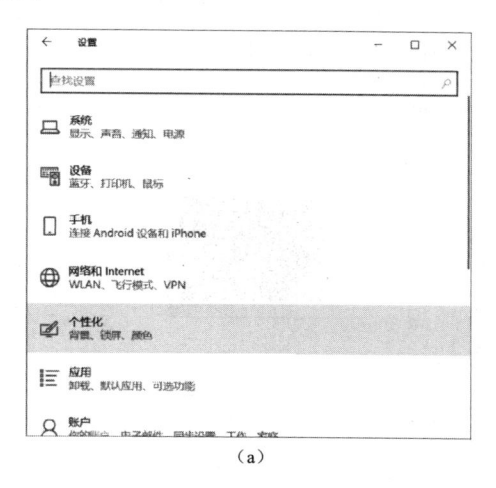

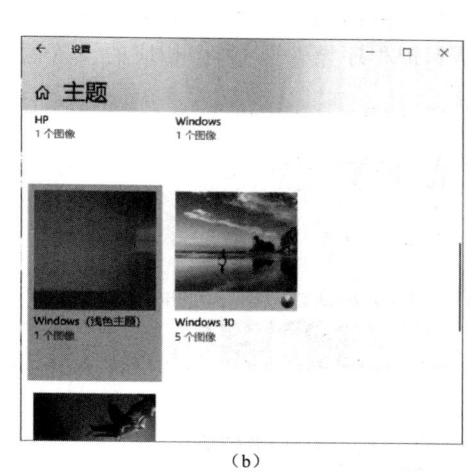

（a）　　　　　　　　　　　（b）

图 2-12　更改主题

2. 设置桌面背景

再次单击"⌂"按钮，将弹出图 2-12（a）所示的窗口，单击"个性化"→"背景"，打开背景"设置"窗口。

在当前主题背景下选择图片，默认有 5 张图片作为桌面背景的备选，如图 2-13（a）所示，我们任意选择 1 张图片，将其放置在图片选择区域的第 1 个位置；另外，可以更改其契合度，其默认是"填充"，单击"选择契合度"的下拉按钮，可以自由选择 6 种契合度（填充、适应、拉伸、平铺、居中和跨区）方式中的任意一种，如图 2-13（b）所示。

当然，在这个主题下也可以单击窗口中的"浏览"按钮，选择本地计算机的其他图片作为桌面背景。

图 2-13 设置桌面背景

3. 设置屏幕保护程序

再次单击"⌂"按钮，将弹出图 2-12（a）所示的窗口，单击"个性化"→"锁屏界面"，弹出锁屏界面"设置"窗口，如图 2-14（a）所示。此时单击窗口中的"屏幕保护程序设置"，弹出相应的设置窗口，如图 2-14（b）所示。

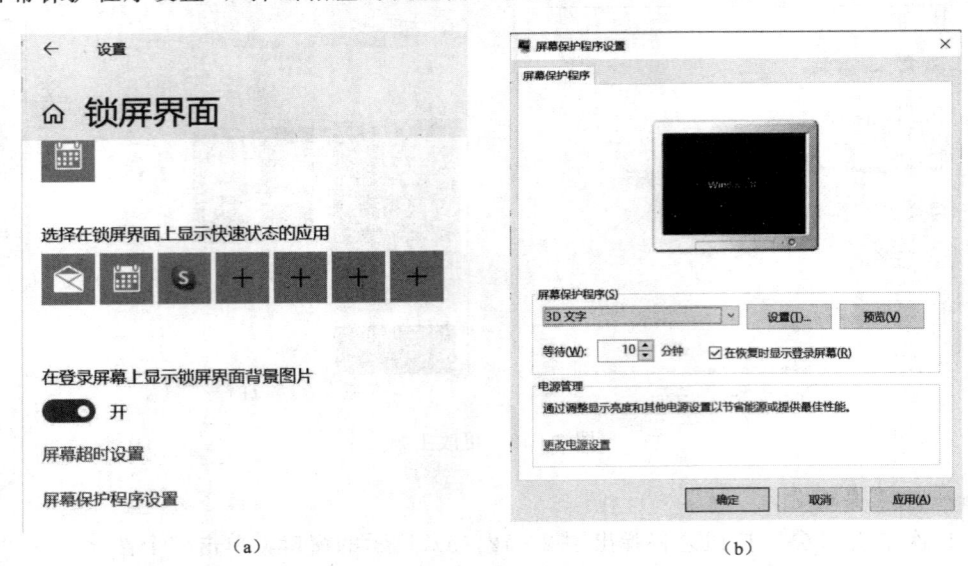

图 2-14 设置屏幕保护程序

在"屏幕保护程序设置"对话框中，设置"屏幕保护程序"为"3D 文字"，等待时间为 10 分钟。勾选"在恢复时显示登录屏幕"复选框，则恢复时须输入当前系统账户的密码方可登录，最后单击"确定"按钮，完成设置。

五、任务栏设置

定义任务栏的自动隐藏设置，在"通知区域"设置某些图标显示在任务栏上等。

1. 个性化任务栏设置

打开控制面板,在"控制面板"窗口(图2-5)单击"外观和个性化"→"任务栏和导航",弹出任务栏的"设置"窗口,如图2-15(a)所示,设置"锁定任务栏"为"开","在平板模式下自动隐藏任务栏"为"开","任务栏在屏幕上的位置"为"底部","合并任务栏按钮"为"任务栏已满时",如图2-15(b)所示。

(a)　　　　　　　　　　　　　　(b)

图2-15 "任务栏"设置

2. "通知区域"设置

单击任务栏"设置"窗口中的"通知区域",如图2-15(b)所示,单击"选择哪些图标显示在任务栏上",弹出图2-16(a)所示的窗口,可根据所需选择显示在任务栏上的图标。另外,还可以在"通知区域"中设置"打开或关闭系统图标",如图2-16(b)所示。

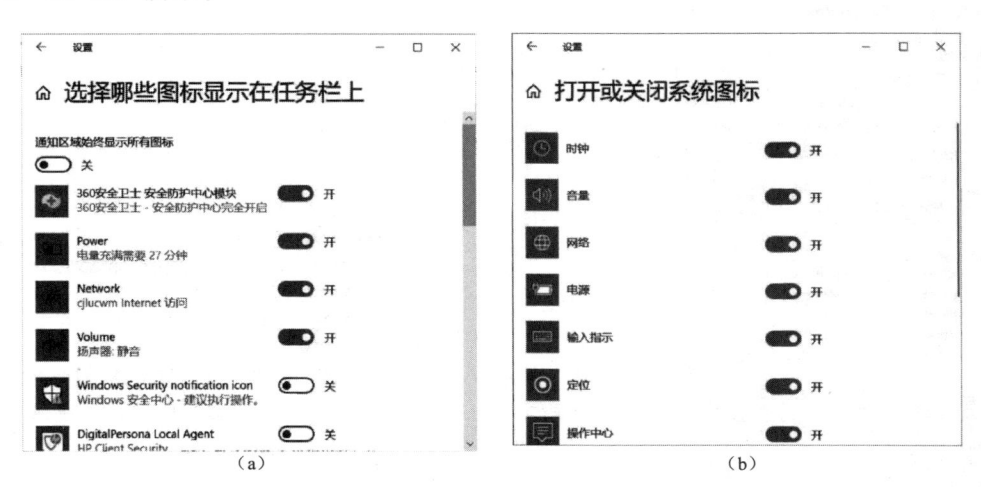

(a)　　　　　　　　　　　　　　(b)

图2-16 "通知区域"设置

六、设置数字的格式和货币符号

设置数字的格式,小数点前显示0,即小数显示"0.5"式样而不是".5"式样;

货币符号设置成"¥"符号。

在"控制面板"窗口（图2-5），单击"时钟和区域"，打开"时钟和区域"窗口，如图2-17所示。

图2-17 "时钟和区域"窗口

单击"区域"（也可选择"区域"下的选项，如"更改日期""时间或数字格式"选项），打开"区域"对话框，如图2-18所示。

"区域"对话框有2个选项卡，在"格式"选项卡中可以对日期和时间格式进行设置。

单击"格式"选项卡的"其他设置"按钮，打开"自定义格式"对话框，可在"数字"选项卡中进行数字格式的设置，如图2-19所示。

图2-18 "区域"对话框

图2-19 "自定义格式"对话框——"数字"选项卡

另外，可在"自定义格式"对话框的"货币"选项卡中，进行货币符号"¥"等的设置。同样，可以在"时间""日期"和"排序"等选项卡中进行时间、日期等的格式设置，这里不再赘述。

思政元素融入

伴随全球操作系统领域的更新换代，国产四大操作系统的"硬核创新"主要体现在：华为鸿蒙 OS 的"微内核、全场景分布式能力"技术，突破了安卓 OS 的封锁，实现万物互联中国标准；统信 UOS 深度兼容龙芯/鲲鹏 CPU，成为信创产业链协同的"国家队"典范；麒麟 OS 的高安全等级认证技术成了守护安全的"数字长城"；开源鸿蒙 OS（OpenHarmony）开源共建的"开源生态"技术，为中国主导的开源话语权争夺带来强有力的实证。

思考与练习

1. 简述操作系统的主要功能及其类型。

2. 查看你正在使用的计算机的"属性"，指出当前系统安装的操作系统版本、当前计算机 CPU 型号的参数含义、内存容量、系统类型等当前计算机的基本信息。

3. 简述："快捷方式"的含义；通过"资源管理器"或在"开始"菜单中找到"计算器""截图工具"应用程序并将其固定到"开始"菜单和"任务栏"的操作步骤；找到"Word"应用程序并在桌面上创建它的快捷方式的操作步骤。

4. 简述"剪贴板"的含义，并练习屏幕截图（Print Screen）和当前活动窗口截图（Alt＋Print Screen）操作。

5. 巩固 Windows 相关的桌面个性化、账号、时间和语言、任务栏等的设置操作。

6. 操作演示在 Windows 10 系统的桌面上添加"控制面板"图标和去除"计算机""网络"图标。

实训 3　Windows 10 的文件和文件夹管理

实训目的

(1) 掌握 Windows 10 资源管理器的使用方法。
(2) 掌握 Windows 10 文件与文件夹的使用方法。
(3) 掌握 Windows 10 的文件预览方法。
(4) 掌握 Windows 10 库的使用方法。

实训课时

建议课内 2 课时，课外 2 课时。

实训要求

(1) 熟练掌握在资源管理器窗口创建文件夹的方法。
(2) 学习设置 Windows 10 文件与文件夹的显示方式，以及把当前文件夹的显示方式应用到所有的文件夹中。
(3) 熟练掌握文件及文件夹的选中、复制、移动、删除等操作方法，包括快捷键、菜单和鼠标拖动等几种方法。
(4) 学习、掌握 Windows 10 的文件搜索方法。
(5) 学习、掌握 Windows 10 的文件预览方法。
(6) 学习、掌握将文件夹包含到 Windows 10 新增的"库"中的方法。

实训内容及步骤

一、Windows 10 的"资源管理器"窗口及任务管理器

1. 打开"资源管理器"窗口

（1）在桌面上双击"我的电脑（此电脑）"图标或者打开"开始"菜单，在中文输入状态下输入"资源管理器"，或者使用"Win图标＋E"组合键，打开"资源管理器"窗口，如图3-1所示。

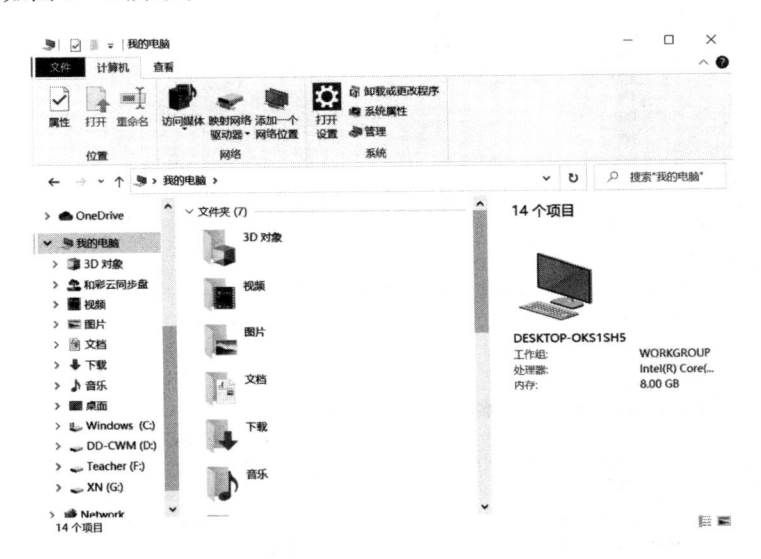

图3-1 "资源管理器"窗口

默认方式下，打开的"资源管理器"是"我的电脑"文件夹。

（2）双击"Windows（C:）"，将展开当前计算机系统盘下的文件和文件夹（又称树形目录），如图3-2所示。

2. 任务管理器

Windows 10系统的"任务管理器"窗口有所改变，我们可以更加详细地看到进程，方便操作，如图3-3所示，可查看"进程"选项卡中的2个Windows资源管理器进程及其信息。

在Windows 10系统下，对于文件和文件夹的操作也是很简便的，单击其中任一文件夹，即可快速浏览该文件夹下的文件或文件夹。

二、文件和文件夹的显示设置

1. 设置文件和文件夹的显示方式

有的学生觉得，图3-2所示的计算机窗口和他平时所见到的计算机窗口不太一样，这是由于显示方式不同。我们可以通过简单设置来改变资源管理器的显示方式。在图3-1所示的窗口中，打开"查看"选项卡，在"布局"组块中可以选择"超大

图 3-2 "文件夹"窗口

图 3-3 "任务管理器"窗口

图标""大图标""中图标""小图标""列表""详细信息""平铺"和"内容"几种不同的显示方式，如图 3-4 所示，这里选择的是"中图标"显示方式。

例如，我们打开"C：\ Keil_v5"文件夹，在"布局"组块中选择"内容"显示方式，效果如图 3-5 所示。

值得注意的是，图 3-4 所示的菜单左侧的滑块。Windows 10 不仅可以像传统的 Windows 那样，通过选择选项来设置显示方式，还可以通过拖动滑块来设置。再看下

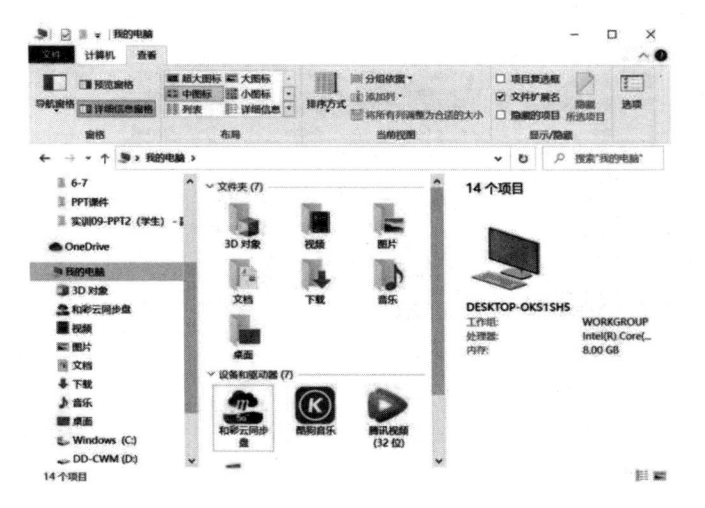

图 3-4 "中图标"显示方式

图 3-5 "内容"显示方式

面的图 3-6，同样是"内容"显示方式，也可以通过上下移动滑块来显示对应文件夹下的文件或者文件夹。

2. 设置文件和文件夹的扩展名显示或隐藏

打开"查看"选项卡，在"显示/隐藏"组块中，可勾选"文件扩展名"复选框，如图 3-7 所示，以设置"C：\ Program Files \ Adobe \ Adobe Photoshop CS5 (64Bit)"文件夹下的文件扩展名的显示或隐藏。另外，还可以对文件夹内隐藏的项目进行显示或隐藏操作。

单击图 3-7 所示窗口右上角的"选项"按钮，打开"文件夹选项"对话框，这个对话框也非常重要，许多应用都可以在这里设置。比如，在"常规"选项卡中，可以设置是否"在同一窗口打开每个文件夹"；在"查看"选项卡中，可以设置是否"隐藏文件和文件夹"、是否"隐藏已知文件类型的扩展名"等，大家可以一一单击各

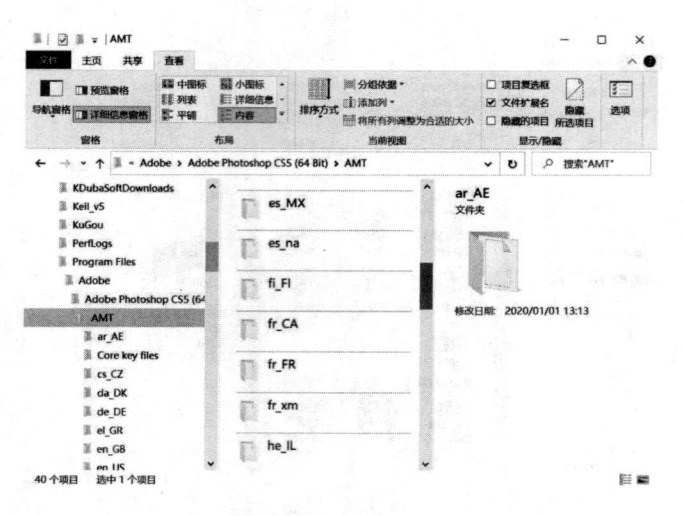

图 3-6 "内容"显示方式—移动滑块

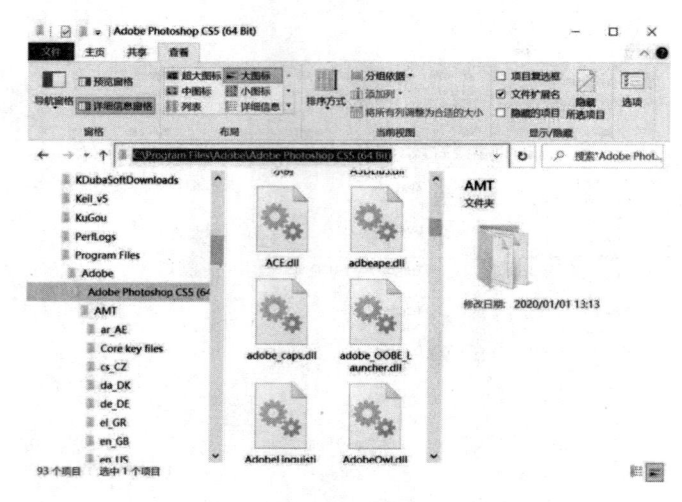

图 3-7 文件夹扩展名显示

个选项卡查看效果。

三、新建用户文件夹

1. 创建用户文件夹

在计算机 Windows（C:）磁盘的根目录下新建文件夹，以"学号后 3 位＋姓名_实训03"命名（本例为"001 赵一力_实训03"）。在图 3-2 所示的工作区窗口双击"Windows（C:）"，打开窗口工具栏的"文件"选项卡，在"新建"组块中单击"新建文件夹"，即在 C 磁盘的根目录下创建了 1 个文件夹"新建文件夹"，将其重命名为"001 赵一力_实训03"，如图 3-8（a）所示。

另外，我们可单击（C:）磁盘，在窗口中间的空白处右击鼠标，在弹出的快捷菜单中选择"新建"→"文件夹"，完成新建文件夹操作。

(a)　　　　　　　　　　　　　　　　　　(b)

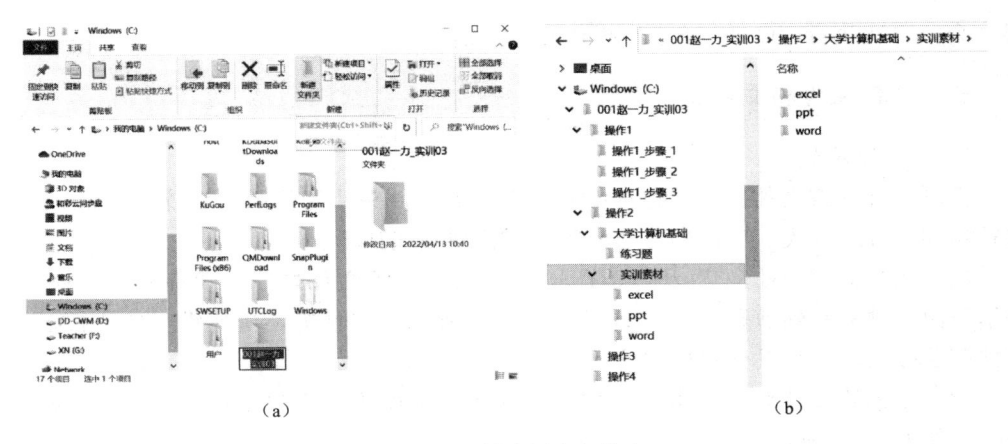

图 3-8　创建用户文件夹

2. 下载实训素材

登录 FTP 服务器，下载服务器"题目"文件夹下的"实训 03 素材.rar"等素材包到新建的文件夹下。

3. 创建树形文件夹结构

（1）在"C：\001 赵一力_实训 03"文件夹下，新建"操作 1"～"操作 4"4 个子文件夹。方法同上，这里不再赘述。

（2）单击"操作 1"文件夹，在右侧窗口中再新建"操作 1_步骤_1"～"操作 1_步骤_3"3 个子文件夹。

（3）单击"操作 2"文件夹，在右侧窗口中"大学计算机基础"文件夹下再新建"练习题"和"实训素材"2 个子文件夹。

（4）在"实训素材"文件夹下分别新建"excel""ppt"和"word"3 个子文件夹。

文件夹的最终效果如图 3-8（b）所示，在资源管理器窗口的左侧窗口中可以看到其树形目录。

四、选中文件和文件夹

文件和文件夹的复制、移动和删除等操作的第一步是要选中源文件（文件夹）。所谓的源文件，即要被复制（或移动、删除）的文件。选中的方法很多，简要叙述如下。

（1）选中所有文件和文件夹。打开源文件所在的文件夹，按"Ctrl＋A"快捷键，则选中这个文件夹下的所有文件和文件夹。被选中的文件（或文件夹）变蓝。在文件夹空白处单击，取消选中。

（2）选中连续的文件和文件夹。打开源文件所在的文件夹，单击选中第一个文件（或文件夹），找到最后一个文件（或文件夹），按住 Shift 键，再单击最后一个文件（或文件夹）。

（3）选中不连续的文件和文件夹。打开源文件所在的文件夹，单击选中第一个文件（或文件夹），再按住 Ctrl 键，单击欲选中的文件（或文件夹）。

注意："Ctrl＋单击"是个"开关"，若在若干个选中的文件（或文件夹）中不选某一个，再次执行"Ctrl+单击"操作即可取消选中。

五、复制文件和文件夹

1. 文件的复制

复制文件（或文件夹）是把选中的文件（或文件夹）先复制到系统剪贴板，然后再粘贴到目标文件夹。复制的方法有很多，简要叙述如下。

（1）快捷键"Ctrl+C"和"Ctrl+V"。在选中源文件之后，快捷键"Ctrl+C"表示把源文件复制到剪贴板。再打开目标文件所在的文件夹，快捷键"Ctrl+V"表示把剪贴板的内容粘贴到目标文件夹。

（2）选中源文件后，单击"文件"选项卡"剪贴板"组块中的"复制""粘贴"按钮，如图3-9所示。

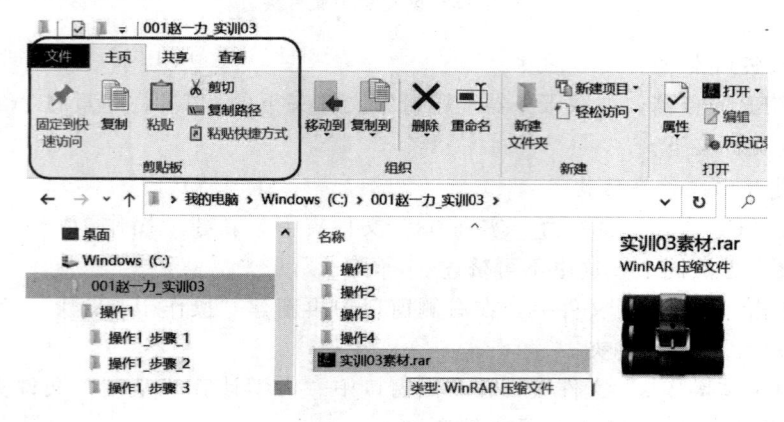

图3-9 "剪贴板"快捷按钮

（3）鼠标拖动。按住Ctrl键，把选中的源文件拖到目标文件夹中。

2. 复制操作举例

（1）把当前"001赵一力_实训03"学号文件夹下的"实训03素材"—"考试大纲（修订版）"文件夹下的"11一级《计算机应用基础》考试大纲.docx"文件复制到该学号文件夹下的"操作2"—"大学计算机基础"文件夹下。

打开源文件和目标文件所在的文件夹。窗口的排列采用"实训2"介绍过的"并排显示窗口"方式。

我们可以用前面介绍的3种方法中的任何一种来完成复制操作。图3-10所示的是采用鼠标拖动的方式完成文件夹的复制。

（2）把"实训03素材"—"考试大纲（修订版）"文件夹下的5个二级考试大纲复制到当前学号文件夹下的"操作3"—"二级考试大纲"文件夹下。

（3）把"实训03素材"文件夹下的"实训03素材.docx"文件复制到"操作2"—"大学计算机基础"—"word"文件夹下。

六、移动文件和文件夹

1. 文件的移动

移动文件（或文件夹）是把选中的文件（或文件夹）先剪切到系统剪贴板，然后

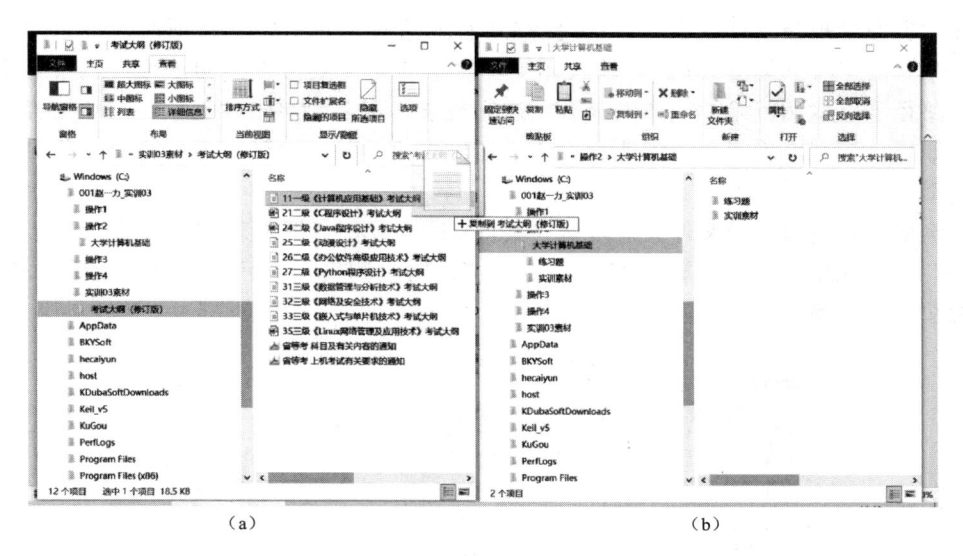

图 3-10　文件夹的复制

再粘贴到目标文件夹。移动的方法有很多，简要叙述如下。

（1）快捷键："Ctrl+X"和"Ctrl+V"。

在选中源文件之后，快捷键"Ctrl+X"表示把源文件剪切到剪贴板。再打开目标文件所在的文件夹，快捷键"Ctrl+V"表示把剪贴板的内容粘贴到目标文件夹。

（2）选中源文件后，单击"开始"选项卡"剪贴板"组块的"剪切""粘贴"按钮，参见图 3-9。

（3）鼠标拖动。按住 Shift 键，把选中的源文件拖到目标文件夹。

2. 移动操作举例

（1）把"实训 03 素材"文件夹下的"考试大纲（修订版）"文件夹移动到当前学号文件夹下。

（2）把"001 赵一力_实训 03＼操作 2＼大学计算机基础"文件夹下的"11 一级《计算机应用基础》考试大纲.docx"Word 文档移动到同目录中的"实训素材"文件夹下。

七、删除文件和文件夹

1. 文件的删除

删除文件（或文件夹）是指把选中的文件（或文件夹）从源文件夹中删除。文件（或文件夹）的删除可分为暂时删除（也称逻辑删除，暂存回收站，可按快捷键"Delete"）和彻底删除（也称物理删除，可按快捷键"Shift+Delete"），这里不再赘述。

2. 删除操作举例

删除"001 赵一力_实训 03"文件夹下的"操作 4"文件夹和"操作 3＼二级考试大纲"文件夹下的"11 一级《计算机应用基础》考试大纲.docx"Word 文档。

八、搜索文件和文件夹

Windows 10 系统本身有非常强大的搜索功能，能够快速定位所要查找的文件。

打开"资源管理器（计算机）"，你会看到右上角有个输入框，里面有"搜索'我的电脑'"的字样（见图3-1），输入你想要搜索的文件或文件夹的名称，就会马上在当前路径下（本例就是"我的电脑"）进行搜索，不需要单击"确认"按钮之类的操作。如果想提高准确率和搜索速度，就要指出相应的路径，到指定磁盘或文件夹中进行搜索。

例如，在当前学号文件夹下搜索"实训03"。可在资源管理器的搜索栏输入"实训03"，搜索的"位置"选择"当前文件夹"，则右侧窗口显示出关于"实训03"所有的文件夹和相关的文件，如图3-11所示。

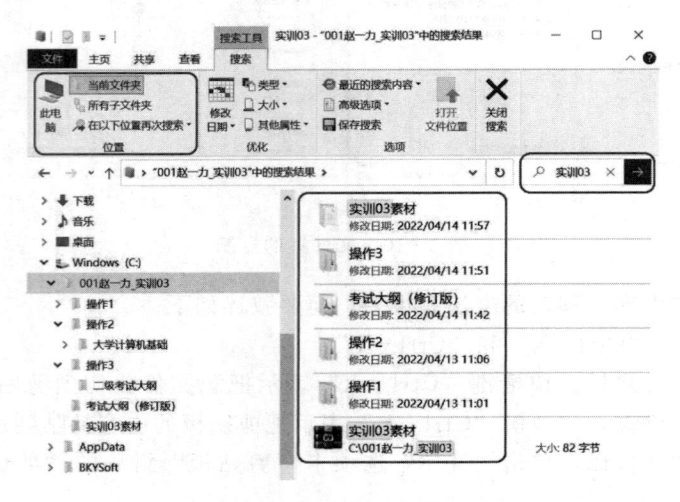

图3-11 搜索"实训03"

九、预览文件

在Windows 10系统中，"资源管理器"窗口有一项预览窗格的功能，可以帮助我们一目了然地看到文件，快速定位我们需要的资源素材。

打开"资源管理器"窗口后，例如选中当前学号文件夹下"操作3"—"二级考试大纲"文件夹下的"21二级《C程序设计》考试大纲.doc"Word文档，打开页面左上角的"文件"选项卡，单击"窗格"组块中的"详细信息窗格"按钮，在"资源管理器"的最右侧预览窗格栏中将显示该文档的相关属性内容，如图3-12所示。

图3-12 Word文档的"详细信息窗格"显示模式

同样选中"21 二级《C 程序设计》考试大纲.doc"Word 文档，打开页面左上角的"文件"选项卡，单击"窗格"组块中的"预览窗格"按钮，在"资源管理器"窗口的最右侧预览窗格栏中将显示该 Word 文档的具体内容，如图 3-13 所示。

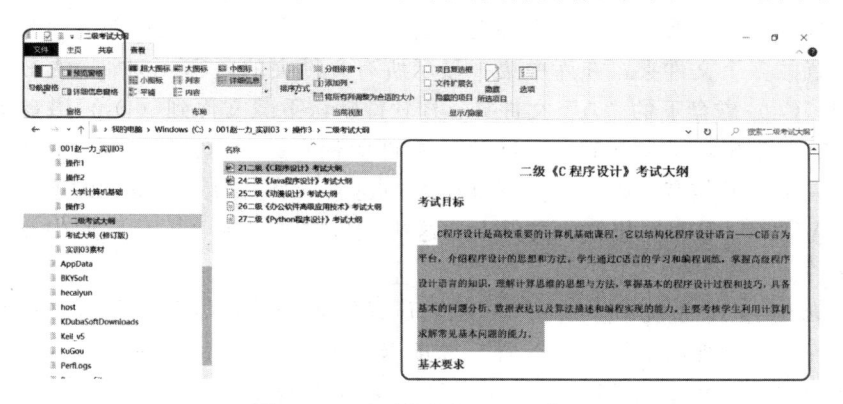

图 3-13 "预览窗格"显示模式

在"预览窗格"显示模式下，只要单击任意文件素材，就可以在预览窗格中看到浓缩版的文件样式，方便我们直接浏览文件内容，清晰明了。尤其是在只看文件名称无法判断文件内容的时候，预览窗格的作用就显现出来了。

预览窗格的神奇之处还在于，它不仅仅对文件进行了缩小显示，还伴有一定的操作功能。例如，如果你只需要文档中的部分内容，就可以在预览栏中对文档直接进行复制，完全省去了打开、复制、粘贴、关闭这一系列的麻烦操作，大大提高了工作效率。

单击选择一张图片，我们可以在预览窗格中右击鼠标进行一系列的关于这张图片的操作，如图 3-14 所示。

图 3-14 "预览窗格"图片操作

单击选择音乐、视频等，可以在预览窗格栏中直接播放素材，一般情况下使用 Windows Media 就可以实现。在这里要提醒大家，并不是市面上所有的播放器都支持预览窗格的播放功能。

十、库操作

"库"是 Windows 系统推出的一个非常实用的功能,用于管理文档、音乐、图片和其他文件的位置,看似是一个文件夹,实际上它是多个文件夹的集合。我们可以指定不同位置的多个文件夹,在库中集中显示所有文件夹的内容。例如,A 软件默认下载文件到(C:)磁盘下的"A"文件夹,B 软件默认下载文件到(D:)磁盘下的"B"文件夹,有些学生就会在下载文件时修改文件的保存路径(或位置),把文件保存到同一文件夹中。但是有了库,我们可以在库中建立一个名为"下载"的库,然后让该库显示"A""B"等不同位置的文件夹,这样就可以在名为"下载"库中查看到所有下载的文件了。

在 Windows 10 系统中,"库"功能默认是隐藏的,若需要使用可先让其显示出来。先打开资源管理器,打开"查看"选项卡,单击左边的"导航窗格",在弹出的菜单中选中"显示库",此时库就显示在了资源管理器左侧的窗格中,默认的库有视频、图片、文档、音乐和 Network 等。

1. 将文件夹包含到库中

打开资源管理器,找到源文件夹,右击该文件夹,在弹出的快捷菜单中选择"包含到库中"选项,再选择具体库中的类型。

例如,将当前学号文件夹中的"考试大纲(修订版)"文件夹包含到"库"—"文档"中。打开"资源管理器",进入"C:\001 赵一力_实训 03\考试大纲(修订版)"文件夹,如图 3-15 所示,右击"考试大纲(修订版)"文件夹,选择"包含到库中",再选择"文档",则将它包含到"文档"库中。

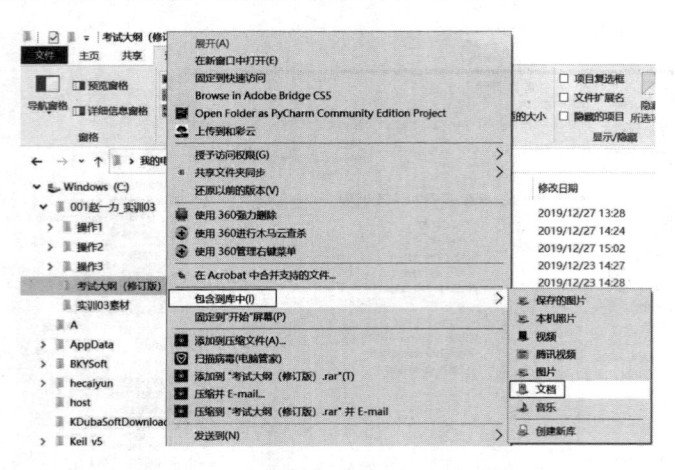

图 3-15 将文件夹包含到"文档"库中

如果需要自己建立库,也可以右击"库"文件夹,新建一个库,把需要的文件夹添加到新建的库中。具体操作如图 3-16(a)所示,先单击"库",然后右击鼠标,在弹出的快捷菜单中选择"新建"—"库",并将新建的库更名为"下载"。假设我们将本地计算机下载好的软件分别存放在(C:)磁盘的"A"文件夹和(D:)磁盘的"B"文件夹中,为了更好地查看本地计算机下载好的所有软件,可以右击这两个文件夹，将它们包含到"下载"库中，操作效果如图 3-16（b）所示。在具体使用时，我们可以活用"库"文件夹，让零散的文件集中显示，从而在操作和使用计算机的过程中获得更大的便捷。

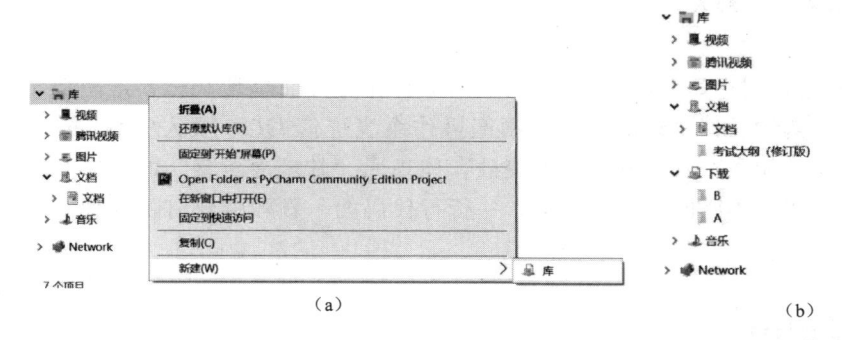

（a） （b）

图 3-16 新建库实例

类似地，我们还可以将其他文件夹包含到库中，以便于统一管理和集中显示相似的文件。

2. 删除库中文件夹和还原库操作

打开资源管理器，在库文件夹的浏览窗格中找到要删除的文件夹，右击这个文件夹，在弹出的快捷菜单中选择"删除"，就从库中删除了这个文件夹，例如删除"B"文件夹。

还原库是指对 Windows 默认库进行还原操作，将添加到库中的所有文件夹重新归位还原至其本来的路径（位置）中。例如，将"文档"库中所有的文件夹全部还原。选择"文档"库，再选择最上面的"管理"—"库工具"，单击"还原设置"按钮，如图 3-17（a）所示。我们可以从图 3-17（b）中看出，"考试大纲（修订版）"

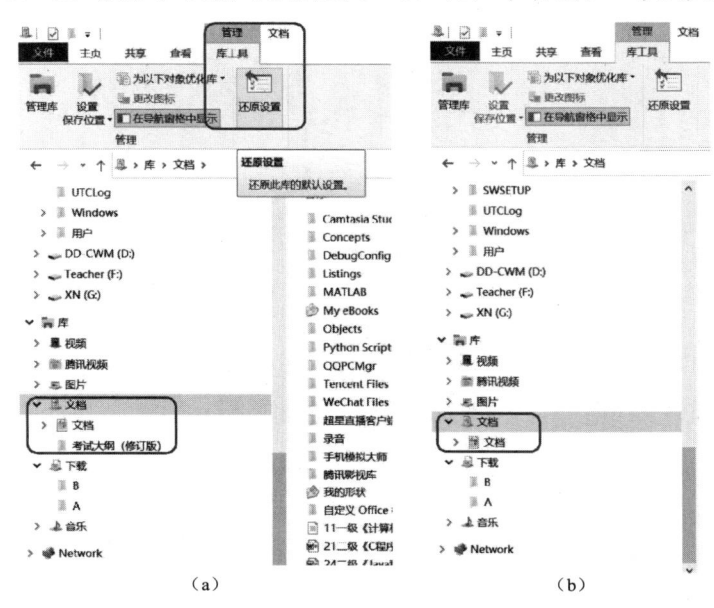

（a） （b）

图 3-17 还原"文档"库

文件夹已从"文档"库中删除,即"考试大纲(修订版)"文件夹已经还原至其原本的位置,即"C:\001赵一力_实训03\"文件夹。

思政元素融入

我国在核心技术"自主可控"与"国际合作"方面呈现共赢共进态势,自主不等于封闭,如鸿蒙操作系统的开源。国产操作系统统信 UOS 团队从 Deepin 系统起步,逐步实现从"能用"到"好用"的突破,体现了"甘坐冷板凳"的定力和强大的工匠精神,他们用多年时间的技术积累,一行行代码如一颗颗螺丝钉稳扎稳打,这样逐步实现技术创新。

思考与练习

1. 巩固练习同一磁盘和不同磁盘下文件或文件夹的复制和移动操作。
2. 简述 Windows 10 中"库"的含义并演示操作。
3. 打开并熟练使用 Windows 10 自带的工具,例如画图、截图工具、日历等。
4. 在"资源管理器"窗口中,设置当前系统下显示文件的扩展名和隐藏的文件(或文件夹),将文件(或文件夹)的显示方式设置为"详细信息"。
5. 打开"设备管理器"窗口,查看系统中有无运行不正常的设备。
6. 打开"任务管理器"窗口,查看当前系统的性能(如 CPU、内存和磁盘的使用率)、正在运行的进程(举例说明)、网络使用状况、CPU 速度范围等。

实训 4　Word 2019 的基本操作

实训目的

（1）了解 Word 2019 窗口的基本组成，熟悉 Word 2019 的功能区并掌握各选项卡中的基本操作。

（2）掌握在 Word 2019 中新建、打开和保存文档的方法。

（3）熟练掌握在 Word 2019 中输入与修改文本的基本操作方法，如文本的选定、复制与移动、查找和替换等。

（4）熟练掌握 Word 2019 中首行缩进、双行合一、繁简转换等特殊格式的操作方法。

（5）掌握 Word 2019 中样式的使用方法。

（6）熟练掌握 Word 2019 中图片的设置方法。

（7）熟练掌握 Word 2019 中表格的插入和编辑操作方法。

实训课时

建议课内 2 课时，课外 4 课时。

实训要求

1. 准备工作

在计算机最后一个磁盘［不同机房有所不同，可能是磁盘（D:）或者磁盘（E:）］根目录下，新建一个以学号和姓名命名的文件夹，例如"D:\ 202290123 张三 _ 实训 4"文件夹。下载"实训 4"素材到此文件夹中，并将"实训 4-素材.docx"文档重命名为"学号姓名 _ 实训 4.docx"，例如"202290123 张三 _ 实训 4.docx"。

2. 页面设置

设置页面的纸张大小为A4，纸张方向为纵向，上、左、右边距均为2.5厘米，下边距为2厘米。

3. 标题和正文的样式设置

(1) 设置文章题目的样式为"标题1"，字体格式为宋体，二号，加粗，居中，单倍行距，段前、段后间距均为12磅。

(2) 设置章标题的样式为"标题2"，字体格式为黑体，三号，居中，单倍行距，段前、段后间距均为6磅。

(3) 设置正文的样式为"正文2"，格式为宋体，小四号，1.5倍行距，首行缩进2字符。

4. 特殊字符格式设置

(1) 将第1自然段设置为首字下沉2行。

(2) 输入文字"目录……"，对该行进行"双行合一"的操作，并设置字体为宋体，字号为小一号。

(3) 将第1自然段设为繁体中文。

5. 图片操作

(1) 在文章的第2自然段插入素材图片"海宁-捍海石塘.jpg"。

(2) 将图片的文字环绕方式设置为"四周型"，大小为原图的200%，并锁定纵横比。

(3) 调整图片位置，将图片移至第2自然段的右上方。

(4) 将图片样式设置为"矩形投影"。

6. 表格操作

(1) 插入表格，根据文章中的数据资料制作"表1.1 清代海塘修筑统计表"，并修改表格标题行，调整数据项位置。

(2) 在表格左上方"计数"所在的单元格中，添加"斜下框线"，斜线以上文字为"计数"，斜线以下文字为"地区"。

(3) 设置表格边框线，内框线为0.5磅、外框线为1.5磅，去除表格左右两端的边框线；设置表格中文字格式为1.5倍行距；表格标题文字格式为楷体、小四号、居中、1.5倍行距；将表格下方"资料来源"行文字设置为楷体、五号、左对齐、1.5倍行距。

(4) 设置表格为"根据窗口自动调整表格"，平均分配第2~7列的列宽，设置单元格对齐方式为水平、垂直均居中。

7. 列表编号操作

(1) 设置第2章的小标题，将字体格式设置为宋体、小四号、加粗，"西文字体"选择"（使用中文字体）"，段落格式为单倍行距，段前、段后间距均为6磅。

(2) 将第2章的小标题改为列表编号。

8. 查找与替换操作

将文档中所有数字加粗，并设为蓝色。

实训内容及步骤

一、准备工作

（1）打开新建的"D：\202290123张三_实训4"文件夹后，双击打开"202290123张三_实训4.docx"文档。

（2）单击标题栏中的"功能区显示选项"按钮，选择"显示选项卡和命令"选项，如图4-1所示。

（3）在"开始"选项卡中，单击"段落"组块的"显示/隐藏编辑标记"按钮，显示段落标记和其他隐藏的格式符号，如空格、Tab制表符等，如图4-2所示。显示这些符号有利于提高编辑和排版的效率。

图4-1 "功能区显示选项"按钮

图4-2 "显示/隐藏编辑标记"按钮

（4）在"视图"选项卡的"显示"组块中，勾选"标尺"和"导航窗格"两个复选框，如图4-3所示。

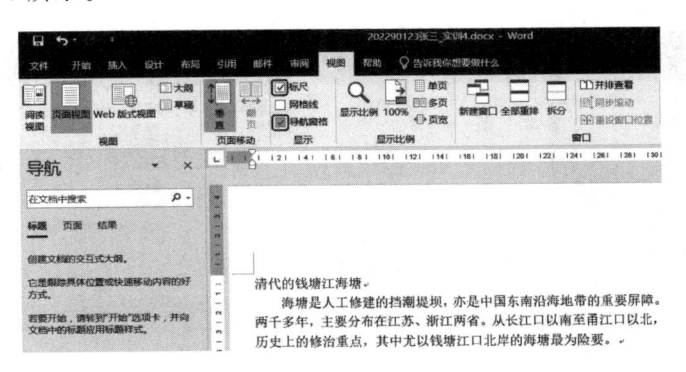

图4-3 "视图"选项卡

（5）实训4完成的效果，可以参照素材中所给的PDF文档。注意：在本实训的操作期间，要随时单击"保存"按钮，保存文档。

二、页面设置

设置页面的纸张大小为A4，纸张方向为纵向，上、左、右边距均为2.5厘米，下边距为2厘米。

在"布局"选项卡中,单击"页面设置"组块右下角的"页面设置"按钮,如图4-4所示,打开"页面设置"对话框,根据本实训小题的要求设置纸张大小、纸张方向、页边距,单击"确定"按钮,保存设置。

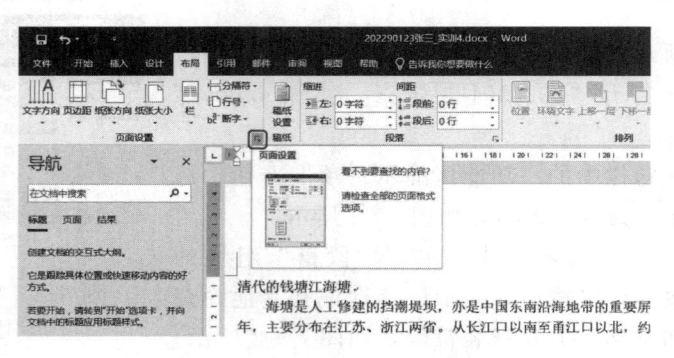

图4-4 "页面设置"按钮

三、标题和正文的样式设置

(1)设置文章题目的样式为"标题1",字体格式为宋体,二号,加粗,居中,单倍行距,段前、段后间距均为12磅。(说明:段落间距是指两个相邻段落之间的距离,行距是指同一个段落中相邻两行之间的距离。)

将光标定位在文档第一行"清代的钱塘江海塘",在"开始"选项卡中,选择"样式"组块中的"标题1"样式选项,将文章题目样式设置为"标题1",但此样式的格式是系统默认设置,而不是本实训小题所要求的格式,需要进行修改,具体操作为右击"标题1",在弹出的快捷菜单中选择"修改"选项,如图4-5所示。

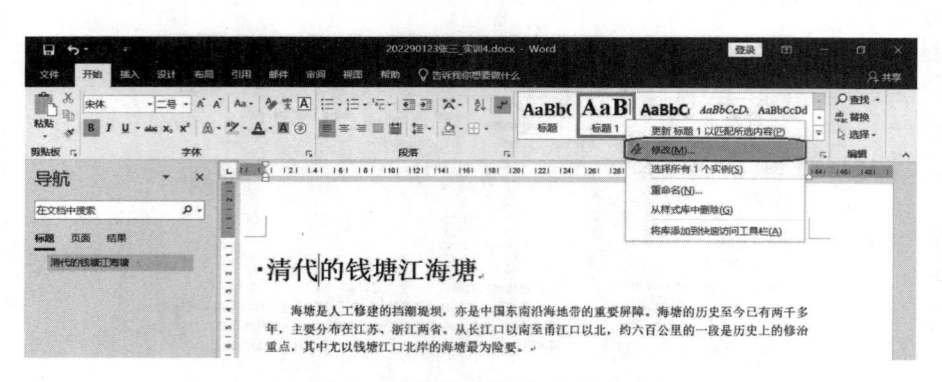

图4-5 修改"标题1"设置

在弹出的"修改样式"对话框中,根据本实训小题的要求设置字体格式,即宋体、二号、加粗、居中,再单击"格式"下拉按钮,如图4-6(a)所示,在展开的菜单中选择"段落"选项,打开"段落"对话框设置行距和段落间距,即单倍行距,段前、段后间距均为12磅,如图4-6(b)所示。

单击"确定"按钮返回"修改样式"对话框,再次单击"确定"按钮,完成"标

(a)　　　　　　　　　　　(b)

图 4-6　设置"标题 1"样式

题 1"的样式设置。

（2）设置章标题的样式为"标题 2"，格式为黑体，三号，居中，单倍行距，段前、段后间距均为 6 磅。

将光标定位在章标题"1 宏伟的筑塘规模"，在"开始"选项卡中，单击"样式"组块中的"其他"按钮，与"标题 1"不一样，在展开的样式菜单中并没有出现"标题 2"样式，如图 4-7 所示。有两种操作方法可以创建"标题 2"样式：一是利用新建样式的方式来创建；二是将隐藏的"标题 2"样式显现出来。下文我们将用第二种方法来完成操作。

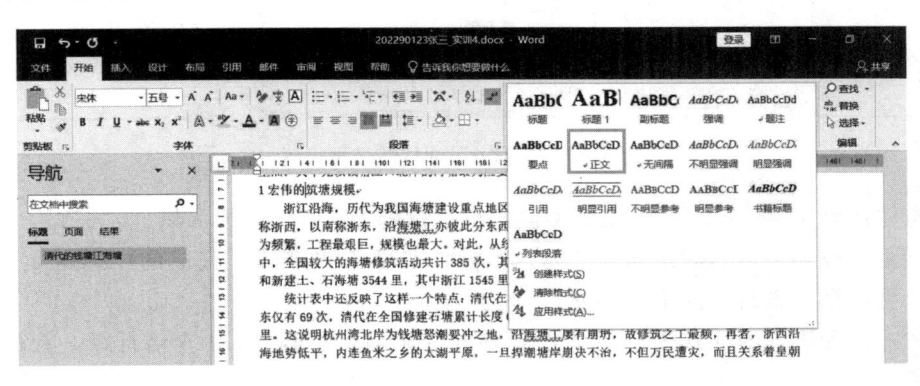

图 4-7　展开的样式菜单

将光标定位在章标题"1 宏伟的筑塘规模"，在"开始"选项卡中，单击"样式"组块右下角的"样式"按钮，如图 4-8 所示，打开"样式"任务窗格。

在弹出的"样式"任务窗格中，单击"管理样式"图标按钮，弹出"管理样式"对话框，打开"推荐"选项卡，拖曳滚动条至"标题 2"样式并选中，单击"显示"按钮，如图 4-9 所示，再单击"确定"按钮，完成"标题 2"在"样式"组块中的显示。

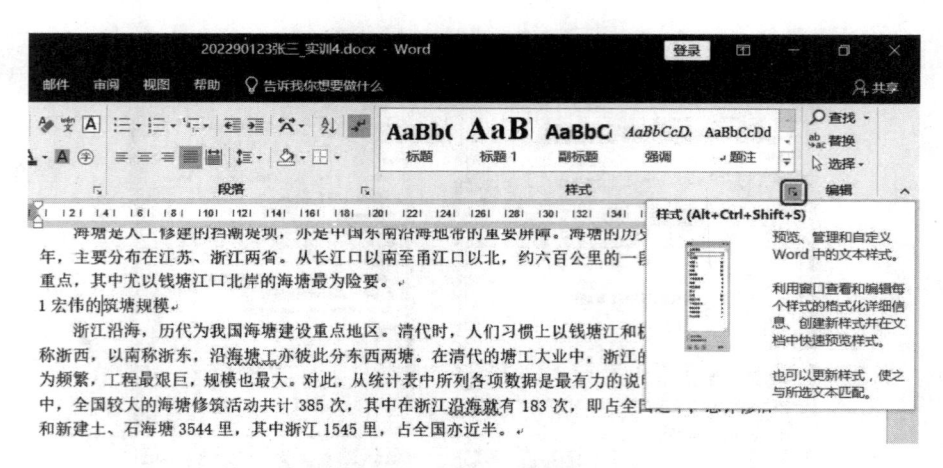

图 4-8 "样式"组块"样式"按钮

图 4-9 "标题 2"的样式显示设置

与"标题 1"样式的修改操作类似,将"标题 2"样式设置为黑体,三号,居中,单倍行距,段前、段后间距均为 6 磅。本操作步骤不再赘述,完成的"标题 2"设置效果,可以参照素材中的 PDF 文档。

(3) 设置正文的样式为"正文 2",格式为宋体,小四号,1.5 倍行距,首行缩进 2 字符。

本实训小题采用新建的操作方法来创建"正文 2"样式。将光标置于第 1 个自然段,按照之前的方法打开"样式"任务窗格,单击"新建样式"按钮,在弹出的"根据格式化创建新样式"对话框中,设置格式为宋体,小四号,再单击"格式"下拉按钮,在展开的菜单中选择"段落"选项,在弹出的"段落"对话框中,设置段落样式为 1.5 倍行距,首行缩进 2 字符,如图 4-10 所示。

单击"确定"按钮,返回"修改样式"对话框,再次单击"确定"按钮,完成"正文 2"样式的创建。

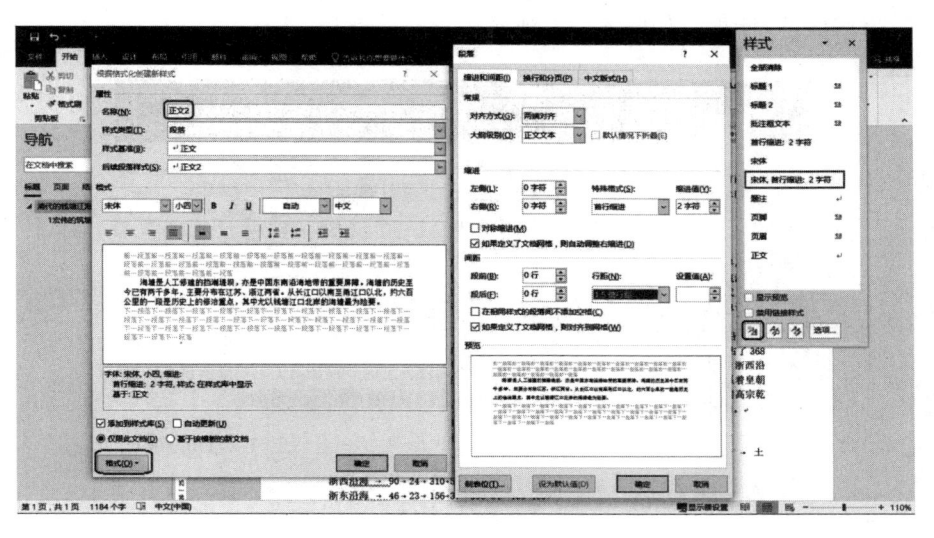

图 4-10　新建"正文 2"样式

最后，选中文章其他的自然段，单击"样式"组块中的"正文 2"样式（或者用格式刷刷其余的正文），完成设置。

四、特殊字符格式设置

（1）将第 1 自然段设置为首字下沉 2 行。

将光标置于第 1 自然段，在"插入"选项卡中，单击"文本"组块中的"首字下沉"下拉按钮，在"首字下沉"对话框中，选择"下沉"选项，并设置字体为宋体、"下沉行数"为"2"，如图 4-11 所示，单击"确定"按钮，完成设置。

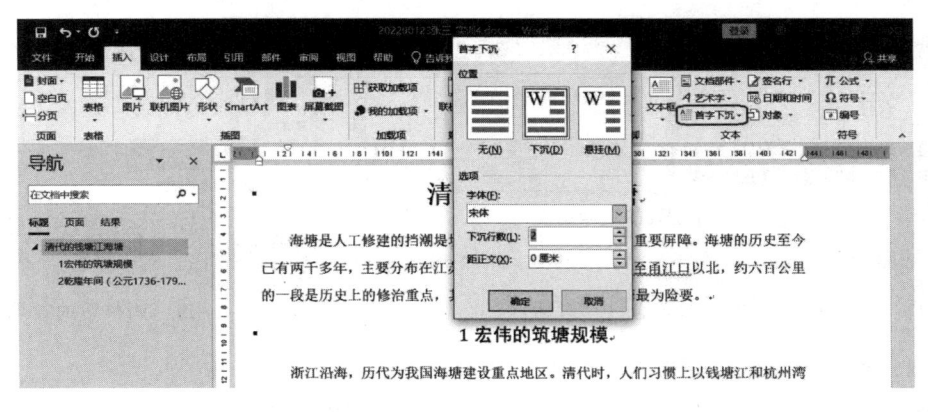

图 4-11　"首字下沉"对话框

（2）输入文字"目录……"，对该行进行"双行合一"的操作，并设置字体为宋体，字号为小一号。

将光标定位在第 1 自然段的最后，按回车键插入新的一行，并输入文字"目录宏伟的筑塘规模乾隆年间海塘建筑"。选中"宏伟的筑塘规模乾隆年间海塘建筑"，在"开始"选项卡中，单击"段落"组块中的"中文版式"下拉按钮，在展开的菜单中选择"双行合一"选项，如图4-12所示。

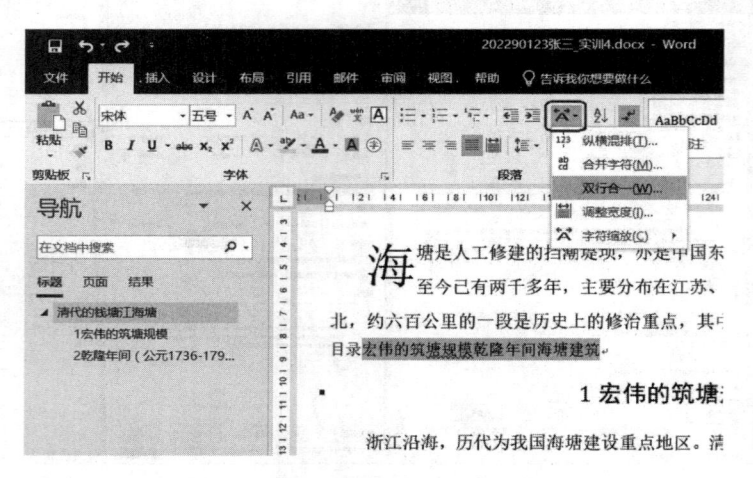

图4-12　单击"中文版式"下拉按钮

弹出的"双行合一"对话框如图4-13所示。在"预览"中以默认方式排列的两行字不够美观，应当进行调整。在"文字"编辑栏中将光标移至"模"字的后面，按下空格键插入一个空格字符，"预览"效果如图4-14所示，单击"确定"按钮，完成设置。选中该行的文字后，在"字体"组块中，设置字体为宋体，字号为小一号。

图4-13　"双行合一"对话框　　　　图4-14　调整后的效果

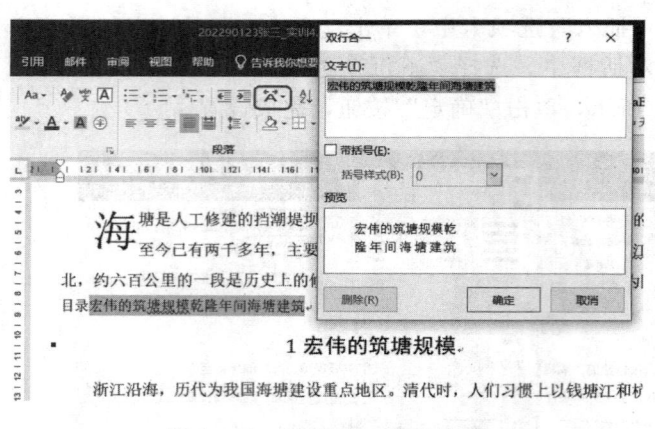

（3）将第1自然段设为繁体中文。

选中第1自然段，在"审阅"选项卡中，单击"中文繁简转换"组块中的"简转繁"按钮。

五、图片操作

（1）在文章的第2自然段插入素材图片"海宁-捍海石塘.jpg"。

将光标定位在第1章的第2自然段，在"插入"选项卡中，单击"插图"组块中的"图片"按钮，如图4-15所示，打开"插入图片"窗口。

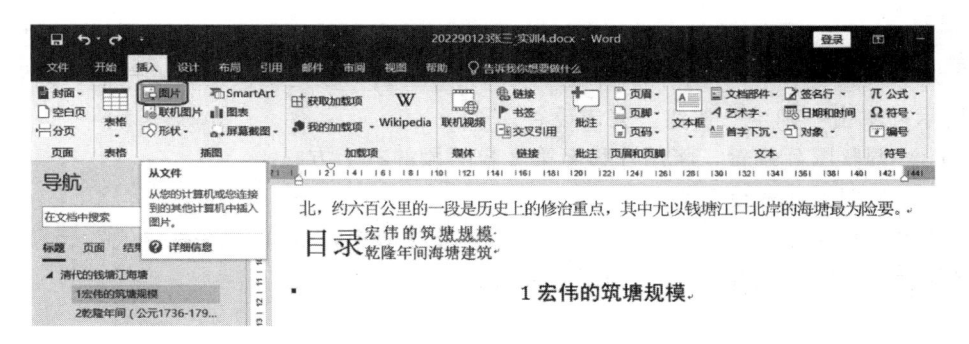

图4-15 单击"图片"按钮

在弹出的"插入图片"窗口中，找到"素材图片"文件夹中的"海宁-捍海石塘.jpg"，选中该图片后单击"插入"按钮，如图4-16所示，把这张图片插入文档。

图4-16 插入素材图片

（2）将图片的文字环绕方式设置为"四周型"，大小为原图的200%，并锁定纵横比。

选中该图片，在"图片工具"的"格式"选项卡中，单击"排列"组块中的"位置"下拉按钮，选择"其他布局选项"，如图4-17所示，或者选中该图片后，右击鼠标，在弹出的快捷菜单中，选择"大小和位置"选项，打开"布局"对话框。

图4-17 选择"其他布局选项"

在"布局"对话框的"文字环绕"选项卡中,设置"文字环绕"为"四周型",在"大小"选项卡中,设置图片缩放为200%,勾选"锁定纵横比"复选框,如图4-18所示,单击"确定"按钮,完成设置。

(3) 调整图片位置,将图片移至第2自然段的右上方。

(4) 将图片样式设置为"矩形投影"。

选中图片,在"图片工具"的"格式"选项卡中,选择"图片格式"组块中的"矩形投影"选项,如图4-19所示,完成设置。

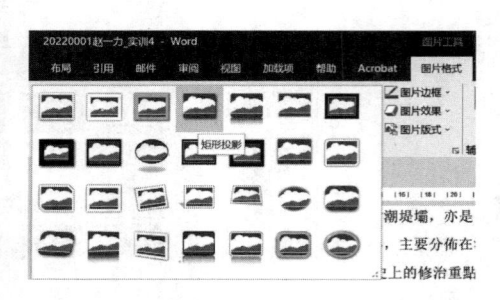

图4-18 图片"布局"对话框   图4-19 设置图片样式为"矩形投影"

六、表格操作

(1) 插入表格,根据文章中的数据资料制作"表1.1清代海塘修筑统计表",并修改表格标题行,调整数据项位置。

选中文章所提供的数据资料,在"插入"选项卡中,单击"表格"下拉按钮,选择"文本转换成表格"选项,如图4-20所示。

在弹出的"将文字转换成表格"对话框中,"表格尺寸"中的"列数"和"行数"默认为9列、4行,选择"'自动调整'操作"中的"根据内容调整表格"选项,单击"确定"按钮完成设置,表格效果如图4-21所示。

对插入的表格,利用"合并单元格"功能,修改表格标题行,并调整数据项位置,表格调整后的效果如图4-22所示。

(2) 在表格左上方"计数"所在的单元格中,添加"斜下框线",斜线以上文字为"计数",斜线以下文字为"地区"。

选中表格第1列中的第1行、第2行两个单元格,利用"合并单元格"功能将其合并成一个单元格。在"开始"选项卡的"段落"组块中,将"计数"设置为右对齐,按下回车键,在新的一行中输入"地区",设置为左对齐。再单击"边框"下拉按钮,选择"斜下框线"选项,如图4-23所示,完成设置。

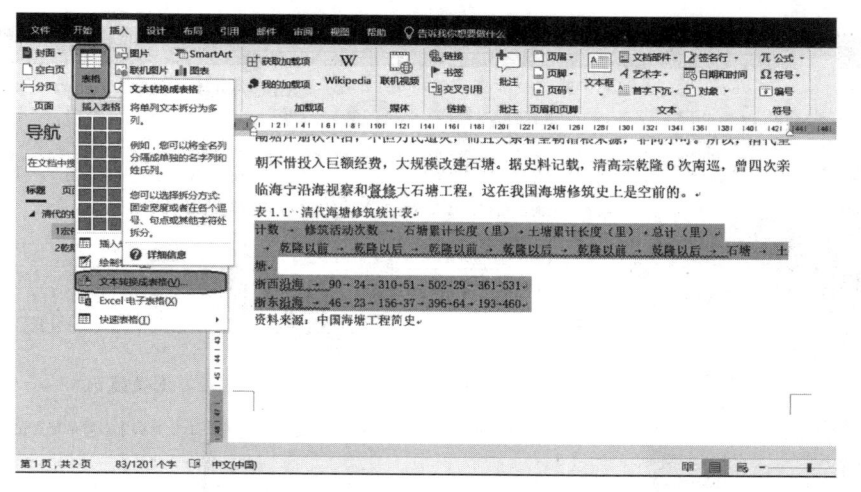

图 4-20　插入表格

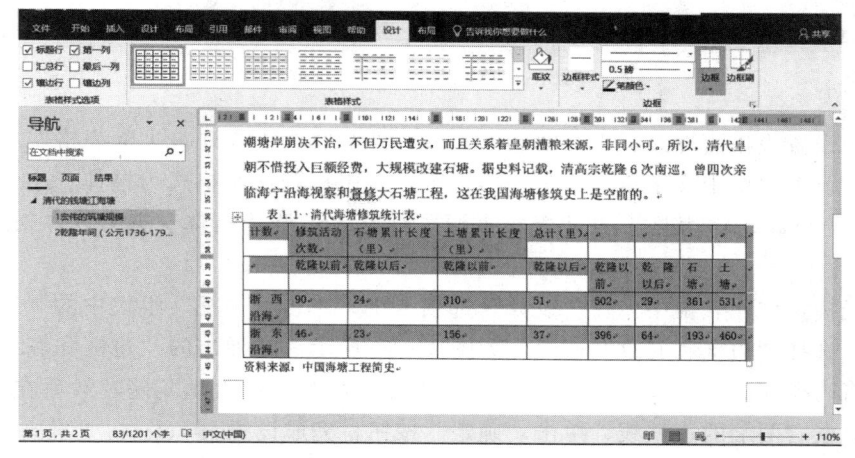

图 4-21　表格效果

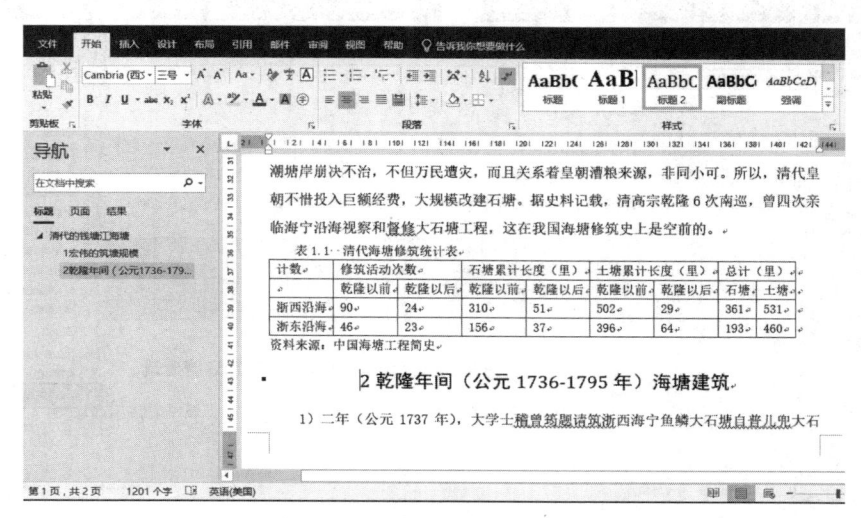

图 4-22　表格调整后的效果

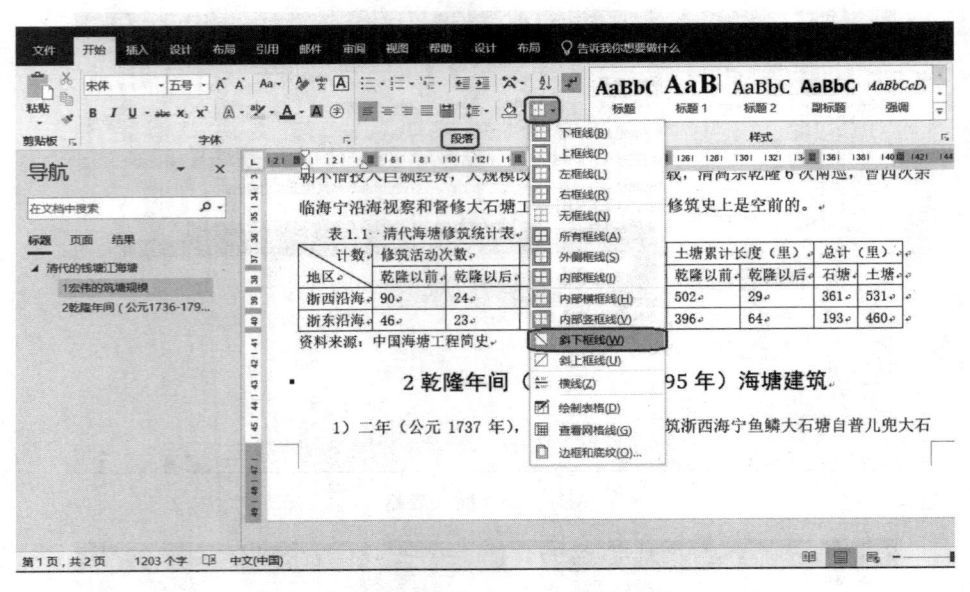

图 4-23　在单元格中插入"下斜框线"

（3）设置表格边框线，内框线为 0.5 磅、外框线为 1.5 磅，去除表格左右两端的边框线；设置表格中文字格式为 1.5 倍行距；表格标题文字格式为楷体、小四号、居中、1.5 倍行距；将表格下方"资料来源"行文字设置为楷体、五号、左对齐、1.5 倍行距。

将光标定位在表格中，在"设计"选项卡中，单击"边框"组块中的"边框"下拉按钮，选择"边框和底纹"选项，如图 4-24 所示，在弹出的"边框和底纹"对话框中，将内框线的宽度设置为 0.5 磅，外框线的宽度设置为 1.5 磅，然后在"预览"框中去除左右两端的边框线，单击"确定"按钮，完成设置。

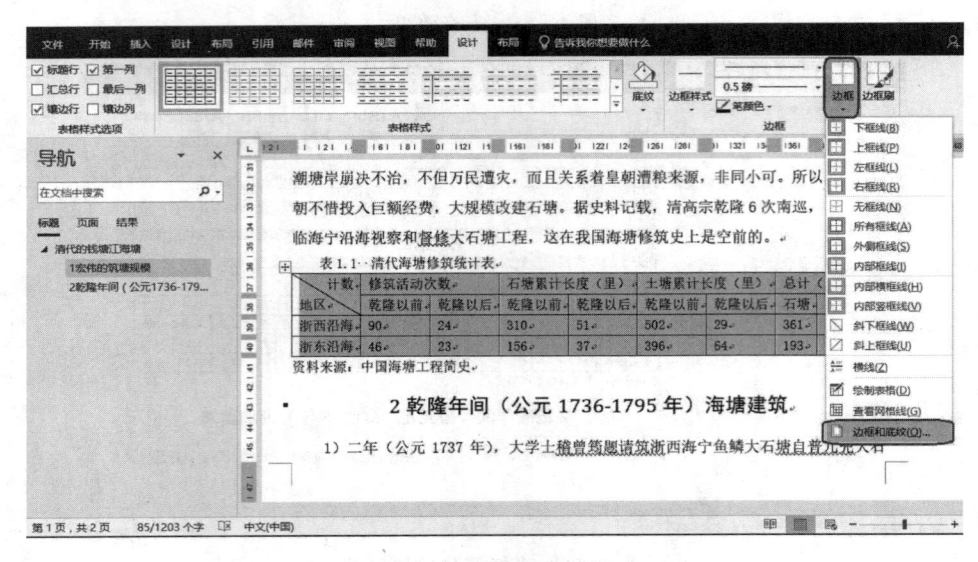

图 4-24　设置边框线

选中表格中的全部文字，在"开始"选项卡中，单击"段落"组块中的"行与段落间距"按钮，在展开的菜单中，选择"1.5"选项；选中表格标题的文字，在"字体"组块中，将文字格式修改为楷体、小四号，在"段落"组块中，将段落格式修改为居中、1.5倍行距；选中表格下方的"资料来源"整行文字，同上一操作将文字设置为楷体、五号、左对齐、1.5倍行距。完成效果如图4-25所示。

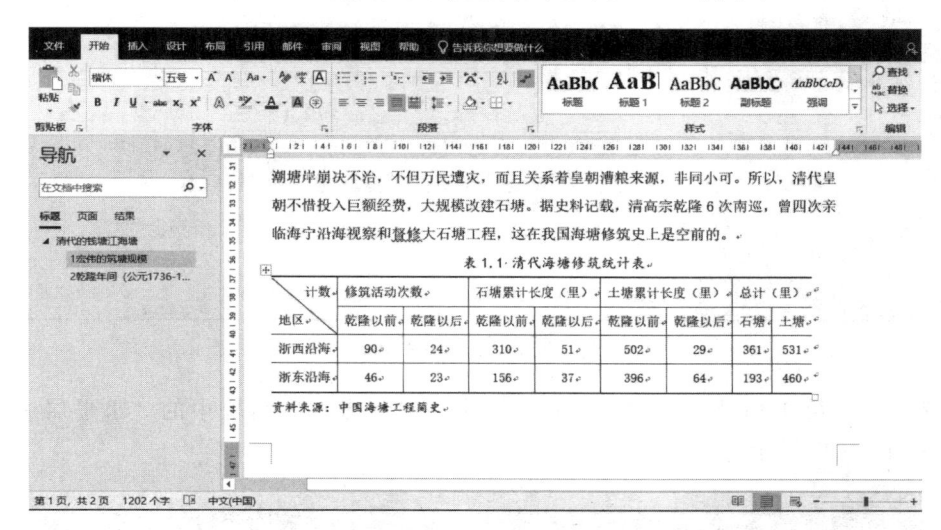

图4-25 设置完边框、标题后的表格

（4）设置表格为"根据窗口自动调整表格"，平均分配第2～7列的列宽，设置单元格对齐方式为水平、垂直均居中。

选中整个表格，在"表格工具"的"布局"选项卡中，单击"单元格大小"组块的"自动调整"下拉按钮，选择"根据窗口自动调整表格"选项，如图4-26所示。

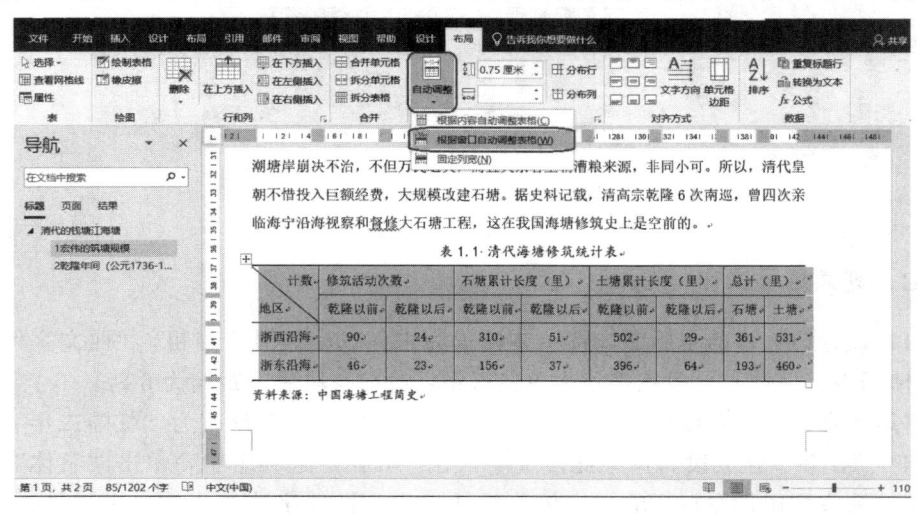

图4-26 根据窗口自动调整表格

选中第2～7列的所有行，单击"单元格大小"组块中的"分布列"按钮，如图4-27所示，完成平均分配单元格列宽的操作。

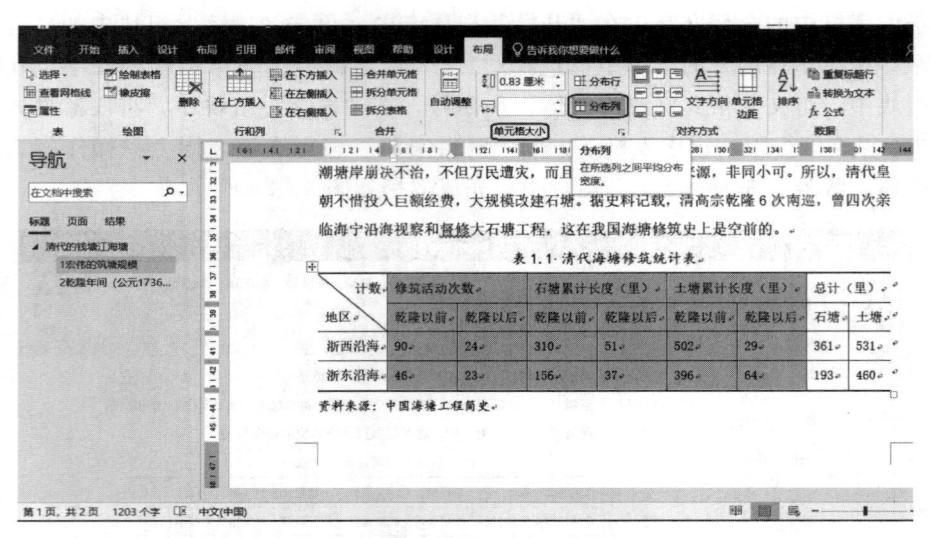

图 4-27　平均分布列宽

选中除了第 1 列外的所有单元格，单击"对齐方式"组块中的"水平居中"按钮，如图 4-28 所示。

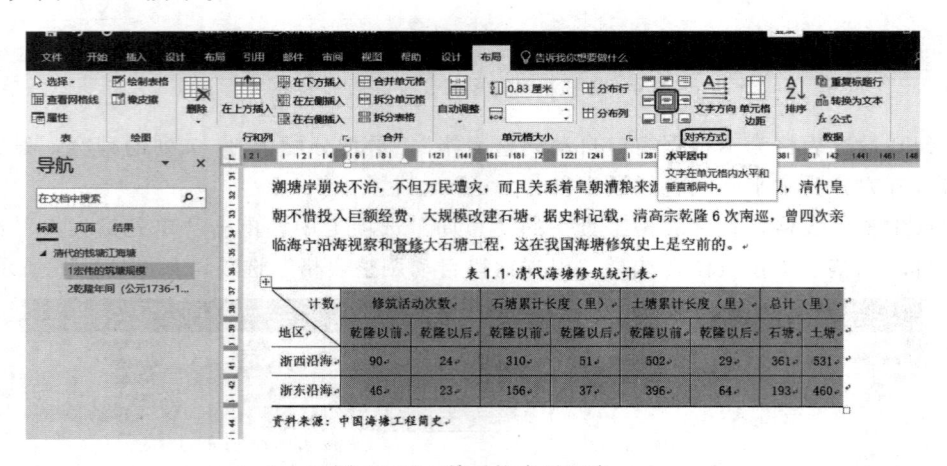

图 4-28　单元格水平居中

七、列表编号操作

（1）设置第 2 章的小标题，将字体设置为宋体、小四号、加粗，"西文字体"选择"（使用中文字体）"，段落格式为单倍行距，段前、段后间距均为 6 磅。

将第 2 章第 1 自然段中的"1）二年（公元 1737 年），"修改为"乾隆二年（公元 1737 年）"，并单独成段。选中此段文字，在"开始"选项卡中，单击"字体"组块右下角的箭头按钮，在打开的"字体"对话框中，设置字体为宋体、小四号、加粗，"西文字体"选择"（使用中文字体）"；单击"段落"组块右下角的箭头按钮，在打开的"段落"对话框中，设置段落格式为单倍行距，段前、段后间距均为 6 磅。

（2）将第 2 章的小标题改为列表编号。

单击"段落"组块中的"编号"下拉按钮，选择第 1 个选项，如图 4-29 所示，其余段落可以用"格式刷"来快速设置。注意：本实训小题不设置"标题 3"的样式。

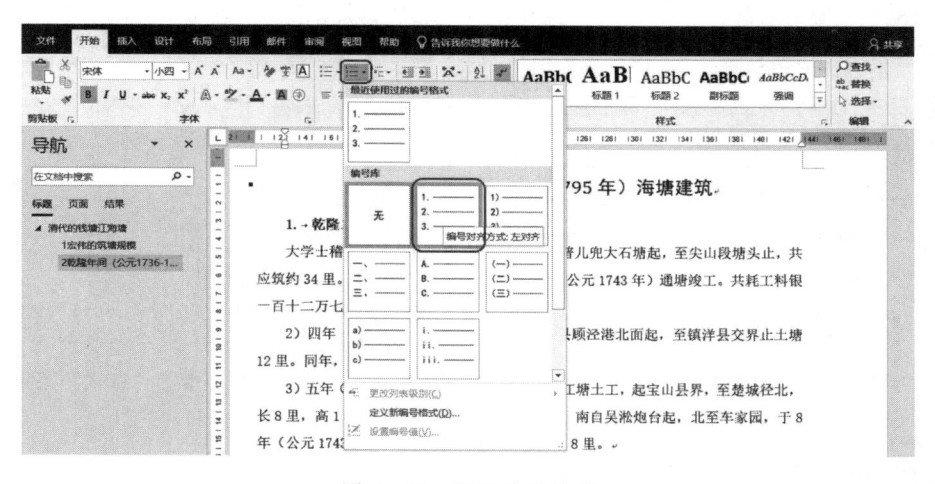

图 4-29 设置编号格式

思考

如何设置"编号"字体颜色为红色？

八、查找与替换操作

将文档中所有数字加粗，并设为蓝色。

将光标定位在文档的最开始处，在"开始"选项卡中，单击"编辑"组块中的"查找"下拉按钮，在展开的菜单中，选择"高级查找"选项，如图 4-30 所示（或者单击"替换"按钮）。

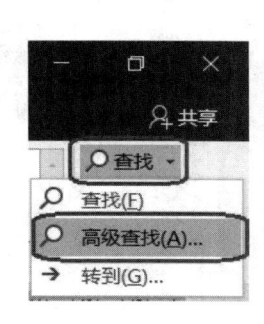

图 4-30 "查找"菜单

在打开的"查找和替换"对话框中，单击"更多"按钮，再单击"特殊格式"按钮，在展开的菜单中选择"任意数字"选项，随即"查找内容"框中会出现字符串"^#"，如图 4-31 所示。

打开"替换"选项卡，将光标定位在"替换为"框中，再次单击"特殊格式"按钮，在展开的菜单中选择"查找内容"选项，随即"替换为"框中会出现字符串"^&"，单击"格式"按钮，在展开的菜单中选择"字体"选项，如图 4-32 所示。

在打开的"替换字体"对话框中，设置"字体颜色"为"蓝色"，"字形"为"加粗"，如图 4-33 所示，单击"确定"按钮，返回"查找和替换"对话框，单击"全部替换"按钮，弹出完成全部替换的对话框，如图 4-34 所示，单击"确定"按钮，完成替换，最后单击"关闭"按钮。

需要注意的是，"查找与替换"功能不能替换列表编号格式。如果要修改列表编号格式，选中列表编号后，在"开始"选项卡中，单击"字体"组块中的箭头按钮，打开"字体"对话框，设置字体、字号、字形、字体颜色等参数，如图 4-35 所示，或者直接在"开始"选项卡的"字体"组块中进行设置。

图 4-31 "查找和替换"对话框

图 4-32 "替换"选项卡的"格式"菜单

图 4-33 "替换字体"对话框

图 4-34 完成全部替换

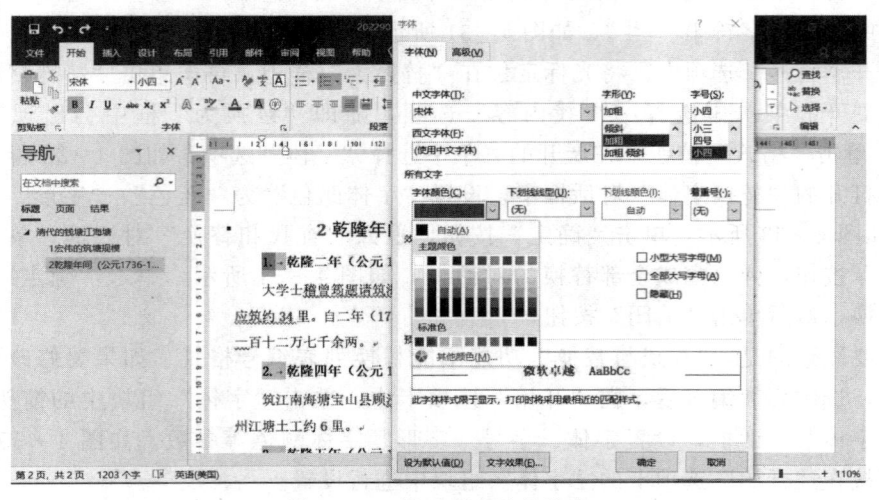

图 4-35 设置列表编号格式

思考

如何在某自然段的每个字符后添加 1 个空格？如何删除字符后的空格？如何删除文档中的空行？

思政元素融入

在中文的输入过程中，要遵循中文书写的习惯进行标题、段落、字体等设置，在字体的选择过程中，优先选择宋体、楷体等具有中国文化特色的字体，这些字体不仅美观大方，更蕴含着深厚的文化底蕴，能够无声地传递出大家对中国文化的展示与自信表达。

思考与练习

1. Word 2019 中提供了几种视图方式？"页面视图"方式下可以显示哪些文档信息？Word 2019 提供了几级大纲？"大纲视图"方式下显示哪些信息？

2. 在 Word 2019 中进行高级查找和替换操作时，常用的"特殊格式"及"通配符"有哪些？举例操作演示说明。

3. 在 Word 2019 图文混排中，图片与文字之间形成的环绕方式有哪几种？举例操作说明。

4. 巩固操作练习 4-1。下载附件"学号姓名_练习 4-1 素材 .docx"，打开 Word 2019 应用程序，先把文件更名为自己的学号和姓名，再完成以下操作。

（1）将整篇文档的上、下页边距均设为 3 厘米，左、右页边距均设为 2 厘米。

（2）在文档第一行后添加一个段落，添加文本"——唐·李白"，设置第 1 行、第 2 行文本段落居中对齐，段落行距 1.6 倍，并设置字体为方正姚体、三号、蓝色、加粗，字符间距加宽 3 磅，设置"发光"文字效果（颜色为黄色、大小 20 磅、透明度 50%）。

（3）选中《将进酒》诗文，将字体设置为楷体，字号为小四号、段落间距的行距为 20 磅，其余默认。设置分栏，分 2 栏，添加分割线，栏间距 1 个字符以及 15%（样式选择 15%）的绿色底纹。选中该分栏段落的文本，设置其边框和底纹，将图案样式设为浅色网格，图案颜色设为浅绿色。

（4）将最后两段文字设置为仿宋、四号、左对齐，段前、段后间距均为 0.5 行，1.5 倍行距，首行缩进 2 个字符。

（5）对倒数第二段文本中的"七言歌行"添加着重号"．"，最后一段设置首字下沉，下沉行数为 2 行。

（6）设置图片样式为"柔化边缘椭圆"，文字环绕方式为"穿越型环绕"，置于最后一个段落中间。

（7）设置页眉为"将进酒（李白）"，居中对齐，楷体，小四号；页脚插入页码，右对齐，起始页码为 6，字体大小为小四号。

（8）设置页面颜色，在"填充效果"对话框中，设置"预设颜色"为"雨后初晴"，"底纹样式"为"中心辐射"，"变形"选择第1种样式。

（9）练习4-1的最终参考效果如图4-36所示。

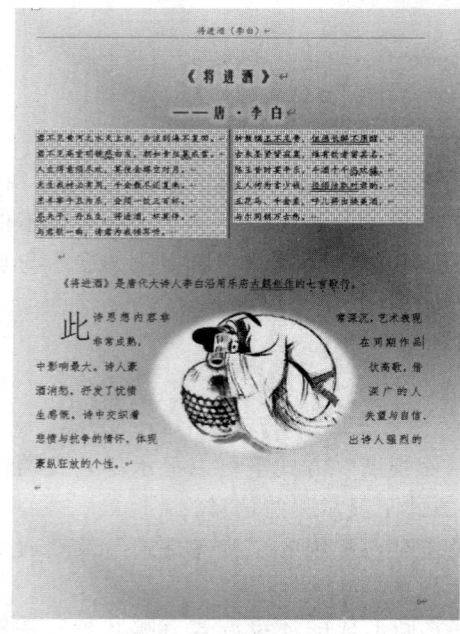

图4-36 参考效果1

5. 巩固操作练习4-2。下载附件"学号姓名_练习4-2素材.docx"，打开Word 2019应用程序，先把文件更名为自己的学号和姓名，再完成以下操作。

（1）将标题文字"信凌电脑培训中心"设置华文彩云、加粗、字号为28、居中对齐。

（2）在正文第3段"本中心欢迎各界朋友前来培训。"后插入句子"我们将竭诚为您服务。"。

（3）将除第1行之外的文字设置为加粗、小四、段落首行缩进2字符、1.5倍行距。

（4）设置全文中的英文字母为大写字母，字体颜色为蓝色，并加虚线型下划线。设置全文数字为红色加粗字体。

（5）将正文第4段"联系人：司马依林"的字体改为隶书，字号为15磅。

（6）插入图片，选择来自"此设备"，选择一张与IT相关的图片，设置图片宽度为5厘米；校正：柔化50%；艺术效果：影印；颜色：橄榄色，个性色浅色；环绕方式：衬于文字下方。将图片放置在正文第1、2段中合适的位置。

（7）在文中添加文字水印"信凌电脑培训"，字体设置为黑体、字号为68磅，版式为斜式、半透明。

（8）在文档末尾，为信凌电脑培训中心的3个培训班添加SmartArt图形——棱锥型列表，更改颜色：彩色范围-个性色5至6，SmartArt样式：三维—砖块场景，并适当调整大小。

（9）页面边框设置：选择任意一种艺术型图案，将宽度设置为20磅。

（10）文档末尾再另起一页或插入一个分页符，输入如下文字（用英文逗号","分隔）：

姓名，高数，外语，C语言，体育，平均成绩
李丽富，80，75，80，90，
孙艺昕，95，85，83，75，
王豆豆，74，63，79，85，
司马庭，68，82，76，65，
祝德月，88，90，82，75，

1）将如上文本转换成表格，文字分隔位置选择"逗号"。

2)设置表格居中对齐,且根据内容自动调整表格,表格内文字对齐方式设置为"水平居中"。

3)利用公式完成平均成绩计算,保留两位小数,并按"平均成绩"列降序排列表格内容。

4)对表格第1行第1列单元格添加左上右下斜线,合理调整单元格宽度和高度,在斜线上方添加"科目"。

5)框线设置:将表格第1行下框线和第1列右框线设置为1磅红色单实线,将表格第1行上框线和最后一行下框线设置为1.5磅蓝色双实线,去除表格左右框线,表格底纹设置为填充"白色,背景1",图案样式20%,颜色为紫色。

(11)练习4-2的最终参考效果如图4-37所示。

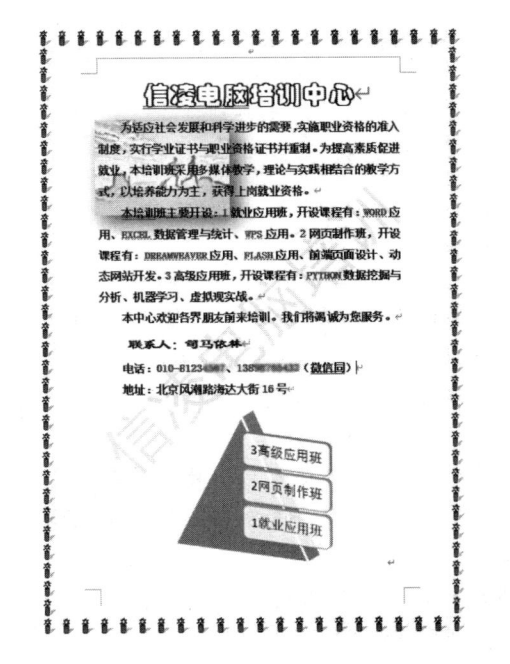

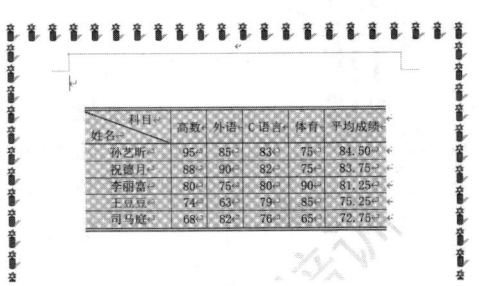

图4-37 参考效果2

实训 5　Word 2019 文档排版

实训目的

（1）进一步熟悉、掌握 Word 2019 各个选项卡中的具体功能和操作方法。

（2）了解分节符的种类、作用、与分页符的区别，正确使用分节符与分页符。

（3）掌握 Word 2019 艺术字的填充、效果等设置方法。

（4）了解 Word 2019 的样式，掌握产生多级列表，利用样式创建目录的方法。

（5）熟练掌握 Word 2019 中插入题注、交叉引用、生成图目录的方法。

（6）熟练掌握 Word 2019 中页眉、页脚的设置方法，能够熟练地为长论文排版。

实训课时

建议课内 4 课时，课外 4 课时。

实训要求

1. 准备工作

在计算机最后一个磁盘［不同机房有所不同，可能是磁盘（D：）或者磁盘（E：）］根目录下，新建一个以学号和姓名命名的文件夹，例如"D：1202290456 李思 _ 实训 5"。下载"实训 5"素材到此文件夹中，并将"实训 5 - 素材 . docx"文档重命名为"学号姓名 _ 实训 5.docx"，例如"202290456 李思 _

实训 5.docx"。

2. 页面设置

复习"页面设置"操作，设置页面的左页边距为 3.2 厘米，右、上、下页边距为 2.8 厘米。

3. 节的创建

（1）封面节的创建。将光标置于文档的最前面，在"页面布局"选项卡中的"页面设置"组块单击"分隔符"按钮，选择"分节符"的"奇数页"选项，插入封面节。

（2）摘要节的创建。将光标置于"引言"前，选择"分节符"的"奇数页"选项，将论文题目、摘要、关键词作为第 2 节。

（3）目录节的创建。将光标置于"引言"前，选择"分节符"的"下一页"选项，在摘要节后插入一个新"节"作为目录，在第 3 节输入"目录"二字，并按回车键。

（4）图目录节的创建。将光标置于"引言"前，选择"分节符"的"奇数页"选项，在目录节后插入一个新"节"作为图目录，在第 4 节输入"图目录"，并按回车键。

4. 封面节的设置

（1）插入学院 logo 图片。

（2）在 logo 图片下插入艺术字，输入论文题目。

1）将光标置于 logo 下适当位置，在"插入"选项卡"文本"组块单击"艺术字"按钮，选择"填充：白色；边框：蓝色，主题色 1；发光：蓝色，主题色 1"艺术字样式。

2）输入论文题目"明清浙西海塘塘工概要"，字体为方正舒体，字号为小初，居中。

3）设置艺术字的文本填充为"渐变"—"变体"—"从左下角"，文字效果为"转换"—"双波形：下上"。

（3）插入艺术字，输入学生的学号、姓名、班级和日期等信息，艺术字的风格自定。

5. 正文节与摘要节的设置

（1）标题样式设置。

1）设置章标题的样式为"标题 1"，黑体，三号，西文字体选择"使用中文字体"，单倍行距，段前、段后间距为 6 磅，居中对齐。

2）设置节标题的样式为"标题 2"，黑体，四号，段前、段后间距为 6 磅，两端对齐。

3）设置目标题的样式为"标题 3"，黑体，小四号，段前、段后间距为 0.5 行，两端对齐。

（2）将标题样式设置为多级列表形式。

（3）新建"论文正文"样式，具体格式为宋体，小四号，西文字体采用 Times New Roman，1.5 倍行距，首行缩进 2 字符。

（4）插入脚注。

（5）将黄光昇《筑塘议》自然段转换为繁体中文。

（6）在"主要参考文献"前插入分页符，将"主要参考文献"修改为"参考文献"，设置为"标题1"样式，去掉其前面的编号。

（7）将摘要节的"摘要"和"关键词"放在一节中，均设为"标题1"样式，去掉前面的编号。将摘要内容设置为"论文正文"样式。

6. 图片的题注与交叉引用

（1）在文档中插入图片"明杨瑄陂陀形石塘示意图.jpg"，大小为原来的68%。

（2）在图片下方为该图片插入题注，题注为"图 x-y"形式，其中x为章编号，y为图编号，居中。

（3）在正文适当位置"交叉引用"该题注。

（4）进行"更新域"操作，只更新页码。

7. 目录节与图目录节的设置

（1）目录节的设置。

1）创建文档目录，将"目录"这一行设为"标题1"样式，目录"使用超链接而不使用页码"，显示级别设为3级。

2）设置目录项的格式为宋体、小四号、1.5倍行距，西文字体采用 Times New Roman。

（2）熟练掌握修改目录样式和更新目录的方法。

（3）图目录节的设置。

1）创建图目录，将"图目录"这一行设为"标题1"样式，并删除其前面的编号。

2）设置图目录项的格式为宋体、小四号、1.5倍行距，西文字体采用 Times New Roman。

8. 页眉和页脚的设置

（1）页眉格式为楷体、五号、1.5倍行距、居中。

（2）页脚显示页码，字体采用 Times New Roman，1.5倍行距，居中。

（3）论文封面不设页眉和页脚。

（4）摘要节页眉显示"摘要"，页码为小写罗马数字格式，起始值为"ⅰ"。

（5）目录节页眉显示"目录"，页码格式同前，编号续前节。

（6）图目录节页眉显示"图目录"，页码格式同前，编号续前节。

（7）正文奇数页页眉显示论文题目，偶数页页眉显示当前页一级标题（章）。页码编码格式为"1，2，3…"，重新编号，起始值为"1"。

9.（选做题）进阶操作

（1）参考文献节的设置，设置参考文献单独另起一节（插入"分节符"—"下一页"），且页眉显示"参考文献"，页码同前，连续编码。

（2）对每一章单独分节处理（插入"分节符"—"下一页"），页眉页码设置同第8题操作。

实 训 内 容 及 步 骤

一、准备工作

（1）打开新建的"D：\ 202290456 李思 _ 实训 5"文件夹后，双击打开"202290456 李思 _ 实训 5.docx"文档。

（2）在"开始"选项卡中单击"显示编辑标记"按钮，在"视图"选项卡中勾选"标尺"和"导航窗格"复选框（具体操作可参照"实训 4"）。

（3）实训 5 完成的效果，可以参照素材中所给的 PDF 文档。注意：在本实训的操作期间，要随时单击"保存"按钮，保存文档。

二、页面设置

复习"页面设置"操作，设置页面的左页边距为 3.2 厘米，右、上、下页边距为 2.8 厘米。

在"布局"选项卡中，单击"页面设置"组块中的箭头按钮，打开"页面设置"对话框，设置页面的左页边距为 3.2 厘米，右、上、下页边距为 2.8 厘米，单击"确定"按钮，保存设置。

三、节的创建

一篇完整的论文依次要有封面、摘要、关键词、目录、图表目录和正文主体几个部分。不同部分的页面设置有所不同，如页眉、页码等，必须通过插入"分节符"并设置各个节的页面格式，使得各个节相对独立，互不影响。每个节由若干页面组成，分节符是为了表示节结束而插入的标记，相应的分节符保存了该节的页面格式设置信息。

（1）封面节的创建。将光标定位在文档的最前面，在"布局"选项卡中的"页面设置"组块单击"分隔符"按钮，选择"分节符"的"奇数页"选项，插入封面节，如图 5-1 所示。

不能如图 5-2 所示的那样，在"插入"选项卡中"页面"组块单击"分页"按钮，插入分页符。

再次强调，因为对论文的每一节排版的格式要求（页眉、页脚、页码等）不同，所以在这里插入的是"分节符"而不是"分页符"。

（2）摘要节的创建。将光标定位在"引言"前，选择"分节符"的"奇数页"选项，将论文题目、摘要、关键词作为第 2 节。

（3）目录节的创建。将光标定位在"引言"前，选择"分节符"的"下一页"选项，在摘要节后插入一个新"节"作为目录，在第 3 节输入"目录"二字，并按回车键。

（4）图目录节的创建。将光标定位在"引言"前，选择"分节符"的"奇数页"选项，在目录节后插入一个新"节"作为图目录，在第 4 节输入"图目录"，并按回车键。

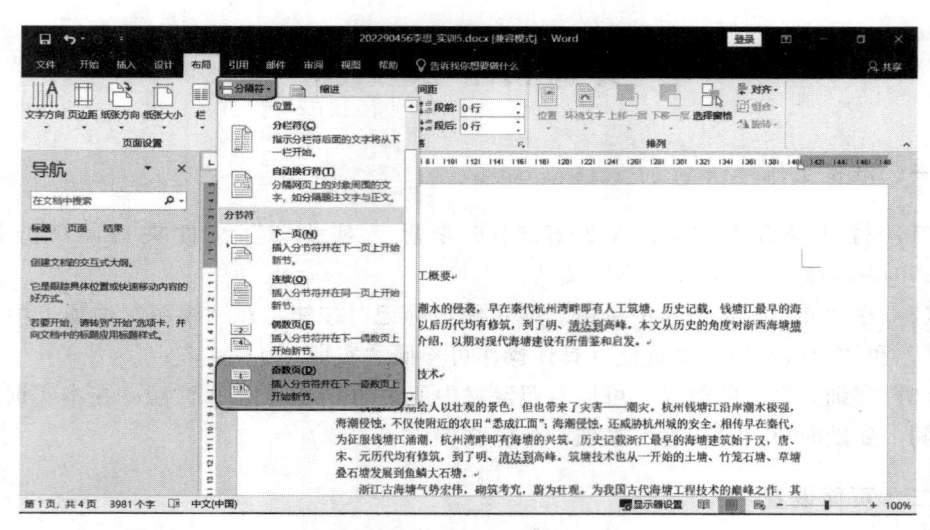

图 5-1 插入分节符

四、封面节的设置

（1）插入学院 logo 图片。移动光标到封面节，按几次回车键，在适当位置插入学院 logo，调整大小，居中。

插入图片除了在"实训 4"介绍过的在"插入"选项卡中"插图"组块单击"图片"按钮的方法外，还可以采用"复制"→"粘

图 5-2 插入分页符

贴"的方法，即直接打开图片所在的文件夹，右击图片，在弹出的快捷菜单中选择"复制"，把光标放在文档适当的位置，右击鼠标，在快捷菜单中选择"粘贴"。另外，还可以使用鼠标拖动的方式，先找到图片所在的文件夹，选中要插入的图片，按住鼠标左键拖动该图片到文档中需要插入的位置后放弃，即可完成图片的插入。

（2）在 logo 图片下插入艺术字，输入论文题目。

将光标置于封面 logo 图片下适当位置，在"插入"选项卡中的"文本"组块单击"艺术字"按钮，在展开的艺术字样式列表中选择第 2 行第 4 列的"填充：白色；边框：蓝色，主题色 1；发光：蓝色，主题色 1"艺术字样式，如图 5-3 所示。

输入论文题目"明清浙西海塘塘工概要"。在"开始"选项卡中的"字体"组块设置题目艺术字的字体为方正舒体，字号为小初，调整位置居中。

在"绘图工具"的"格式"选项卡中的"艺术字样式"组块设置文本填充、文字效果等艺术字格式。单击"文本填充"按钮，设置艺术字的文本填充为"渐变"→"变体"→"从左下角"，如图 5-4 所示。

单击"文字效果"按钮，设置文字效果为"转换"→"双波形：下上"，如图 5-5 所示。

（3）插入艺术字，输入学生学号、姓名、班级和日期等信息，艺术字的风格自定。

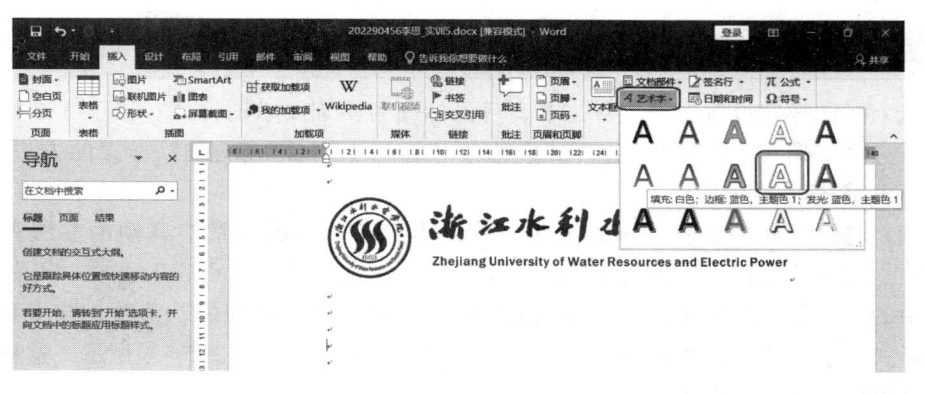

图 5-3　插入艺术字

图 5-4　设置文本填充格式

图 5-5　设置艺术字的文字效果

五、正文节与摘要节的设置

（1）标题样式设置。设置章、节、目录标题为实训要求的样式。以上3个标题样式可通过"实训4"介绍的新建样式或修改"标题1"～"标题3"样式的方法实现，这里不再赘述。

（2）将标题样式设置为多级列表形式。本实训要求的是章节联动的多级列表样式，将光标置于已设为"标题1"的"引言"行（或者选中"引言"）。在"开始"选项卡中的"段落"组块单击"多级列表"按钮，打开"多级列表"菜单，选中我们需要的形式，这里选择多级列表"列表库"中的第6个样式，如图5-6所示。这样，标题被设置成多级列表形式。

图5-6 选中需要的多级列表形式

值得注意的是，在设置多级列表时，以前的版本需要逐级设置所需呈现的标题编号，顺序必须从高到低，级别与级别之间存在关联，高级别标题是低级别标题的编号前缀，但从Office 2010开始只需设置"标题1"即可。

还应该注意，不要单击"编号"按钮，它是纯粹的一个级别编号，无法实现章节联动。

下面，设置章初始编号为"1"。选中"引言"前的自动章编号"1"，将其删掉。将光标置于"浙江海塘的缘起、分布与沿革"前，右击鼠标，弹出快捷菜单，选择"设置编号值"选项，在弹出的"起始编号"对话框中，设置起始编号值为"1"，如图5-7所示。

由于是自动章节目标题，因此要对素材所给的原标题稍作修改，保留自动章节目编号，删除原标题前手动输入的章节号。注意，这一步在导航窗格进行比较方便。

（3）根据实训要求，新建"论文正文"样式，具体格式如图5-8所示。设置方法可以参照"实训4"，这里不再赘述。将上述样式分别应用到整个文档，注意，不要将样式应用到"图片：钱塘江口岸南北两岸海塘分布图"那几张图片的说明上。

图 5-7 "起始编号"对话框　　图 5-8 "论文正文"样式的具体格式

（4）插入脚注与繁简转换等特殊格式。根据实训要求，有两处要插入脚注。将光标置于要求插入脚注处，单击"引用"选项卡中"脚注"组块的"插入脚注"按钮，在页面底端插入脚注文字，如图 5-9 所示。

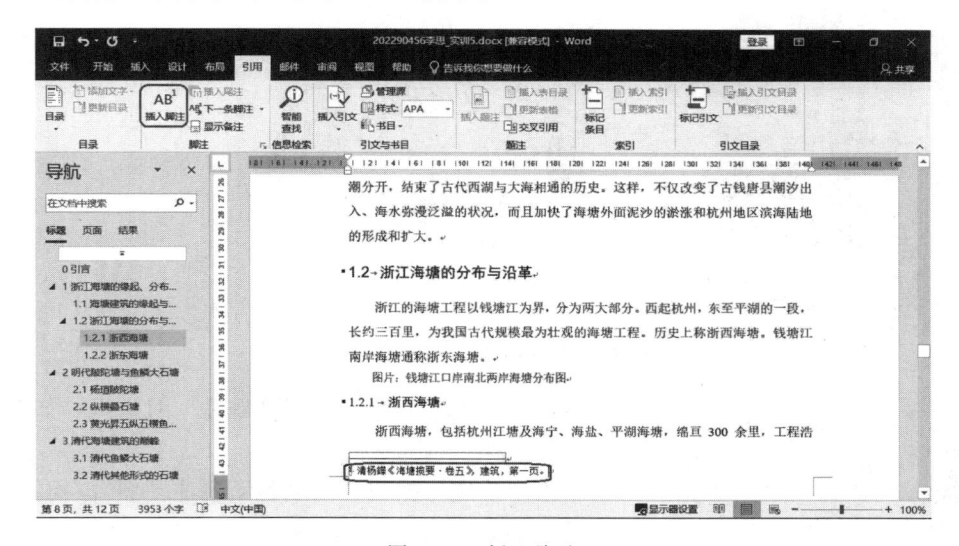

图 5-9　插入脚注

按实训要求，将黄光昇《筑塘议》自然段转换为繁体中文。

（5）在"主要参考文献"前插入分页符，将"主要参考文献"修改为"参考文献"，设置为"标题 1"样式，去掉其前面的编号。

（6）摘要节设置。将摘要节的"摘要"和"关键词"放在一节中，均设为"标题1"样式，去掉前面的编号。将摘要内容设置为"论文正文"样式。

六、图片的题注与交叉引用

（1）在文档的适当位置插入图片，所有图片位置均设置为居中。前面已经介绍了插入图片的两种方法：在"插入"选项卡中"插图"组块单击"图片"按钮插入图片的方法和"复制"—"粘贴"的方法，这里不再赘述。

在文档中插入"明杨瑄陂陀形石塘示意图"，大小为原来的68%。

（2）对图片插入题注。题注是可以添加到表格、图表或者公式等项目上的编号标签。添加题注可以使各项目对象有序编号，在删除或添加图片时，所有的图片编号会自动更新，以保持编号的连续性。

选中图片"明杨瑄陂陀形石塘示意图"，在"引用"选项卡中"题注"组块单击"插入题注"按钮（也可以右击图片，在弹出的快捷菜单中选择"插入题注"选项），打开"题注"对话框。"标签"是英文"Figure"，即"图"的意思。我们希望显示中文标签"图"，单击"标签"右边的下拉三角按钮，如果是初次进入，则并无"图"这一项，需要单击"新建标签"按钮，打开"新建标签"对话框，在文本框输入"图"字，如图 5-10 所示。

图 5-10 插入题注，创建新标签"图"

单击"确定"按钮，返回"题注"对话框，如图 5-11 所示。

单击"确定"按钮，就创建了题注"图"。我们希望图的题注形如"图 1-1"，显示出所在章的编号。因此，单击图 5-11 所示的"题注"对话框中的"编号"按钮，出现"题注编号"对话框，勾选"包含章节号"复选框，进而选择"章节起始样式"为"标题 1"，把分隔符选为"-（连字符）"，如图 5-12 所示。确认无误后，单击"确定"按钮。

图 5-11 "题注"对话框

这样，在图的下方出现了题注"图 1-1"，调整题注和文字说明，使其在同一行内。

（3）交叉引用。设置好题注以后，就可以在正文中"引用"这个题注，在 Word 中，这被称为"交叉引用"。在正文"钱塘江岸线变化如下图所示"处，删除"下图"

二字，将光标置于"如"和"所"之间，在"引用"功能组的"题注"组块单击"交叉引用"按钮，打开"交叉引用"对话框，在"引用类型"项目下选"图"，在"引用内容"项目下选"仅标签和编号"，选中题注，单击"插入"按钮，如图 5-13 所示。此时，文档中自动出现"图 1-1"字样，确认后，单击"关闭"按钮。

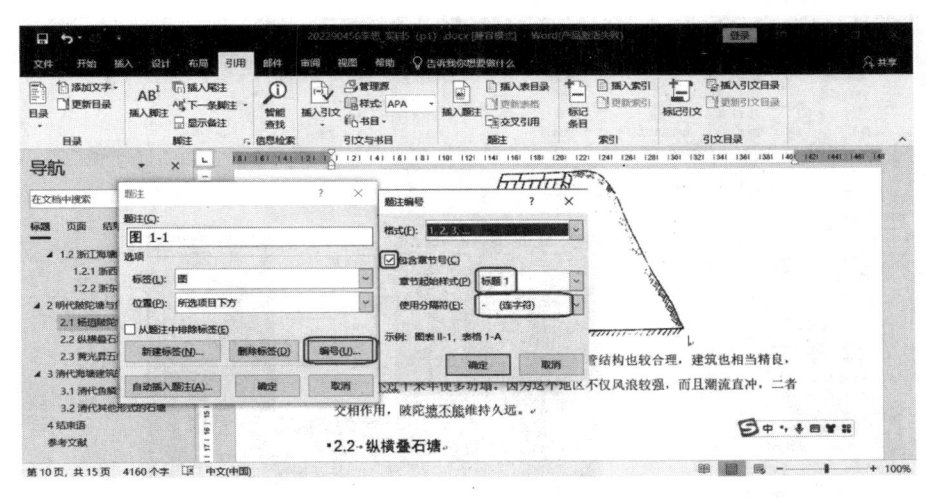

图 5-12 题注编号设置

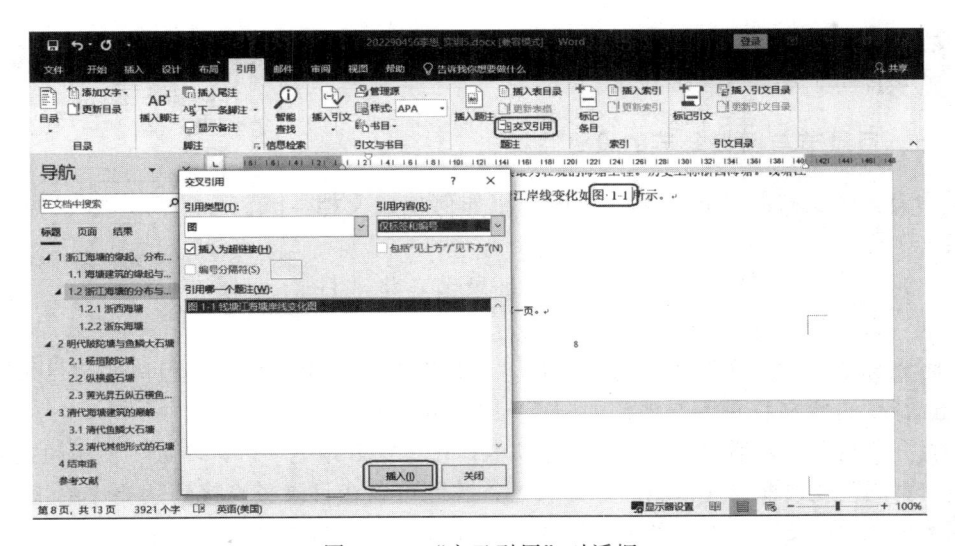

图 5-13 "交叉引用"对话框

调整图片的大小和位置（居中），并用同样的方法对文档中插入的所有图片在正文中做"题注-交叉引用"处理。

在文档中插入"明五纵五横鱼鳞塘"，大小为原来的 500%。

在文档中插入"海盐观海园黄公雕像"，大小与页面同宽。

在文档中插入"清代鱼鳞大石塘断面图"，大小为原来的 75%。

在文档中插入"海宁鱼鳞大石塘"，大小与页面同宽。

（4）更新域。当我们在文档中插入新图片之后，系统会自动更新题注。当我们在文档中删除图片时，系统不会自动更新题注。因此，要及时更新题注及交叉引用，删除图片后，应立即删除基于该图片的题注以及交叉引用。

更新方法：按"Ctrl+A"快捷键选中整篇文档，右击鼠标，在打开的快捷菜单中选择"更新域"选项，如图5-14所示。

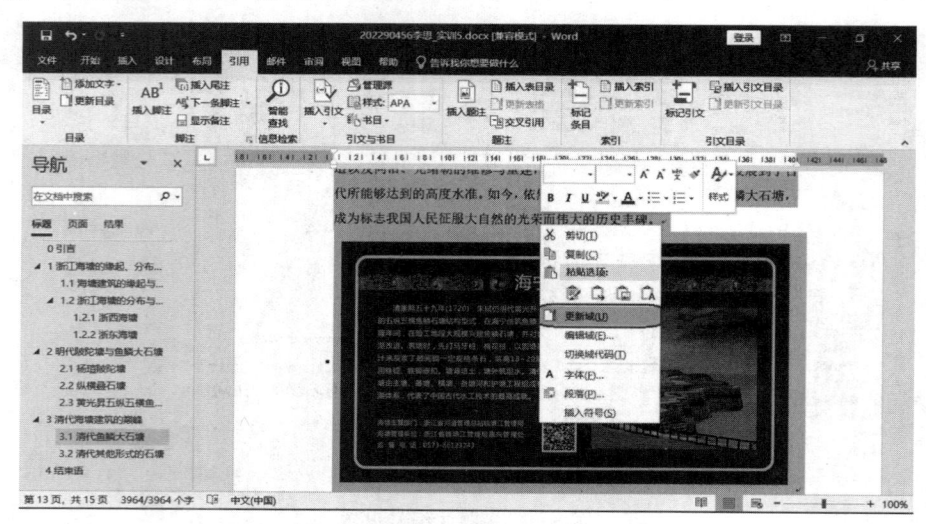

图5-14 对整篇文档进行"更新域"操作

在弹出的"更新目录"对话框中选择"只更新页码"选项即可，如图5-15所示。

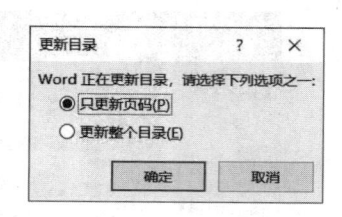

图5-15 "更新目录"对话框

七、目录节与图目录节的设置

在设置了文档的样式之后，下面介绍如何生成文档目录。

（1）目录节的设置。将光标置于目录节，将"目录"这一行设为"标题1"样式。

将光标置于"目录"下一行，单击"引用"选项卡中"目录"组块的"目录"按钮，选择"自定义目录"选项，如图5-16所示。

打开"目录"对话框的"目录"选项卡，在"Web预览"区，勾选"使用超链接而不使用页码"复选框。这么做的好处就是，我们可以在目录页直接到达要去的正文页，无须翻页，这对长文档非常实用。在"常规"区，"格式"选"来自模板"，"显示级别"设为"3"，表示"标题3"及以上的标题均作为目录项，其他选项默认，如图5-17所示。

目录生成以后，选中所有目录项，在"开始"选项卡中按实训要求设置字体、字号、间距等参数。这样，自定义目录就完成了。

（2）目录的更新。在绝大多数情况下，目录生成以后，还要对论文进行修改。这样，我们就需要及时对目录进行更新。单击"引用"选项卡中"目录"组块的"更新目录"按钮，对目录进行更新，这里不再赘述。

（3）图目录节的设置。前面介绍了图片的题注与交叉引用，下面介绍利用题注来创建图表目录的方法。将光标置于图目录节，将"图目录"这一行设为"标题1"样

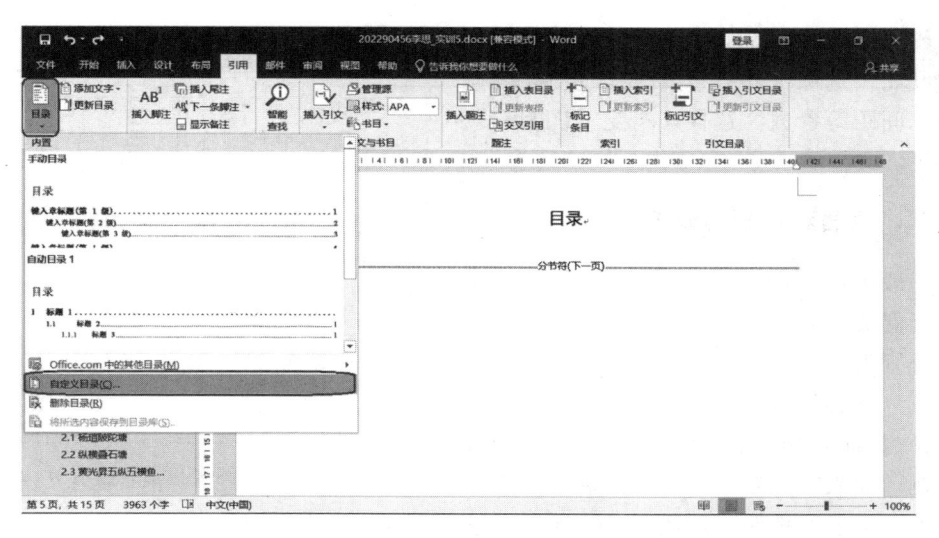

图 5-16　选择"自定义目录"选项

式，并删掉其前面的编号。

将光标置于"图目录"下一行，单击"引用"选项卡中"题注"组块的"插入表目录"按钮，如图 5-18 所示。

打开"图表目录"对话框的"图表目录"选项卡。在"Web 预览"区，勾选"使用超链接而不使用页码"复选框，这样我们可以在目录页直接到达要去的正文页。在"常规"区，"格式"选"来自模板"，"题注标签"选"图"，表示产生和图的题注有关的目录，其他选项默认，如图 5-19 所示。

图 5-17　"目录"对话框

图 5-18　插入表目录

图目录生成以后，选中所有图目录项，在"开始"选项卡中按实训要求设置字体、字号、间距等参数。这样，自定义图目录就完成了。

八、页眉和页脚的设置

一般来说，论文首页不设页眉和页码，正文奇偶页页眉不同。另外，摘要、目录和正文分别编页码。

（1）设置页眉。

1）封面页眉的设置。将光标置于封面页，在"插入"选项卡中"页眉和页脚"组块单击"页眉"按钮，如图5-20所示。选第1项"空白"，插入空白页眉。

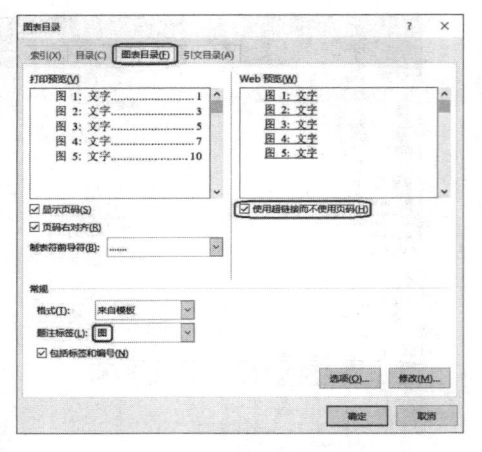

图5-19 "图表目录"选项卡

图5-20 插入页眉

光标出现在页眉编辑区，根据实训要求，在"页眉和页脚工具"—"设计"选项卡中，勾选"选项"组块的"奇偶页不同"和"显示文档文字"2个复选框，删除封面页页眉的内容，如图5-21所示。若需要删除封面页页眉中的横线，可双击图5-21所示页面中的段落标记"↵"，选择"开始"选项卡中"段落"组块的"边框"下的"无框线"选项，即可删除该页眉中的横线。

2）摘要页眉的设置。由于上节不设页眉和页脚，因此单击"设计"选项卡中"导航"组块的"链接到前一条页眉"按钮，断开与上一节的链接（即完成节和节之间的脱节处理）。在页眉输入区输入文字"摘要"，设置格式为楷体，小四号，1.5倍行距，居中，如图5-22所示。

3）目录页眉的设置。将光标置于目录页眉，我们看到，目录页眉上已经被自动填上"摘要"两个字，如图5-23所示。

这是因为插入分节符时，Word默认两节页眉/页脚是相同的。单击"导航"组块"链接到前一条页眉"按钮，断开与上一节的链接（即取消链接），这时页面右侧"与上一节相同"提示消失。在页眉上输入"目录"两个字，如图5-24所示。

4）图目录页眉的设置。将光标置于图目录页的页眉，我们看到，这个页眉是空

图 5-21 封面页页眉设置

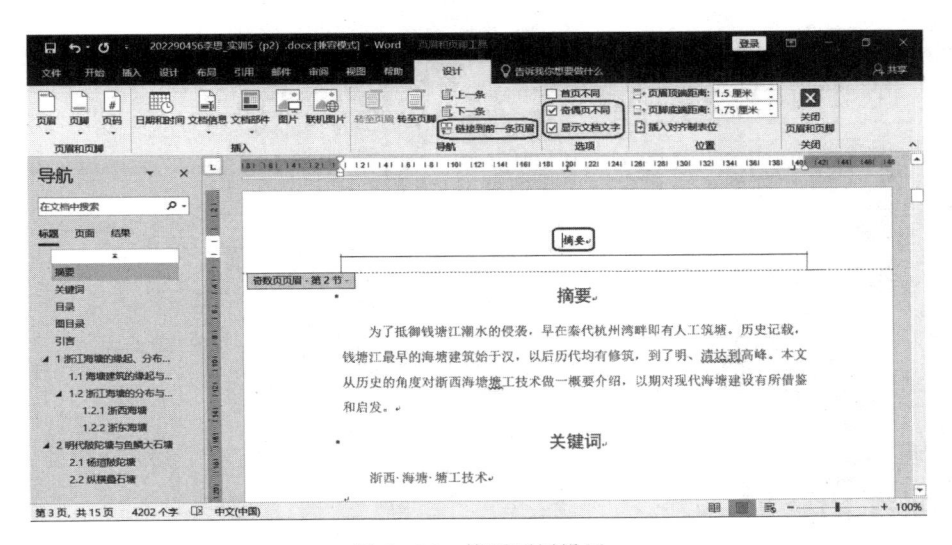

图 5-22 摘要页眉设置

白的，如图 5-25 所示。

前面我们在插入分节符时，封面页后插入的是"分节符"的"奇数页"，摘要页插入的也是"分节符"的"奇数页"，目录页后面插入的是"分节符"的"下一页"，由于设置了"奇偶页不同"，因此图目录是偶数页，这是首次进行偶数页页眉设置。单击"导航"组块的"链接到前一条页眉"按钮，断开与上一节的链接，在页眉上输入"图目录"3个字，设置字体、字号、行距等格式，这里不再赘述。

5）正文奇数页页眉的设置。实训要求正文奇数页页眉显示论文标题，而把光标置于正文首页页眉时，页眉上已经被自动填上"目录"两个字，如图 5-26所示。

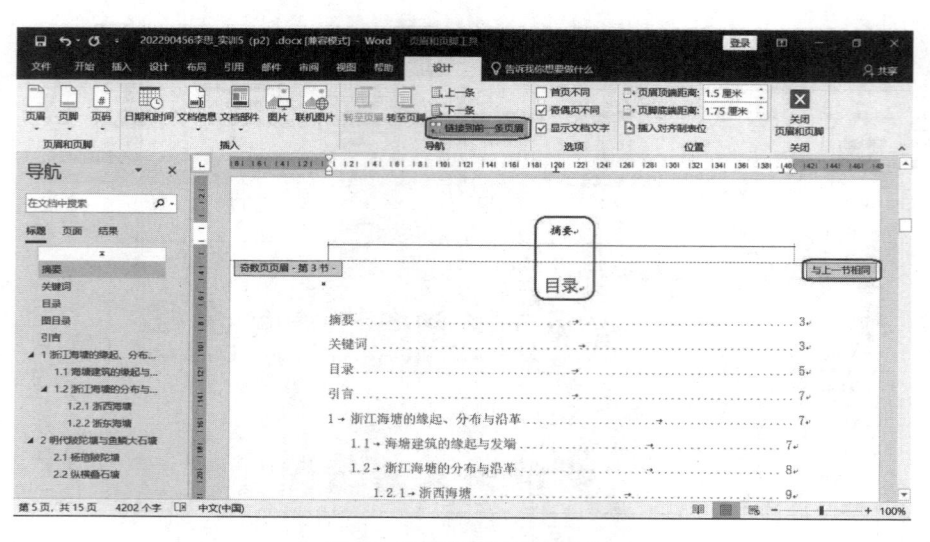

图 5-23　目录页眉设置 1

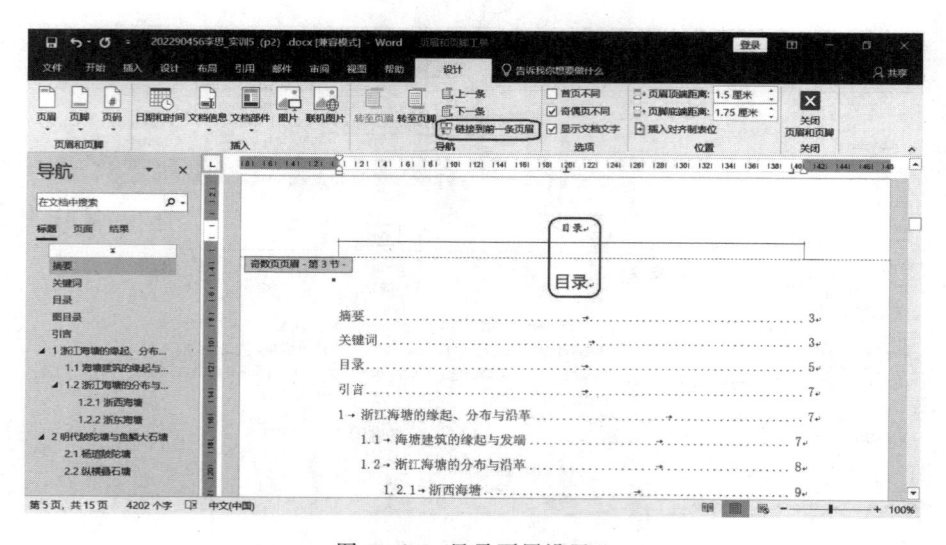

图 5-24　目录页眉设置 2

原因前面讲过，不再重复。单击"导航"组块中的"链接到前一条页眉"按钮，断开与上一节的链接，在页眉上输入论文标题"明清浙西海塘塘工概要"，按照本实训要求设置字体、字号、段落行距，完成效果如图 5-27 所示。

6) 正文偶数页页眉的设置。将光标置于正文第 2 页页眉，页眉上已经被自动填上"图目录"。单击"导航"组块的"链接到前一条页眉"按钮，断开与上一节的链接，并删除"图目录"这 3 个字。实训要求正文偶数页页眉要显示当前页章标题（即标题1），这要用"域"来实现。在"插入"选项卡中的"文本"组块单击"文档部件"按钮，在下拉菜单中选择"域"选项，如图 5-28 所示。

在打开的"域"对话框中，在"类别"列表中选择"链接和引用"，在"域名"列表中选择"StyleRef"，在"样式名"列表中选择"标题1"，如图 5-29 所示。

图 5-25　图目录页眉设置

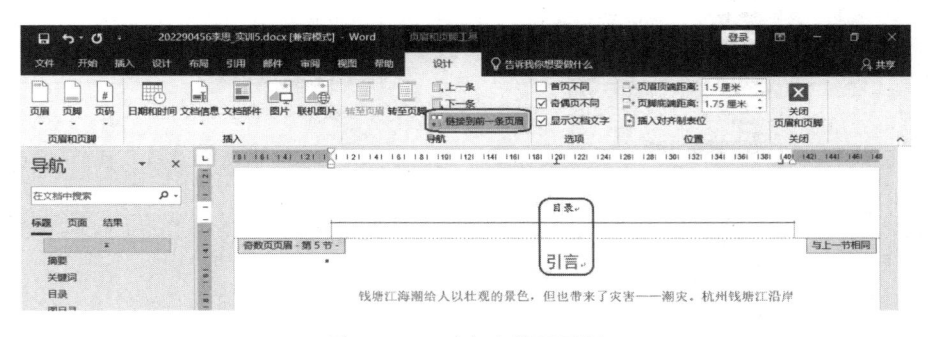

图 5-26　正文奇数页页眉

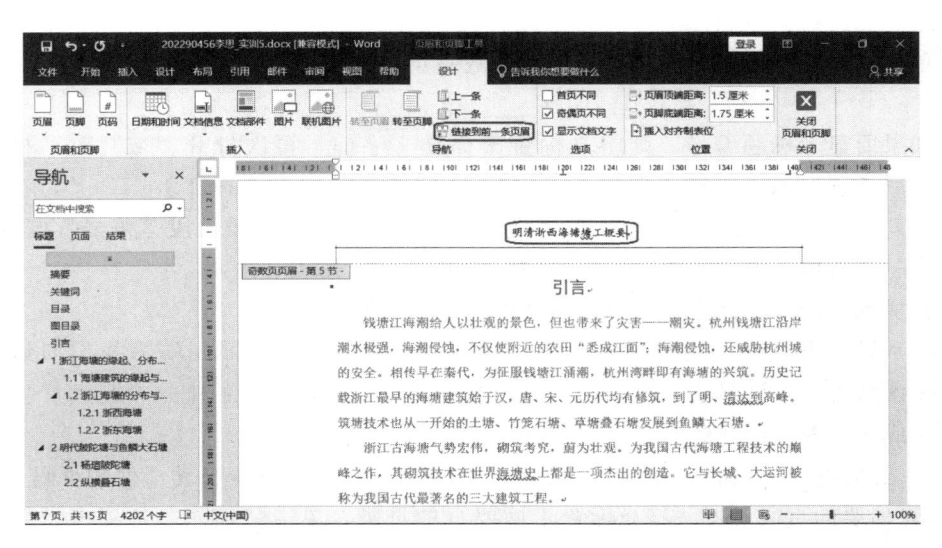

图 5-27　正文奇数页页眉设置完成效果

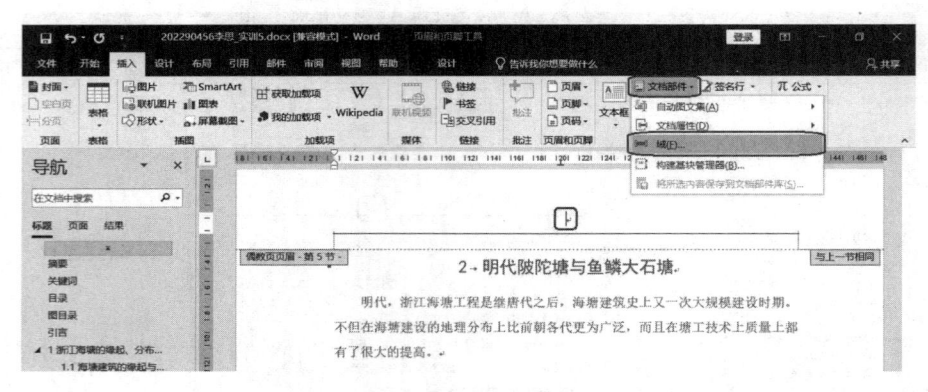

图 5-28 插入文档部件"域"

图 5-29 "域"参数设置

单击"确定"按钮后，会看到所有偶数页页眉都添加了没有编号的对应章的标题文字。

如果要显示标题编号，则将光标置于标题文字前，再次打开"域"对话框，同样，在"类别"列表选择"链接和引用"，在"域名"列表选择"StyleRef"，在"样式名"列表选择"标题 1"。同时在"域选项"区域，勾选"插入段落编号"复选框，如图 5-30 所示，单击"确定"按钮完成设置。

这样就实现了在偶数页页眉显示章的编号和标题。

(2) 设置页码。当我们插入目录的时候，系统自动在页面底端为我们创建了页码，默认从第 1 页到最后一页，以阿拉伯数字排序。下面，我们把这个自动产生的页码修改成实训要求的样式。

1) 封面的页码设置。双击封面页的页码，选中后删除系统自动产生的页码。

2) 摘要的页码设置。将光标置于摘要页的页脚，单击"插入"选项卡"页眉和页脚"组块中的"页码"下拉按钮，选择"页面底端"→"普通数字 2"，如图 5-31 所示，插入奇数页页码。

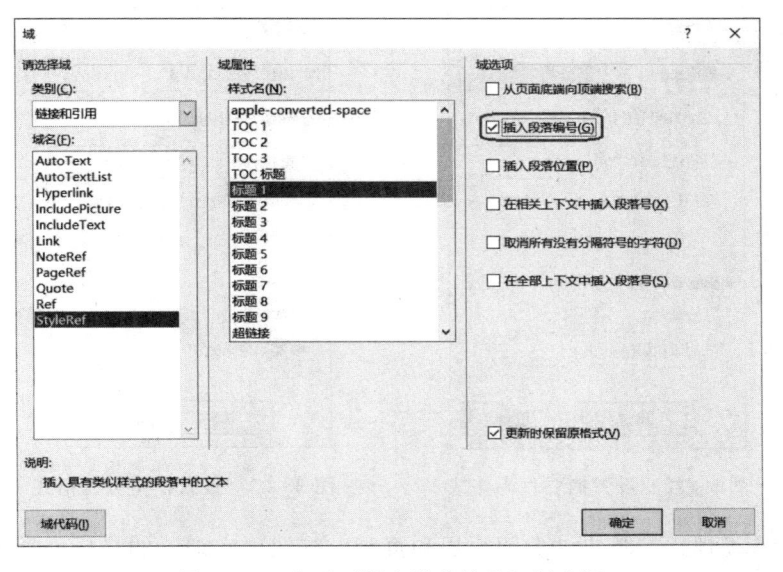

图 5-30　勾选"插入段落编号"复选框

图 5-31　插入奇数页页码

与页眉类似，由于首页没有页码，因此，单击"设计"选项卡"导航"组块中的"链接到前一条页眉"按钮，断开与上一节的链接。然后设置页码字体为 Times New Roman，五号，1.5 倍行距；设置编号格式及起始页码，采用小写罗马数字的方式，从本节开始编号，起始页码是"i"，如图 5-32 所示。

3）目录页码设置。目录页码设置与摘要页码设置类似，但有一点不同。由于实训要求正文前页码统一采用小写罗马数字编号，因此页码编号应该选"续前节"。

4）图目录页码设置。图目录是偶数页，因此应该首先插入偶数页的页码，选择"页面底端"→"普通数字 2"，然后再设置页码格式。设置方法与前面类似，不再赘述。

5）正文页码设置。设置正文页码字体为 Times New Roman，五号，1.5 倍行距，并设置编号格式为阿拉伯数字，从"1"开始编号，如图 5-33 所示。

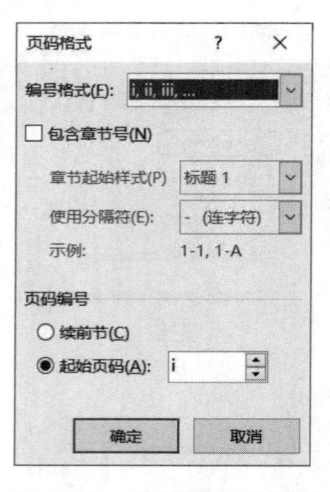

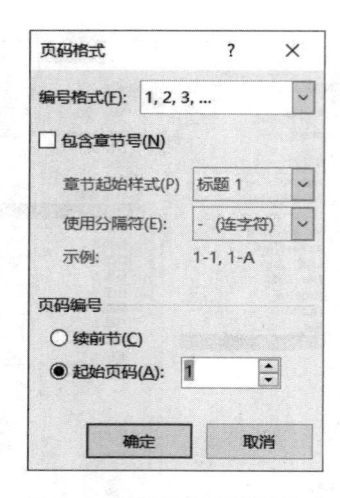

图 5-32　设置摘要页码格式　　　　图 5-33　设置正文页码格式

（3）检查无误后，单击"关闭页眉和页脚"按钮。实训 5 的最后一项工作就是更新目录，如图 5-34 所示。

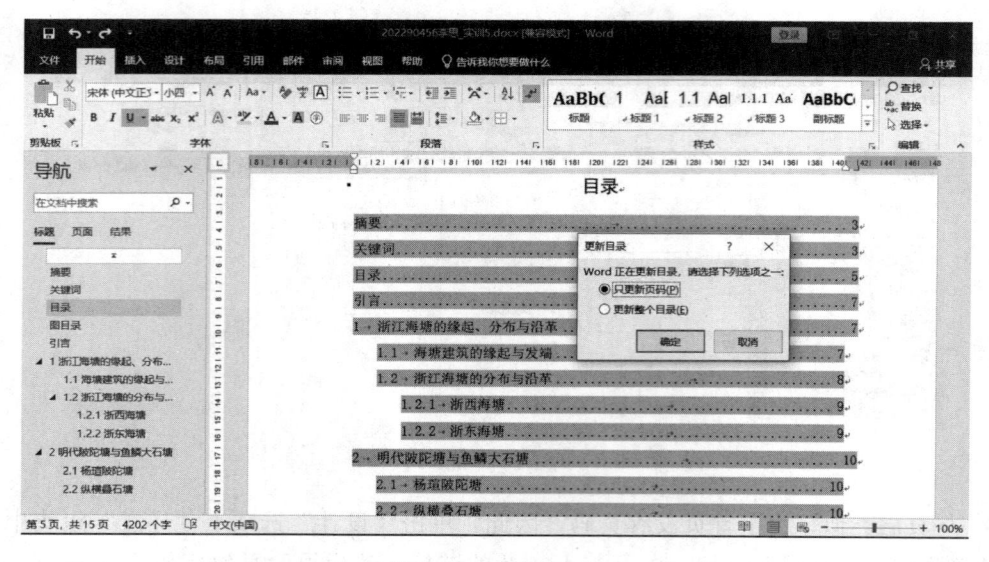

图 5-34　更新目录

至此，实训 5 就完成了。

思政元素融入

在论文的布局与格式设置中，可以借鉴中国传统美学的原则，简洁而不失雅致，严谨中蕴含灵动。通过合理的段落划分、恰当的标题设置以及统一的格式规范，不仅能够使论文结构清晰、易于阅读，更加能够体现出作者学术研究的严谨态度和对传统文化的尊重。

思考与练习

长文档排版巩固操作练习。下载附件"学号姓名-鸟巢-素材.docx"和"学号姓名-道教-素材.docx",先把文件更名为自己的学号和姓名,再分别对其进行长文档高级排版操作,要求如下。

1. 对正文进行排版。

(1) 章名使用"标题1"样式,并居中。

1) 章号(例:第一章)的自动编号格式为:多级列表,第X章(例:第1章),其中编号为自动排序。

2) 注意:X为阿拉伯数字序号。

(2) 小节名使用"标题2"样式,左对齐。

1) 自动编号格式为:多级列表,X.Y。X为章数字序号,Y为节数字序号(如1.1)。

2) 注意:X、Y均为阿拉伯数字序号。

(3) 新建样式,样式名为"样式学号"。具体要求如下。

1) 字体设置。中文字体为楷体,西文字体为Times New Roman,字号为小四。

2) 段落设置。首行缩进2字符,段前0.5行,段后0.5行,行距1.5倍,其余格式为默认设置。

(4) 对出现"1.""2.""……处,进行自动编号,编号格式不变。

(5) 将(3)中的样式应用到正文中无编号的文字。

1) 不包括章名、小节名、表文字、表和图片的题注。

2) 不包括(4)中设置自动编号的文字。

(6) 对正文中的图片添加题注"图",位于图片下方,居中。要求如下。

1) 编号为"章序号-图片在章中的序号",例如第1章中第2幅图片,题注编号为1-2。

2) 图片的说明使用图片下一行的文字,格式同编号。

3) 图片居中。

注意:图/表的题注包括3个部分:标签、编号、文字说明。

(7) 对正文中出现的"如下图所示"中的"下图"两字,使用交叉引用,改为"图X-Y",其中"X-Y"为图片题注的编号。

(8) 对正文中的表格添加题注"表",位于表上方,居中。

1) 编号为"章序号-表格在章中的序号",例如第1章中第3张表,题注编号为1-3。

2) 表格的说明使用表格上一行的文字,格式同编号。

3) 表格居中,表格内文字不要求居中。

(9) 对正文中出现的"如下表所示"的"表"字,使用交叉引用,改为"表X-Y",其中"X-Y"是表格题注的编号。

(10) 对正文中首次出现"道教或鸟巢"的地方插入脚注,添加文字"学号姓名班级"。

2. 在正文前按序插入节，分节符类型设置为"下一页"，使用 Word 提供的功能，自动生成如下内容。

（1）第 1 节：目录。其中，"目录"使用"标题 1"样式并居中，"目录"下为目录项。

（2）第 2 节：图索引。其中，"图索引"使用"标题 1"样式并居中，"图索引"下为图索引项。

（3）第 3 节：表索引。其中，"表索引"使用"标题 1"样式并居中，"表索引"下为表索引项。

3. 使用合适的分节符，对全文进行分节。添加页脚，使用域插入页码，居中显示。要求如下。

（1）正文前的节，页码采用"i，ii，iii..."格式，页码连续。

（2）正文中的节，页码采用"1，2，3..."格式，页码连续。

（3）正文中每章为单独一节，页码总是从奇数开始。

（4）更新目录、图索引和表索引。

4. 添加正文的页眉。使用域，按以下要求添加内容，居中显示。

（1）对于奇数页，页眉中的文字为"章序号"＋"章名"。

（2）对于偶数页，页眉中的文字为"节序号"＋"节名"。

注意：插入两次 StyleRef 域，两者之间无空格。

实训 6　学生成绩电子表格管理

实训目的

（1）熟练掌握 Excel 工作表的建立与操作方法。
（2）熟练应用 Excel 进行工作表的编辑与格式化。
（3）熟练掌握 Excel 公式与常用函数的使用方法。
（4）熟练掌握 Excel 图表创建及其编辑使用方法。

实训课时

建议课内 3 课时，课外 4 课时。

实训要求

1. 准备工作

在计算机最后一个磁盘［不同机房有所不同，可能是磁盘（D:）或者磁盘（E:）］根目录下，新建一个以学号和姓名命名的文件夹，如"D:\90123 张三_实训 6"。下载"实训 6"素材到此文件夹中，并将"实训 6-素材.xlsx"文档重命名为"学号姓名_学生信息表.xlsx"，如"90123 张三_学生信息表.xlsx"。

2. Excel 中工作表的基本操作

（1）工作表内容的基本操作。

将原始数据表中的内容复制到 Sheet1 中，在 Sheet1 中完成以下操作：在姓名前插入 1 列，列标题为"学号"，输入学号（从"王旭辉"到"夏立君"分别为"001"～"031"）。

（2）公式、函数的编辑。

1) 在"物理"后面依次增加"总分""平均分""总分名次"3个字段。计算每个同学的总分、平均分和名次（排名要求为：按照总分进行排名），其中平均分保留1位小数（应了解RANK.EQ函数和RANK.AVG函数的区别）。

2) 在最后一条记录后增加3行，即在C33、C34、C35单元格中分别输入"单科平均""最高分"和"最低分"，用AVERAGE函数、MAX函数和MIN函数求出各科的平均分（保留1位小数）、最高分和最低分（保留小数位的方法有两种）。

（3）工作表的数据操作及单元格的格式化。

将Sheet1的内容除"单科平均""最高分"和"最低分"所在的3行外，全部复制到Sheet2中，在Sheet2中完成以下操作。

1) 合并A34：C34单元格，输入"单科成绩大于85"，使用COUNTIF函数统计出单科成绩大于85的学生人数。（请讲解：分别利用COUNTIF函数和COUNTIFS函数统计"单科成绩"在[85，90]范围内的学生人数。）

2) 在"总分名次"后增加1列"奖学金"，根据给定条件使用IF函数计算每个学生的奖学金。如果总分大于或等于420分，奖学金为500元；如果总分大于或等于400分，奖学金为300元；其他学生没有奖学金。

3) 在"奖学金"后增加1列"等级"，使用IF函数根据给定条件判断等级。计算机、英语、高数3门课程的平均分大于或等于85分，或总分大于400分的同学为"优秀"，其他同学不评定等级。

4) 设置单元格的条件格式，将各科成绩中90分及以上的字体设置为红色、加粗倾斜，将成绩中不及格的字体加粗，并加上绿色背景。

5) 对该班学生的计算机成绩进行降序排列，不包含"单科成绩大于85"所在的行。

6) 对该表格套用表格格式，设置为"浅橙色，表样式浅色21"。

（4）工作表的格式化。

在Sheet3中完成以下操作。

1) 将Sheet1的内容除"单科平均""最高分"和"最低分"3行外，全部复制到Sheet3中，删除学号"003"～"009"以及"012""019""025""026""030"对应的记录。在表格顶部插入1行，在"学号"列前插入1列，并在A1单元格输入标题"期末考试成绩表"。设置表格标题行行高为40，字体为华文隶书，字号为28磅，颜色为绿色。

2) 将表格标题合并后居中。提示：使用"合并后居中"按钮。

3) 将字段标题行行高设置为20，设置文字格式为黑体、12磅、水平和垂直居中，应用单元格样式"浅绿，60%-着色3"；其余行高设为15；表格列宽设为"自动调整列宽"；表格中其他内容也设为水平和垂直居中。

4) 输入标题"计信-1班期末成绩表"，设置字体为黑体，字号为18磅，颜色为蓝色，标题所在的单元格使用蓝色渐变填充。

5) 为表格添加绿色边框（效果见归档报表效果图）。

3．插入图表

新建工作表Sheet4，在Sheet4中完成以下操作。

（1）在 Sheet3 后新建工作表 Sheet4，将 Sheet1 中的标题行"性别""经济学""计算机""英语""高数""物理"和"单科平均""最高分""最低分"3 行复制到 Sheet4 中。

（2）对该班学生 5 门课程成绩的"单科平均""最高分""最低分"建立一个"三维簇状柱形图"，并将该图放在 B8：H22 单元格内。

（3）增加图表标题"成绩分类统计"。

（4）设置绘图区的填充效果为"羊皮纸"，设置图表的形状样式为"细微效果-绿色，强调颜色 6"。

（5）将"成绩分类统计"图表复制到 Sheet4 的 K8：Q22 区域，将其转换为"二维簇状柱形图"，并添加"单科平均"的"对数"趋势线和"最低分"的"多项式"趋势线。

4. 工作表重命名

将 Sheet1、Sheet2、Sheet3、Sheet4 分别重命名为"学生成绩表""综合评定表""归档报表""分类统计表"。

实 训 内 容 及 步 骤

一、准备工作

打开新建的"D：\90123 张三 _ 实训 6"文件夹后，双击打开实训 6 电子表格文件。

二、Excel 中工作表的基本操作

1. 工作表内容的基本操作

将原始数据表中的内容复制到 Sheet1 中，在 Sheet1 中完成以下操作：在姓名前插入 1 列，列标题为"学号"，输入学号（从"王旭辉"到"夏立君"分别为"001"～"031"）。

将光标定位到原始数据表中的任一单元格，按下"Ctrl＋A"组合键，全选原始数据表中的内容，按下"Ctrl＋C"组合键复制内容，单击"工作表标签"中的"Sheet1"按钮，将光标定位在 Sheet1 中的第 1 个单元格，按下"Ctrl＋V"组合键，将原始数据表中的内容粘贴到 Sheet1 中。

选中"姓名"所在的列，右击鼠标，弹出的快捷菜单如图 6-1 所示，选择"插入"选项，在 A1 单元格中输入"学号"，并在 A2 单元格中输入"9001"，其中"9"为英文输入状态下的撇号，如图 6-2 所示，最后向下拖曳填充柄至 A32 单元格，快速填充学号（001～031），如图 6-3 所示。

2. 公式、函数的编辑

（1）在"物理"后面依次增加"总分""平均分""总分名次"3 个字段。计算每个同学的总分、平均分和名次（排名要求为：按照总分进行排名），其中平均分保留 1 位小数（应了解 RANK.EQ 函数和 RANK.AVG 函数的区别）。

图 6-1　右击弹出快捷菜单

图 6-2　输入学号

将光标定位在 I2 单元格，在"公式"选项卡中，单击"自动求和"下拉按钮，选择"求和"选项，如图 6-4 所示，再按回车键，求出总分，然后向下拖曳填充柄快速填充，求出每个学生的总分。

用相同的操作步骤计算平均分。选中 J1:J32 区域，在"开始"选项卡中，单击"数字"组块中的"增加小数位数"按钮，如图 6-5 所示，完成平均分保留 1 位小数的设置。

将光标定位在 K2 单元格，在"公式"选项卡中，单击"插入函数"按钮，打开"插入函数"对话框，将"或选择类别"设置为"全部"，在"选择函数"列表中选中"RANK.EQ"，如图 6-6 所示，单击"确定"按钮，打开"函数参数"对话框，具体参数设置如图 6-7 所示，单击"确定"按钮，向下拖曳填充柄快速填充，得出每个学生的总分名次。

图 6-3　使用填充柄填充学号

思考

（1）为什么选用 RANK.EQ 函数计算名次？

（2）RANK.EQ 和 RANK.AVG 两个函数的区别，函数参数 Ref 绝对地址的使用以及 Order 参数省略或参数为 0 的含义。

图 6-4　自动求和

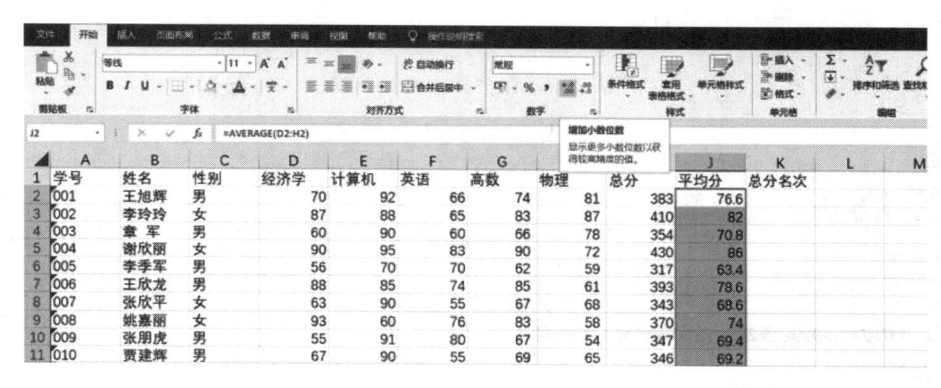

图 6-5　设置保留 1 位小数

图 6-6　选择 RANK.EQ 函数　　　　　图 6-7　具体参数设置

（2）在最后一条记录后增加 3 行，即在 C33、C34、C35 单元格中分别输入"单科平均""最高分"和"最低分"，用 AVERAGE 函数、MAX 函数和 MIN 函数求出各科的平均分（保留 1 位小数）、最高分和最低分（保留小数位的方法有两种）。

将光标定位在 D33 单元格，在"公式"选项卡中，单击"插入函数" fx 按钮，如图 6-8 所示，打开"插入函数"对话框，在"选择函数"列表中选中"AVER-

AGE",如图6-9所示,单击"确定"按钮,打开"函数参数"对话框,确定术值区域,如图6-10所示,单击"确定"按钮,完成D33单元格的求值。

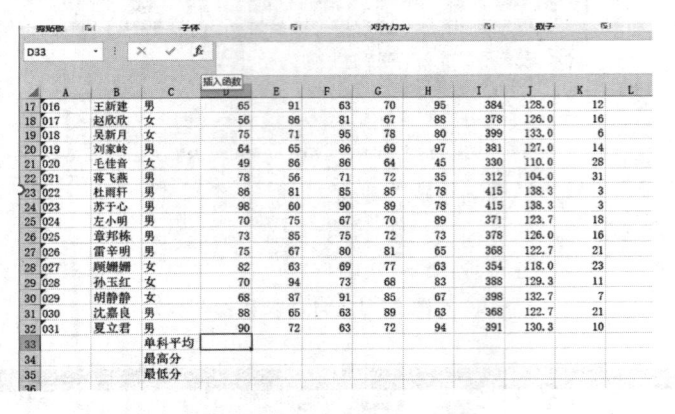

图6-8 单击"插入函数"按钮

图6-9 选择AVERAGE函数　　　　图6-10 确定求值区域

然后,水平拖曳填充柄快速填充,求出其他4科的平均分,如图6-11所示。单科平均分也可以直接用"公式"选项卡中的"平均值"来计算。

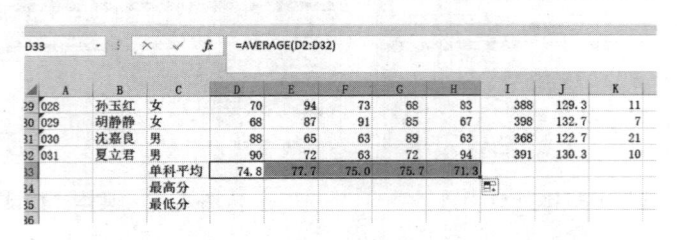

图6-11 使用填充柄填充

将光标定位到D34单元格,在"公式"选项卡中,单击"自动求和"下拉按钮,在展开的菜单中,选择"最大值"选项,按回车键确定。水平拖曳填充柄快速填充,求出其他4科的最高分。

将光标定位到D35单元格,在"公式"选项卡中,单击"自动求和"下拉按钮,在展开的菜单中,选择"最小值"选项,按回车键确定。水平拖曳填充柄快速填充,求出其他4科的最低分。

3. 工作表的数据操作及单元格的格式化

将Sheet1的内容除"单科平均""最高分"和"最低分"所在的3行外,全部复制到Sheet2中,在Sheet2中完成以下操作。

(1)合并A34:C34单元格,输入"单科成绩大于85",使用COUNTIF函数统计出单科成绩大于85的学生人数。(请讲解:分别利用COUNTIF函数和COUNTIFS函数统计"单科成绩"在[85,90]范围内的学生人数。)

选中A34:C34单元格,在"开始"选项卡中,单击"对齐方式"组块的"合并后居中"按钮,如图6-12所示,然后输入"单科成绩大于85"。

图6-12 单元格的合并居中

将光标定位在D34单元格,在编辑区输入"=COUNTIF()"。该函数有2个参数,第1个参数range表示统计范围,这里输入"D2:D32";第2个参数criteria为条件,这里输入"">85""(单元格地址的大小写无区别,2个参数间用英文状态下的逗号分隔,条件带有定界符,即英文状态下的双引号),如图6-13所示,按回车键确定,完成D34单元格的求值。水平拖曳填充柄快速填充,得出其他4科单科成绩大于85的学生人数。

图6-13 COUNTIF函数的编辑

(2)在"总分名次"后增加1列"奖学金",根据给定条件使用IF函数计算每个学生的奖学金。如果总分大于或等于420分,奖学金为500元;如果总分大于或等于400分,奖学金为300元;其他学生没有奖学金。

IF(logical_if_test,value_if_true,value_if_false)函数有3个参数,其含义分别为逻辑判断、逻辑判断为真时的value值以及逻辑判断为假时的value值,1个

IF 函数可以给定 2 个 value 值。而本实训小题的条件是根据总分判断，需要给定 3 个不同的奖学金值，这里使用 IF 函数嵌套就可以完成，即采用两个 IF 函数。

将光标定位在 L1 单元格，输入"奖学金"，即在"总分名次"后增加 1 列，再将光标定位在 L2 单元格，在编辑栏中输入"＝IF（I2＞＝420,500,IF（I2＞＝400,300,""））"，如图 6-14 所示，按回车键确定。再向下拖曳填充柄快速填充，得出其中 2 名同学获得 500 元，3 名同学获得 300 元，其余的同学没有奖学金。

图 6-14　IF 函数奖学金的编辑

> **思考**
>
> 梳理从"总分"低于 400 到大于或等于 400 且低于 420，再到大于或等于 420 的逻辑顺序，重新计算"奖学金"列。

（3）在"奖学金"后增加 1 列"等级"，使用 IF 函数根据给定条件判断等级。计算机、英语、高数 3 门课程的平均分大于或等于 85 分，或总分大于 400 分的同学为"优秀"，其他同学不评定等级。

将光标定位在 M1 单元格，输入"等级"，即在"奖学金"后增加 1 列，再将光标定位在 M2 单元格，在编辑栏中输入"＝if（or（average（e2:g2）＞＝85,i2＞400），"优秀",""）"，如图 6-15 所示。按回车键确定，再向下拖曳填充柄快速填充其他单元格。

图 6-15　IF 函数等级评定的编辑

> **思考**
>
> 在 IF 函数中，计算 3 门科目的平均值采用的是 AVERAGE 函数，是否可以考虑使用公式法计算平均值？即输入"if（or（e2＋f2＋g2＞＝85,i2＞400），"优秀",""）"是否正确？

（4）设置单元格的条件格式，将各科成绩中 90 分及以上的字体设置为红色、加粗倾斜，将成绩中不及格的字体加粗，并加上绿色背景。

选中各科成绩的数据区域（D2：H32），在"开始"选项卡中，单击"样式"组块中的"条件格式"下拉按钮，选择"突出显示单元格规则"中的"其他规则…"选项，如图 6-16 所示，打开"新建格式规则"对话框，选择"编辑规则说明"中的"大于或等于"，在编辑框中输入"90"，单击"格式"按钮，如图 6-17 所示。

图 6-16 条件格式设置

在弹出的"设置单元格格式"对话框中，打开"字体"选项卡，将"颜色"设置为"红色"，"字形"设置为"加粗倾斜"，如图 6-18 所示，单击"确定"按钮，返回"新建格式规则"对话框，再次单击"确定"按钮，完成设置。

图 6-17 新建格式规则

图 6-18 设置单元格格式

选中各科成绩的数据区域（D2：H32），在"开始"选项卡中，单击"样式"组块中的"条件格式"下拉按钮，选择"突出显示单元格规则"中的"小于…"选项，打开"小于"对话框，输入"60"，在"设置为"下拉菜单中选择"自定义格式"选项，打开"设置单元格格式"对话框，在"字体"选项卡中，将"字形"设置为"加粗"，再打开"填充"选项卡，设置"背景色"为"绿色"，如图 6-19 所示。

单击"确定"按钮，完成设置。

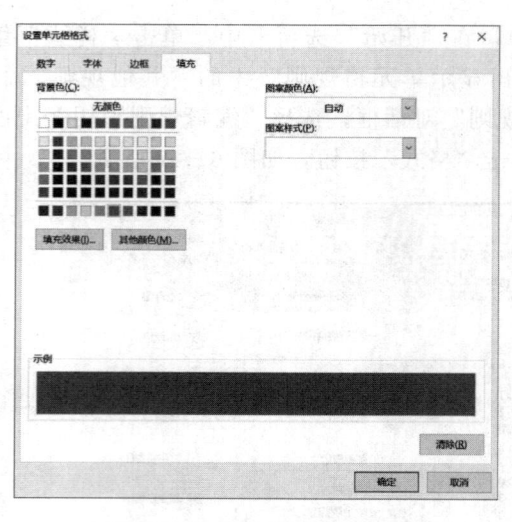

图 6-19　设置单元格背景色

（5）对该班学生的计算机成绩进行降序排列，不包含"单科成绩大于 85"所在的行。

选中除"单科成绩大于 85"行以外的所有数据，在"开始"选项卡中，单击"编辑"组块中的"排序和筛选"下拉按钮，选择"自定义排序"选项，如图 6-20 所示。

在弹出的"排序"对话框中，选择"主要关键字"为"计算机"，"次序"为"降序"，如图 6-21 所示。

单击"确定"按钮，完成排序。

（6）对该表格套用表格格式，设置为"浅橙色，表样式浅色 21"。

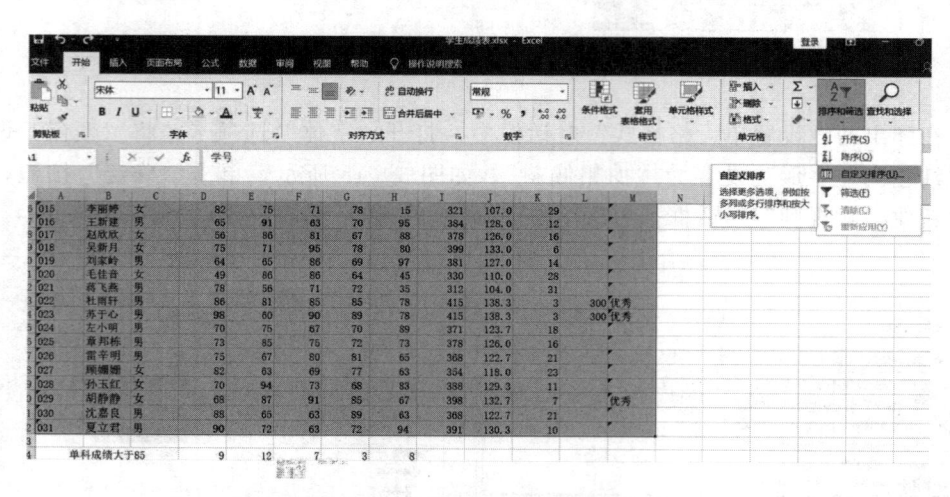

图 6-20　选择"自定义排序"选项

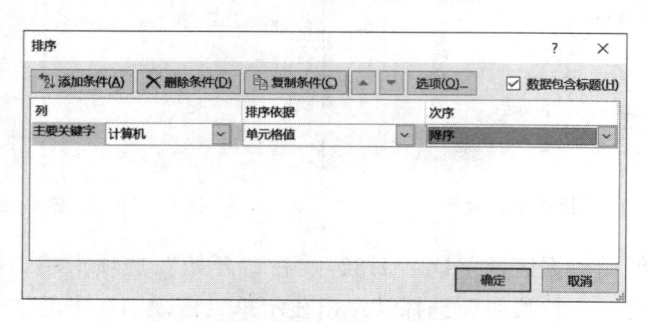

图 6-21　排序设置

选中包含"单科成绩大于 85"所在行的所有数据单元格，单击"开始"选项卡"样式"组块中的"套用表格格式"下拉按钮，选择"浅橙色，表样式浅色 21"选项，如图 6-22 所示。

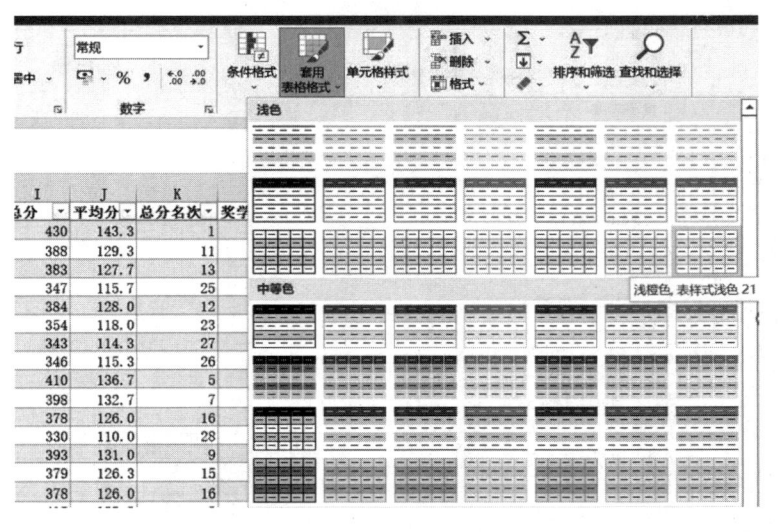

图 6-22 套用表格格式设置

单击"确定"按钮，完成设置。

4. 工作表的格式化

在 Sheet3 中完成以下操作。

（1）将 Sheet1 的内容除"单科平均""最高分"和"最低分"3 行外，全部复制到 Sheet3 中，删除学号"003"～"009"以及"012""019""025""026""030"对应的记录。在表格顶部插入 1 行，在"学号"列前插入 1 列，并在 A1 单元格输入标题"期末考试成绩表"。设置表格标题行行高为 40，字体为华文隶书，字号为 28 磅，颜色为绿色。

首先，拖曳鼠标选中"003"～"009"所在的行，然后，按住 Ctrl 键，分别选中"012""019""025""026""030"所对应的行，最后，右击鼠标，在弹出的快捷菜单中选择"删除"选项，完成删除操作。

选中"001"所在的行后，右击鼠标，在弹出的快捷菜单中，选择"在上方插入行"选项，在表格顶部插入 1 行；选中"学号"所在的列后，右击鼠标，在弹出的快捷菜单中，选择"在左侧插入列"选项，在"学号"列前插入 1 列。

将光标定位在 A1 单元格，输入标题文字"期末考试成绩表"。选中标题所在行的 A1：L1 单元格，在"开始"选项卡中，单击"单元格"组块中的"格式"下拉按钮，选择"行高..."选项，如图 6-23 所示。在弹出的"行高"对话框中，将"行高"设置为"40"，如图 6-24 所示，单击"确定"按钮完成设置。也可以选中第 1 行，右击鼠标，在弹出的快捷菜单中选择"行高"选项进行设置。

在"开始"选项卡的"字体"组块中，设置字体为"华文隶书"，字号为 28 磅，颜色为绿色，如图 6-25 和图 6-26 所示。

（2）将表格标题合并居中。

选中标题所在行的 A1：L1 单元格，在"开始"选项卡中，单击"合并后居中"按钮，完成设置。

图 6-23　选择"行高…"选项　　　图 6-24　设置行高

图 6-25　设置整体、字号　　　图 6-26　设置颜色

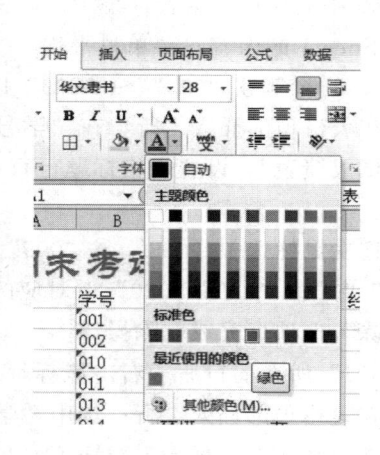

（3）将字段标题行行高设置为 20，设置文字格式为黑体、12 磅、水平和垂直居中，应用单元格样式"浅绿，60%-着色 3"；其余行高设为 15；表格列宽设为"自动调整列宽"；表格中其他内容也设为水平和垂直居中。

选中字段标题所在的 B2：L2 单元格，在"开始"选项卡中，单击"单元格"组块中的"格式"下拉按钮，选择"行高"选项，在弹出的"行高"对话框中，将行高设置为 20，单击"确定"按钮。在"字体"组块中，设置字体格式为黑体、12 磅，并在"对齐方式"组块中，单击"水平"和"垂直居中"按钮，如图 6-27 所示。

单击"样式"组块中的"单元格样式"下拉按钮，选择"浅绿，60%-着色 3"选项，如图 6-28 所示。

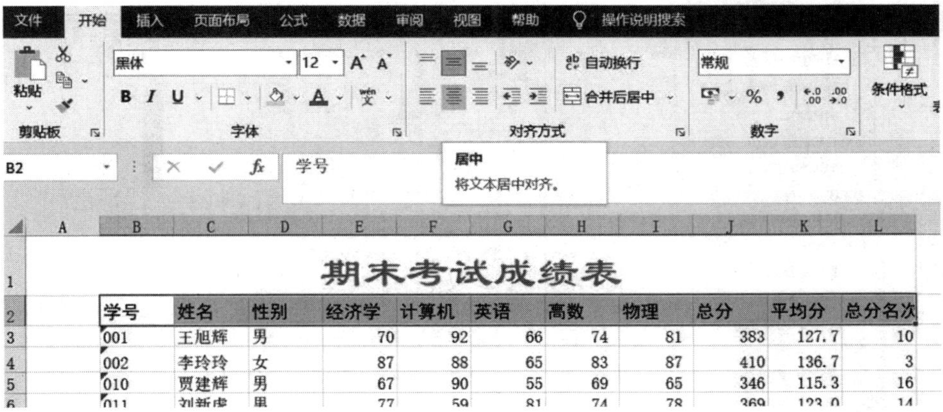

图 6-27 设置对齐方式

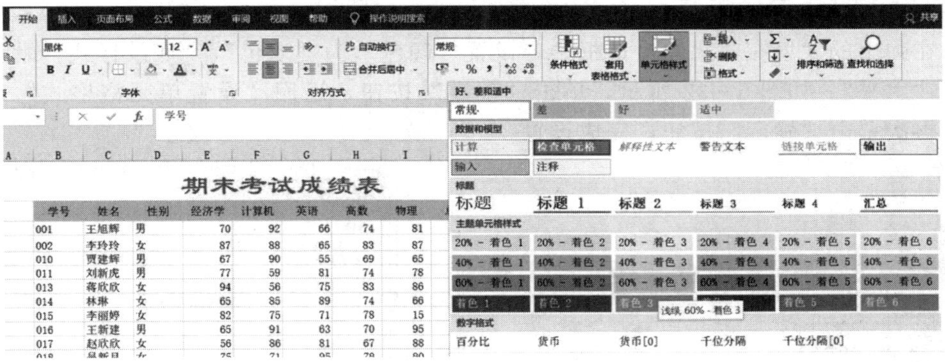

图 6-28 设置单元格样式

选中 B3：L21 单元格，在"开始"选项卡中，单击"单元格"组块中的"格式"下拉按钮，选择"行高"选项，在弹出的"行高"对话框中，将行高设置为 15。再次单击"单元格"组块中的"格式"下拉按钮，选择"自动调整列宽"选项，将列宽设为最适合的列宽，如图 6-29 所示。也可以采用双击鼠标的方式完成，即选中 B~L 列，将光标置于 B~L 列中任意 1 列的右侧，当光标变成双向箭头"＋"时，双击鼠标，B~L 列则立即调整到最合适的列宽。

（4）输入标题"计信-1 班期末成绩表"，设置字体为黑体，字号为 18 磅，颜色为蓝色，标题所在的单元格使用蓝色渐变填充。

选中 A2：A21 单元格，在"开始"选项卡中，单击"合并后居中"按钮，输入"计信-1 班期末成绩表"，单击"对齐方式"组块右下角的箭头按钮，打开"设置单元格格式"对话框，在"对齐"选项卡中，设置"水平对齐"和"垂直对齐"均为"居中"，如图 6-30 所示，单击"确定"按钮，完成设置。

在"开始"选项卡中，设置文字字体为黑体，字号为 18 磅，颜色为蓝色。右击鼠标，在打开的快捷菜单中选择"单元格格式"选项，打开"设置单元格格式"对话框，单击"填充"选项卡中的"填充效果…"按钮，如图 6-31 所示。

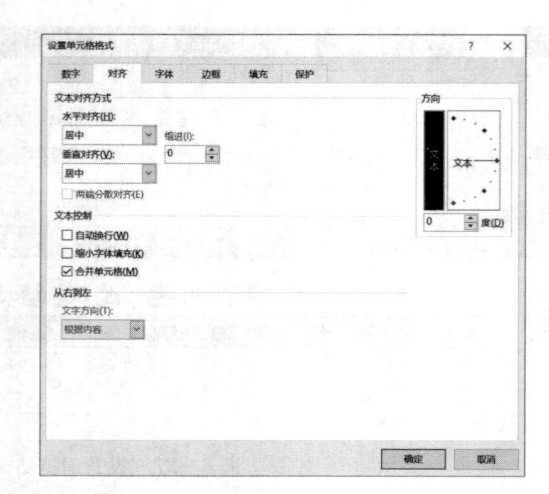

图6-29 设置自动调整列宽　　　图6-30 设置单元格文本对齐方式

在弹出的"填充效果"对话框中，设置"颜色"为"双色"，"底纹样式"默认设置为"水平"，如图6-32所示，单击"确定"按钮，返回"设置单元格格式"对话框，再次单击"确定"按钮，完成设置。

图6-31 单击"填充效果…"按钮　　　图6-32 设置单元格的填充效果

（5）为表格添加绿色边框（效果见归档报表效果图）。

选中标题行，单击"字体"组块右下角的箭头按钮，打开图6-33所示的"设置单元格格式"对话框进行设置，单击"确定"按钮，完成设置。再依次选中第1列和整个表格设置边框即可。工作表设置效果图如图6-34所示。

三、插入图表

新建工作表Sheet4，在Sheet4中完成以下操作。

（1）在Sheet3后新建工作表Sheet4，将Sheet1中的标题行"性别""经济学""计算机""英语""高数""物理"和"单科平均""最高分""最低分"3行复制到Sheet4中。

图 6-33 "设置单元格格式"对话框   图 6-34 工作表设置效果图

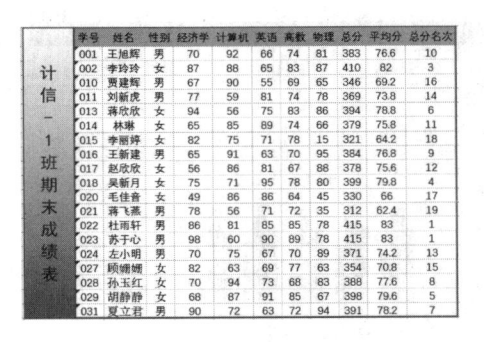

选中 C1：H1 单元格和 C33：H35 单元格，按下"Ctrl+C"组合键复制数据，将光标定位在 Sheet4 中的第一个单元格，按下"Ctrl+V"组合键，将数据粘贴到 Sheet4 中，并将 A1 单元格中的"性别"修改为"分类"。

（2）对该班学生 5 门课程成绩的"单科平均""最高分""最低分"建立一个"三维簇状柱形图"，并将该图放在 B8：H22 单元格内。

选中工作表 Sheet4 中的内容，在"插入"选项卡中，单击"图表"组块中的"柱形图"下拉按钮，选择"三维簇状柱形图"选项，如图 6-35 所示。

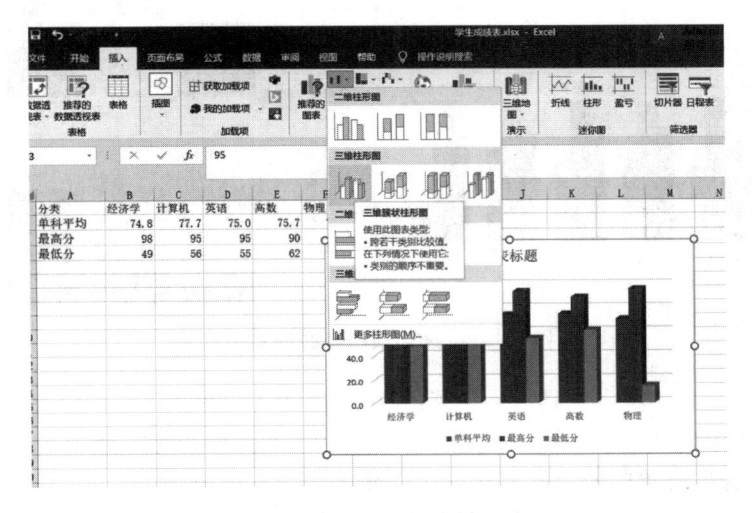

图 6-35 插入"三维簇状柱形图"

选中图表，将其拖曳到 B8：H22 单元格中。

（3）增加图表标题"成绩分类统计"。

选中图表，单击"图表标题"文本框，如图 6-36 所示。输入文字"成绩分类统计"，如图 6-37 所示。

（4）设置绘图区的填充效果为"羊皮纸"，设置图表的形状样式为"细微效果-绿色，强调颜色 6"。

选中图表中的绘图区，在"图表工具"的"格式"选项卡中，单击"形状填充"下拉按钮，选择"纹理"中的"羊皮纸"选项，如图 6-38 所示。

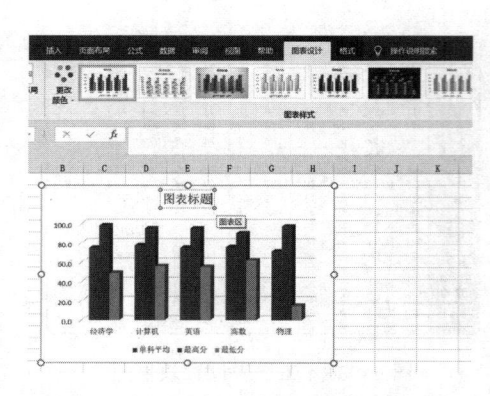

图 6-36 图表标题设置

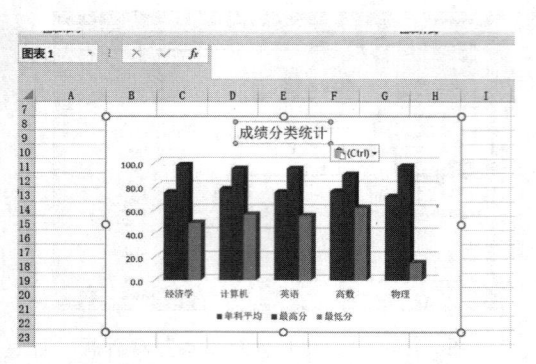

图 6-37 输入图表标题文字

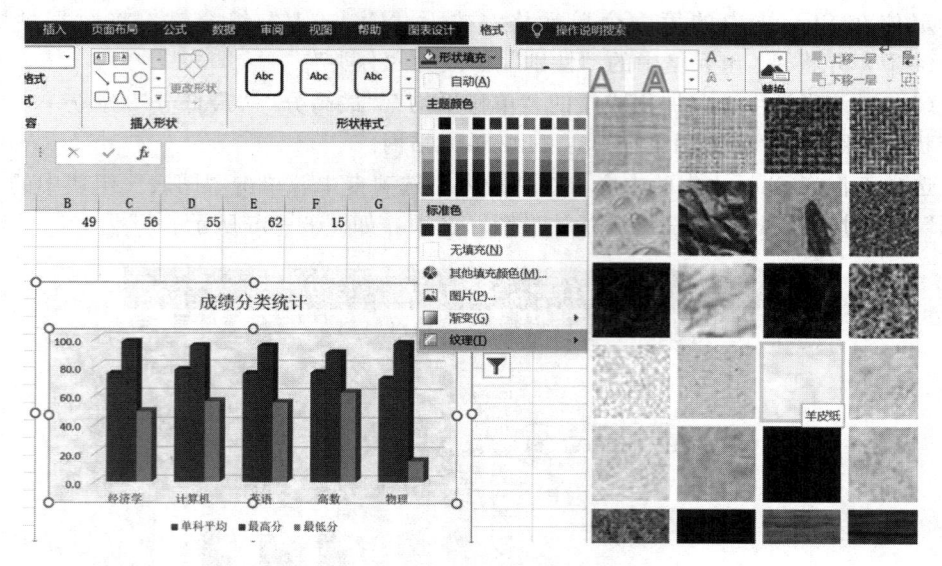

图 6-38 设置绘图区的填充样式

选中图表,在"图表工具"的"格式"选项卡中,单击"形状样式"组块中的下拉按钮,打开快捷菜单,选择"细微效果-绿色,强调颜色 6"选项,如图 6-39 所示。(注意:这里设置的颜色不要求一定一致,会设置即可。)

图表设置完成后的整体效果如图 6-40 所示。

(5) 将"成绩分类统计"图表复制到 Sheet4 的 K8:Q22 区域,将其转换为"二维簇状柱形图",并添加"单科平均"的"对数"趋势线和"最低分"的"多项式"趋势线。

选中"成绩分类统计"图表,按下"Ctrl+C"组合键复制,再按下"Ctrl+V"组合键粘贴,将其拖曳到 K8:Q22 单元格中。右击图表,在弹出的快捷菜单中选择"更改图表类型..."选项,如图 6-41 所示。在打开的"更改图表类型"的对话框中,选择第 1 个类型,如图 6-42 所示,单击"确定"按钮,完成图表类型的更改。

选中蓝色"单科平均"柱形图,右击鼠标,在弹出的快捷菜单中选择"添加趋势

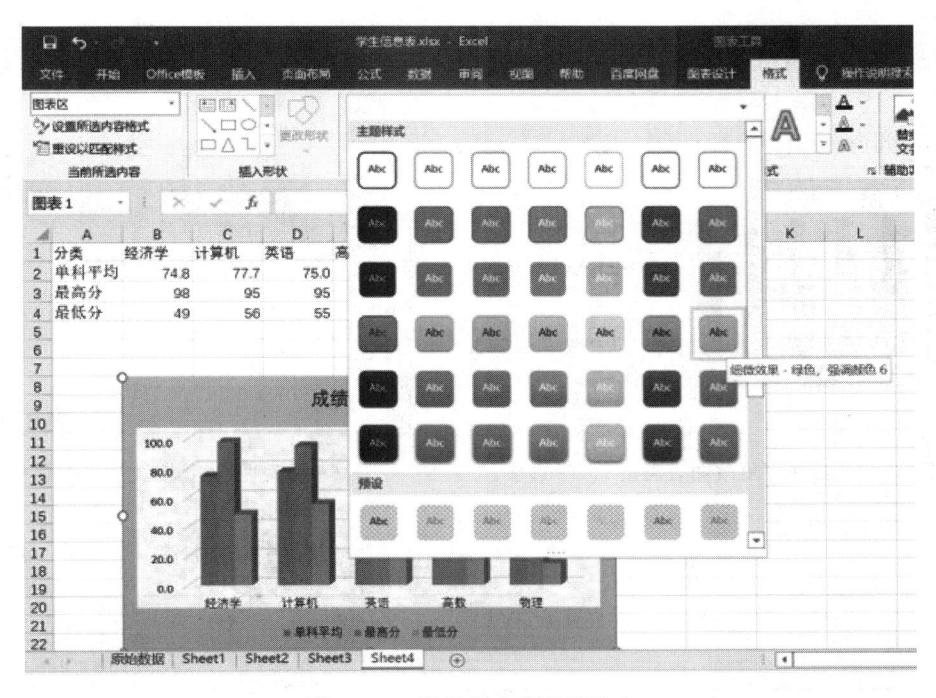

图 6-39 设置图表的形状样式

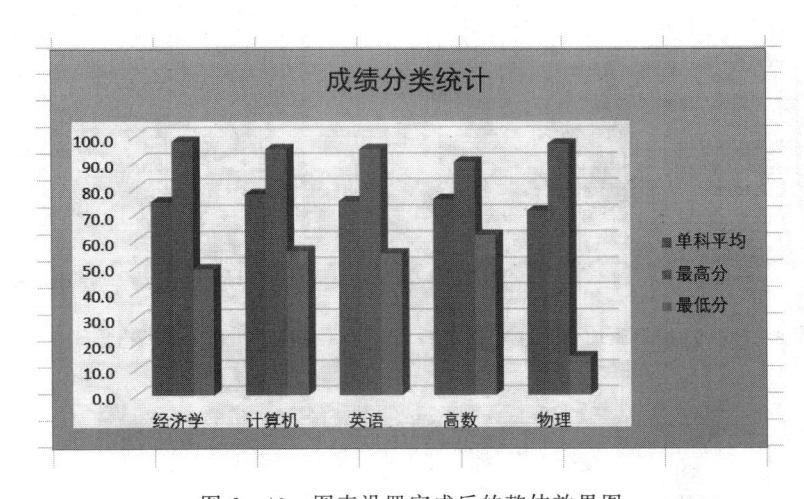

图 6-40 图表设置完成后的整体效果图

线"选项,如图 6-43 所示。在打开的"设置趋势线格式"窗格中,选择"对数"选项,其他默认,如图 6-44 所示,单击"关闭"按钮,完成添加。

用同样的方法完成"最低分"的"多项式"趋势线添加,趋势线完成效果如图 6-45 所示。

四、工作表重命名

将 Sheet1、Sheet2、Sheet3、Sheet4 分别重命名为"学生成绩表""综合评定表""归档报表""分类统计表"。

图 6-41　选择"更改图表类型…"选项

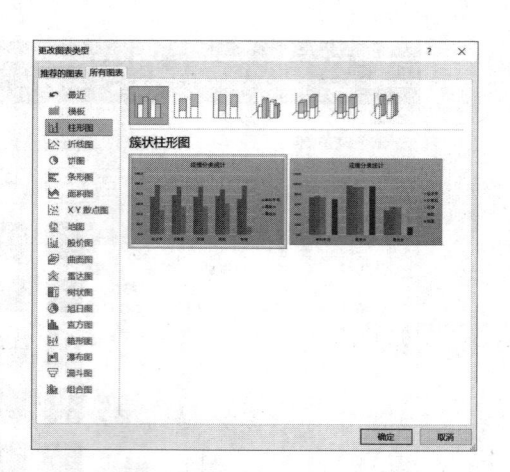

图 6-42　"更改图表类型"对话框

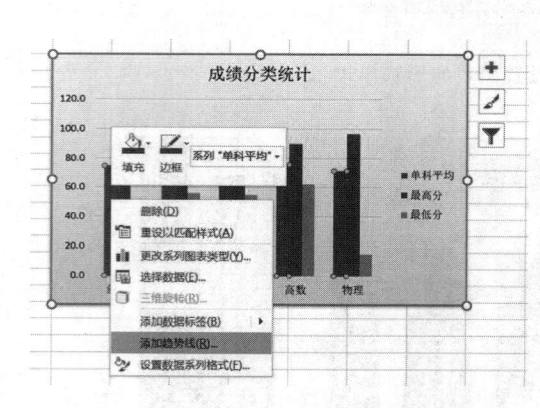

图 6-43　选择"添加趋势线"选项

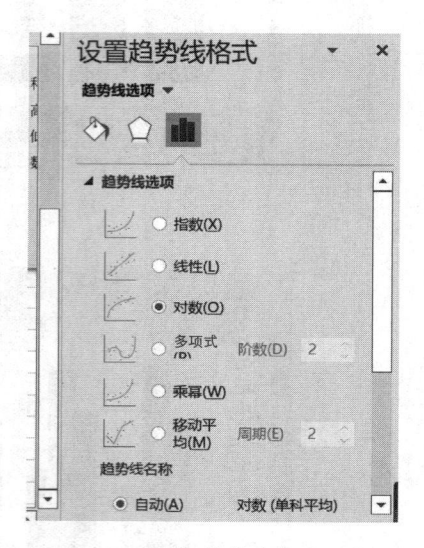

图 6-44　"设置趋势线格式"窗格

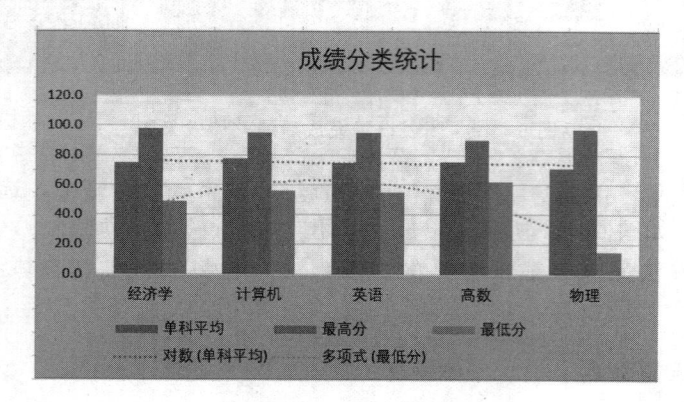

图 6-45　趋势线完成效果

单击"工作表标签"中的"Sheet1"按钮,右击鼠标,在展开的快捷菜单中,选择"重命名"选项,输入文字"学生成绩表",按回车键确认,完成修改。也可以双击"工作表标签"中的"Sheet1"按钮进行重命名。

用同样的方法将 Sheet2、Sheet3、Sheet4 分别重命名为"综合评定表""归档报表""分类统计表"。

思政元素融入

在进行数据录入和表格制作时,要求确保录入的数据真实和准确,进而引导学生树立诚信为本的观念。此外,在使用 Excel 表格工具的同时,需要学生运用不同的表格格式设置、图表组合设计等功能来美化表格,使表格更具吸引力和实用性,进而激发学生的创新思维和审美能力。

思考与练习

1. 思考并举例说明 Excel 统计函数中 7 个计数函数的使用方法:COUNT(统计包含数字的单元格的个数);COUNTA(统计非空单元格的个数);COUNTBLANK(统计空白单元格的个数);COUNTIF[单条件计数,语法为 COUNTIF(计数范围,计数条件)];COUNTIFS[多条件计数,语法为 COUNTIFS(条件1范围,条件1,条件2范围,条件2,…,条件N范围,条件N)];DCOUNT[返回列表或数据库中满足指定条件的记录字段(列)中包含数字的单元格的个数,语法为 DCOUNT(database,field,criteria)];DCOUNTA[返回列表或数据库中满足指定条件的记录字段(列)中包含非数字的单元格的个数,语法为 DCOUNTA(database,field,criteria)]。

2. 思考并举例说明分类汇总(单字段汇总统计)、透视表/透视视图(多字段的分类汇总)的使用方法与区别。

3. 巩固操作练习。下载附件"学号姓名-医护管理-素材.xlsx",先把文件更名为自己的学号和姓名,再打开 Excel 应用程序,完成以下操作要求。

(1)对 Sheet1 中"医院病人护理统计表"的"编号"列填充数据:A001~A028。

(2)利用公式,计算 Sheet1 中"医院病人护理统计表"的"护理天数"和"护理费用"列数据。

1)利用公式,根据"入住时间"列和"出院时间"列中的数据计算护理天数,并把结果保存在"护理天数"列中。

计算方法:护理天数=出院时间-入住时间。

2)利用公式,根据"护理价格"和"护理天数"列的数据,计算病人的护理费用,并把结果保存在该表的"护理费用"列中。

计算方法:护理费用=护理价格*护理天数。

(3)利用 IF 函数和 AND 函数,对性别为女且接受的护理级别为高级护理的患者,在"护理标记"列中填充"A",否则为空白。

（4）利用统计函数完成 Sheet1 中以下内容的统计，将统计结果分别保存在 M3：M9 区域的各单元格中。

1）统计女性患者人数。

2）统计男性患者人数。

3）统计护理天数在［30，40］范围内的护理记录数。提示：使用单条件计数 COUNTIF 函数、多条件计数 COUNTIFS 函数、数据库 DCOUNT 函数均可。

4）统计护理费用超过 5000 元的护理记录数。

5）统计女性患者的护理费用总和。

6）统计男性患者的护理费用总和。

7）统计接受中级护理的女性患者的费用总和。提示：使用多条件求和 SUMIFS 函数、数据库函数 DSUM 均可。

（5）把 Sheet1 中的"医院病人护理统计表"复制到 Sheet2，对该工作表设置自动调整列宽，完成自动筛选操作。

复制时注意以下几点。

1）在复制过程中，将标题项"医院病人护理统计表"和数据一同复制。

2）数据表必须顶格放置（即从 Sheet2 的 A1 单元格开始）。

3）在复制过程中，保持数据一致。

自动筛选要求如下。

1）筛选条件："性别"为"女"，"护理级别"为"中级护理"，"护理天数"在［30，40］范围内。

2）将筛选结果保存在 Sheet2 的 K40 单元格中。

3）单击"清除"命令按钮，清除当前筛选状态，显示原有数据记录。

（6）把 Sheet1 中的"医院病人护理统计表"复制到 Sheet3，利用分类汇总，分别统计女性患者和男性患者的护理费用总和。

1）要求统计结果女性在前、男性在后显示。因为分类汇总只对 1 个字段进行数据统计，故分类汇总前须先对性别字段进行降序排序（若升序排序则男性在前）。

2）分类汇总结果按第 2 级别显示，对比 Sheet1 中的统计结果，查看两者是否一致。

3）保存分类汇总的统计结果。选中分类汇总结果（即 C2：C33 和 I3：I33 区域），单击"开始"→"查找和选择"→"定位条件"，选择"可见单元格"，再按"Ctrl＋C"组合键复制数据，并将数据粘贴到 Sheet3 中 A40 开始的单元格中。

4）单击 A1：J30 区域的任一单元格，再单击"数据"→"分类汇总"，选择"全部删除"，删除汇总数据，显示原有数据记录。

（7）选择 Sheet1 的 L2：M4 区域，插入簇状柱形图，显示女性、男性患者人数的统计结果，将柱形图放置在 L15：N25 区域内，图例"结果"位于右侧，并添加"数据标签"和"对数趋势线"。

（8）数据透视表操作。如何查看不同性别及不同护理级别的护理费用总和？这里可以使用数据透视表，对不同字段进行分类汇总。操作提示如下。

1）将光标置于 Sheet3 的统计表中，单击"插入"→"数据透视表"→"表格和区域",创建 1 个数据透视表,在弹出的对话框中,选择将数据透视表放置于"现有工作表",定位在 Sheet4 的 A1 单元格(即顶格放置)。

2)在弹出的数据透视表字段列表中,把"性别"字段拖动到"行"中,把"护理级别"字段拖动到"列"中。

3)数值设置:"求和项:护理费用(元)"。

4)将行标签和列标签分别修改为"性别"和"护理级别",数据透视表效果如图 6-46 所示。

	A	B	C	D	E
1	求和项:护理费用(元)	护理级别			
2	性别	高级护理	一般护理	中级护理	总计
3	女	24960	18240	22080	65280
4	男	3360	6560	16320	26240
5	总计	28320	24800	38400	91520

图 6-46 数据透视表效果

横向分析:按性别统计护理费用,女性费用总计 65280 元,其中高级护理费用总和为 24960 元,一般护理费用总和为 18240 元,中级护理费用总和为 22080 元。同理,理解男性费用统计情况。纵向分析:按护理级别统计,高级护理费用总计 28320 元,一般护理费用总计 24800 元,中级护理费用总计 38400 元,其中高级护理中女性费用为 24960 元,而男性为 3360 元。同理,理解其他护理级别的费用统计情况。

(9)数据透视图操作。使用数据透视图,查看不同性别、不同护理级别的患者人数。操作提示如下。

1)将光标置于 Sheet3 的统计表中,单击"插入"→"数据透视表"→"表格和区域",再次创建 1 个数据透视表,在弹出的对话框中,选择将数据透视表放置于"现有工作表",定位在 Sheet4 的 A10 单元格。

2)在弹出的数据透视表字段列表中,把"性别"字段拖动到轴字段,把"护理级别"字段拖动到图例字段。

3)数值设置:"计数项:姓名"。

4)将行标签和列标签分别修改为"性别"和"护理级别"。

5)将光标置于生成的数据透视表的任意位置,单击"数据透视表工具"→"数据透视表分析"→"数据透视视图",在弹出的对话框中,插入 1 个三维簇状柱形图,把生成的数据透视图置于 Sheet4 中的 F10:K20 区域中,并对透视图中的 3 个"护理级别"依次添加数据标签,数据透视图效果如图 6-47 所示。

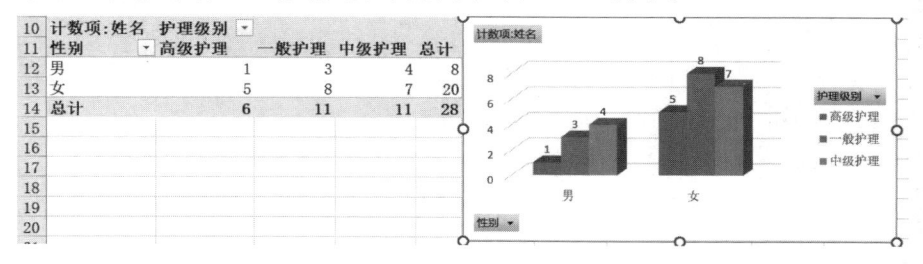

图 6-47 数据透视图效果

(10) 把 Sheet1 中的"医院病人护理统计表"复制到 Sheet5 从 A1 开始的单元格中。除标题行之外,将表格样式设置为"表样式浅色 21",并对"护理天数"设置条件格式"三色旗",将高于平均值的护理费用的文本设置为红色、加粗。

(11) 对 Sheet1 中的标题行设置字号为 20 磅,行高为 32;设置表格外边框及标题行下边框为红色双实线;标题行的填充效果设置为渐变双色(白色和浅绿色),底纹样式设置为角部辐射,任意选择一种变形。

(12) Sheet1 工作表打印设置。

1) 将纸张方向设置为横向。

2) 页边距默认,居中方式设置为水平。

3) 页脚居中插入页码。

4) 打印标题,设置顶端标题行 $1:$2。

5) 进行打印预览,页数为 1~2。

(13) 保存文件,上传结果。

实训 7 职工信息电子表格管理

实训目的

(1) 熟练掌握 Excel 数据管理操作。
(2) 熟练掌握 Excel 常用函数的使用方法。
(3) 熟练掌握 Excel 分类汇总和高级筛选操作。
(4) 掌握工作表的页面设置与打印预览方法。

实训课时

建议课内 3 课时,课外 4 课时。

实训要求

1. 准备工作

在计算机最后一个磁盘[不同机房有所不同,可能是磁盘(D:)或者磁盘(E:)]根目录下,新建一个以学号和姓名命名的文件夹,如"D:\90123 张三_实训 7"。下载"实训 7"素材到此文件夹中,并将"实训 7-素材.xlsx"文档重命名为"学号姓名_职工信息表.xlsx",如"90123 张三_职工信息表.xlsx"。

2. 工作表中数据的管理操作

(1) 数据的输入与修改。

在 Sheet2 前插入工作表 Sheet1,将原始数据表中的内容复制到 Sheet1,在 Sheet1 中完成以下操作。

1) 利用填充柄将表中的"编号"序列填充为 00168,00169,…,00205。

2) 计算每个职工的"应发工资"(应发工资＝基本工资＋岗位津贴＋奖金－医疗保险)。

3) 计算每个职工的"扣税"金额。

个人所得税税率为：月工资收入为 1～5000 元（包括 5000 元）的，税率为 0%；为 5000～8000 元（包括 8000 元）的，税率为 3%；为 8000～17000 元（包括 17000 元）的，税率为 10%；为 17000～30000 元（包括 30000 元）的，税率为 20%；为 30000～40000 元的，税率为 25%；为 40000～60000 元的，税率为 30%；为 60000～85000 元的，税率为 35%；为 85000 元以上的，税率为 45%。

4) 计算"实发工资"。要求：用 ROUND 函数四舍五入取整数。

5) 将"部门"字段代号分别改为全称："KFB"改为"开发部"，"WSB"改为"外事部"，"SCB"改为"生产部"，"FWB"改为"服务部"。

(2) 数据的排序与格式操作。

将 Sheet1 的内容复制到 Sheet2，在 Sheet2 中完成以下操作。

1) 将"岗位津贴"列的全部数据增加 10%，要求加薪后的数据仍放回"岗位津贴"列。

2) 对表格按主要关键字"部门"升序、次要关键字"性别"和次要关键字"职称"降序进行排序。

3) 对"生日月"按"自定义序列..."中"一月，二月，三月..."排序。

4) 使用条件格式，将"基本工资"在 5700～6000 范围内的单元格底纹颜色设置为（240，250，140）。

5) 将"岗位津贴"低于所有员工平均值的单元格设置为红色文本。

6) 计算"基本工资"高于 6100（包含 6100）的"应发工资"的和，将结果存于 P2 单元格。(请讲解如何计算"基本工资"在[5900，6100]范围内的"应发工资"的和，结果放置在 Q2 单元格中。)

(3) 数据统计操作。

将 Sheet1 中除 G、I、J、K 列外的其他内容复制到 Sheet3 中，并在 Sheet3 中完成以下操作。

1) 请筛选出"开发部中硕士研究生学历的男高级工程师"，并将结果复制到 Sheet4 中。

2) 统计各部门的"应发工资"和"实发工资"总数，只显示部门总和，不显示员工信息，将结果复制到 Sheet5 中。

3) 在 Sheet3 中去掉"分类汇总"后，用"高级筛选"功能，筛选出学历为"硕士研究生"或者职称为"高级工程师"的所有员工，并将筛选结果复制到 L10 单元格开始的区域。(请讲解如何选出"6100<=基本工资<6300"或者"扣税<200"的所有员工，筛选结果放置在 Sheet6 中。)

3. 饼图的创建与编辑

在 Sheet1 中完成以下操作。

(1) 在 Sheet1 的 D41：E44 单元格中，用 COUNTIF 函数分别统计不同职称的人数。

（2）创建一个"三维饼图"。要求以"职称"为"图例项"，将图例的位置设置为"靠左"，字体为宋体，字号为 20 磅；数据标志为"百分比"，字体为宋体，字号为 28 磅。将新建的工作表 Chart1 放置在 Sheet5 后面。

（3）编辑图表。在图表中添加标题"各类职称的比例"，字体为隶书，字号为 32 磅，颜色为红色，并将图表的填充效果设置为"蓝色面巾纸"。

4．页面设置与打印预览

在 Sheet1 中完成以下操作。

（1）设置页面方向为"横向"，纸张大小为"A4"。

（2）调整页边距，使其左右边距为 0.5，上下边距为 2，水平居中。

（3）设置"页眉/页脚"，在页眉中间输入"职工信息表"，页眉右边输入当前日期；在页脚中间插入页码，最右边的格内输入"×××制表"。

（4）选择要打印的数据区域。

（5）预览要打印的数据区域。

实训内容及步骤

一、准备工作

打开新建的"D：\ 90123 张三 _ 实训 7"文件夹后，双击打开实训 7 电子表格文件。

二、工作表中数据的管理操作

1．数据的输入与修改

在 Sheet2 前插入工作表 Sheet1，将原始数据表中的内容复制到 Sheet1，在 Sheet1 中完成以下操作。

（1）利用填充柄将表中的"编号"序列填充为 00168，00169，…，00205。

（2）计算每个职工的"应发工资"（应发工资＝基本工资＋岗位津贴＋奖金－医疗保险）。

将光标定位在 L2 单元格，在编辑栏输入"＝H2＋I2＋J2－K2"，如图 7-1 所示，按回车键确定。用填充柄快速填充所有职工的"应发工资"。

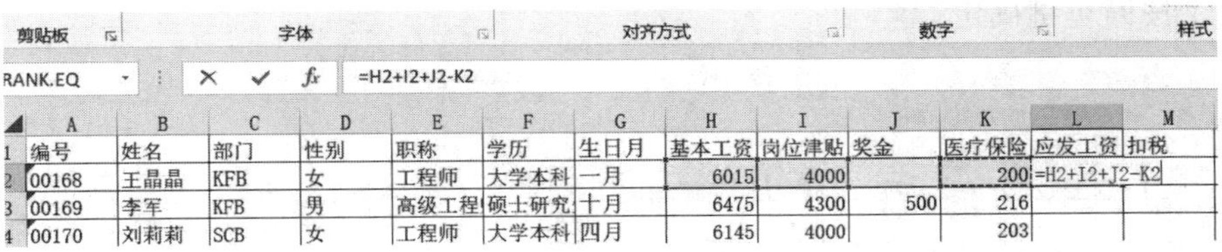

图 7-1　计算应发工资

（3）计算每个职工的"扣税"金额。

个人所得税税率为：月工资收入为 1～5000 元（包括 5000 元）的，税率为 0%；

为 5000~8000 元（包括 8000 元）的，税率为 3%；为 8000~17000 元（包括 17000 元）的，税率为 10%；为 17000~30000 元（包括 30000 元）的，税率为 20%；为 30000~40000 元的，税率为 25%；为 40000~60000 元的，税率为 30%；为 60000~85000 元的，税率为 35%；为 85000 元以上的，税率为 45%。

由此我们可以推算出月收入与扣税税值的关系，见表 7-1，表中仅罗列至税率为 20% 的情况。

表 7-1 月收入与扣税税值的关系

分段区间	月收入/元	税值/元
1	[1, 5000]	0
2	(5000, 8000]	（月收入－5000）×3%
3	(8000, 17000]	3000×3%＋（月收入－8000）×10%
4	(17000, 30000]	3000×3%＋9000×10%＋（月收入－17000）×20%

提示：用 IF 函数嵌套来实现。先分析 IF 函数几个条件判断的分段区间，考虑从小区间到大区间的 IF 函数嵌套表达，即先考虑小于等于 5000 元的，再考虑大于 5000 元且小于等于 8000 元的，最后考虑大于 8000 元且小于等于 17000 元的条件，表达为 "=IF(L2<=5000,0,IF(L2<=8000,(L2－5000)×3%,3000×3%＋(L2－8000)×10%))"，如图 7-2 所示。（注意：操作演示只计算到 1~17000 元区段的税率）。

图 7-2 计算"扣税"金额

请自行练习从大区间到小区间的 IF 函数嵌套表达。

（4）计算"实发工资"。要求：用 ROUND 函数四舍五入取整数。

提示：可以先在 Excel 帮助（F1）中搜索函数名，查看该函数的使用方法，再写出相关的公式。

将光标定位在 N2 单元格，在编辑栏输入 "=ROUND((L2－M2),0)"，如图 7-3 所示，按回车键确定。

图 7-3 计算"实发工资"

请自行在编辑栏内输入 "=ROUND((L2－M2),－1)" 和 "=ROUND((L2－M2),1)"，查看结果并思考其含义。注意区分四舍五入的位置。

（5）将"部门"字段代号分别改为全称："KFB"改为"开发部","WSB"改为"外事部","SCB"改为"生产部","FWB"改为"服务部"。

将光标定位在 C2 单元格，在"开始"选项卡中，单击"编辑"组块中的"查找和选择"下拉按钮，如图 7-4 所示，在展开的菜单中选择"替换"选项，打开"查找和替换"对话框，在"查找内容"中输入"KFB"，"替换为"中输入"开发部"，如图 7-5 所示，单击"全部替换"按钮后，会弹出替换完成对话框，如图 7-6 所示，最后单击"确定"按钮完成替换。用相同操作依次完成另外 3 个部门的替换。

图 7-4　设置查找窗口

图 7-5　编辑替换内容

图 7-6　替换完成对话框

2. 数据的排序与格式操作

将 Sheet1 的内容复制到 Sheet2，在 Sheet2 中完成以下操作。

（1）将"岗位津贴"列的全部数据增加 10%，要求加薪后的数据仍放回"岗位津贴"列。

将光标定位到"实发工资"列后的任一单元格，如定位在 P2 单元格，在编辑栏输入"=I2*1.1"，按回车键完成计算，使用填充柄快速求出所有职工调薪后的岗位津贴。全选新算出的岗位津贴，按"Ctrl+C"组合键，单击 I2 单元格，右击鼠标，在弹出的快捷菜单中，单击"粘贴选项"中的"粘贴为数值"按钮，如图 7-7 所示，完成"岗位津贴"列的替换。最后删除 P 列数据。

（2）对表格按主要关键字"部门"升序、次要关键字"性别"和次要关键字"职称"降序进行排序。

图 7-7　数值粘贴

将光标定位在工作表中的任一单元格，按下"Ctrl+A"组合键，选中全部数据，在"数据"选项卡中，单击"排序和筛选"组块中的"排序"按钮，如图7-8所示，打开"排序"对话框，单击"添加条件"按钮，添加2个次要关键字，具体设置内容如图7-9所示，单击"确定"按钮完成排序。

图7-8 单击"排序"按钮

图7-9 具体设置内容

（3）对"生日月"按"自定义序列..."中"一月，二月，三月..."排序。

基本操作同（2），在弹出的"排序"对话框中，选中次要关键字后单击"删除条件"按钮，依次删除"性别"和"职称"两个次要关键字，然后将主要关键字设置为"生日月"，在"次序"对应的下拉列表中选择"自定义序列..."选项，如图7-10所示。

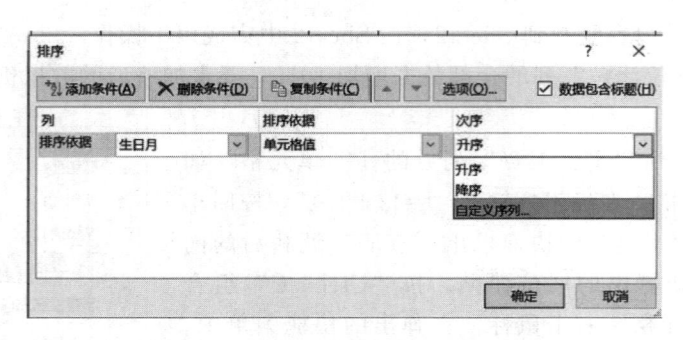

图7-10 选择"自定义序列..."选项

在弹出的"自定义序列"对话框中，选择"一月，二月，三月..."选项，如图7-11所示，单击"确定"按钮完成排序。

注：本操作步骤会改变操作步骤（2）的结果，可作为排序操作练习。

（4）使用条件格式，将"基本工资"在5700～6000范围内的单元格底纹颜色设

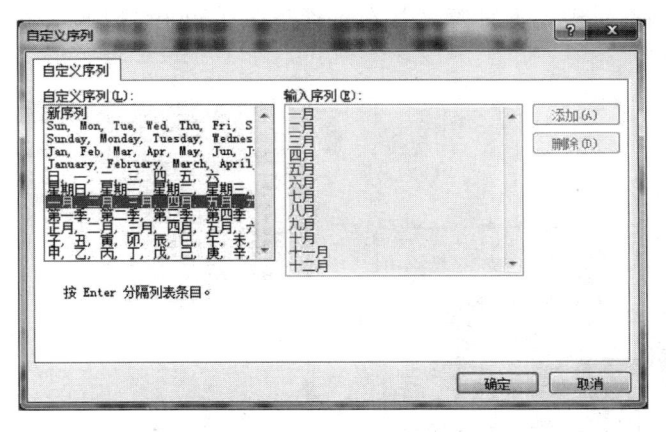

图7-11 设置自定义序列

置为(240,250,140)。

选中H2:H39区域单元格,单击"开始"选项卡中的"条件格式"下拉按钮,选择"突出显示单元格规则"中的"介于"选项,如图7-12所示。在弹出的"介于"对话框中,具体数值设置如图7-13所示,在"设置为"的下拉列表中选择"自定义格式..."选项,打开"设置单元格格式"对话框,单击"填充"选项卡中的"其他颜色..."按钮,如图7-14所示。在弹出的"颜色"对话框中,打开"自定义"选项卡,将"红色"修改为"240","绿色"修改为"250","蓝色"修改为"140",如图7-15所示,单击"确定"按钮完成设置。

图7-12 设置突出显示单元格规则

(5)将"岗位津贴"低于所有员工平均值的单元格设置为红色文本。

选中I2:I39区域单元格,单击"开始"选项卡中的"条件格式"下拉按钮,选择"最前/最后规则"中的"低于平均值..."选项,如图7-16所示,在弹出的"低于平均值"对话框中,将低于平均值的单元格格式设置为"红色文本",如图7-17所示,单击"确定"按钮完成设置。

(6)计算"基本工资"高于6100(包含6100)的"应发工资"的和,将结果存于 P2 单元格。(请讲解如何计算"基本工资"在[5900,6100]范围内的"应发工资"的和。)

图 7-13 具体数值设置

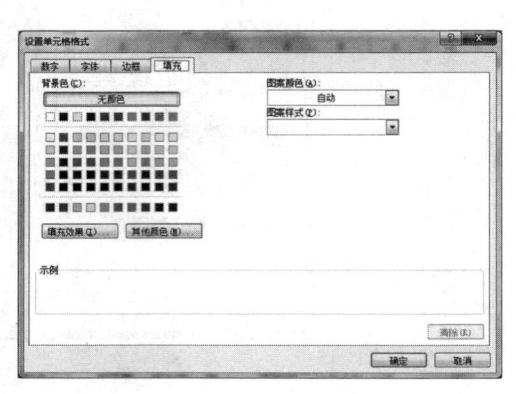

图 7-14 设置填充

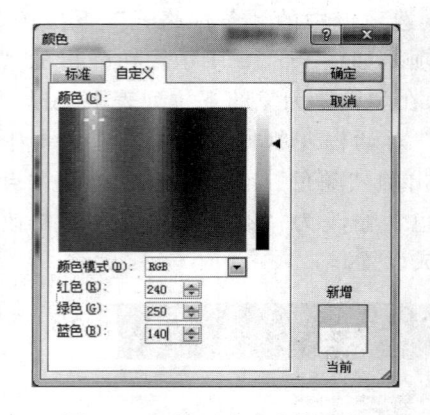

图 7-15 设置自定义颜色值

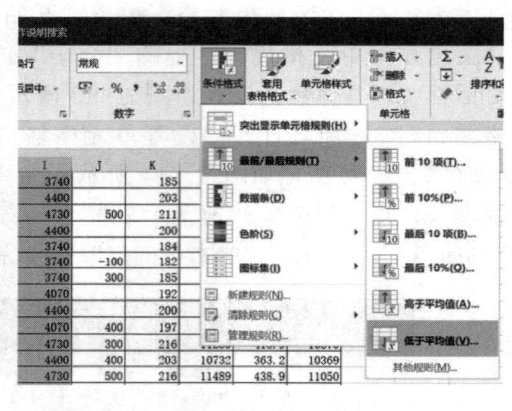

图 7-16 选择"低于平均值…"选项

图 7-17 设置格式

将光标定位在 P2 单元格,在编辑栏输入"=SUMIF(H2:H39,">=6100",L2:L39)",如图 7-18 所示,按回车键确定。

3. 数据统计操作

将 Sheet1 中除 G、I、J、K 列外的其他内容复制到 Sheet3 中,并在 Sheet3 中完成以下操作。

图 7-18 条件求和

(1) 请筛选出"开发部中硕士研究生学历的男高级工程师",并将结果复制到 Sheet4 中。

将光标定位在 Sheet3 中任一单元格,在"开始"选项卡中,单击"编辑"组块的

"排序和筛选"下拉按钮,选择"筛选"选项,如图7-19所示。随即在工作表中的每个字段后面都出现一个下拉按钮,单击"部门"字段后的下拉按钮,取消勾选"全选"复选框后,勾选"开发部"复选框,如图7-20所示,单击"确定"按钮,即筛选出开发部的所有成员。

图7-19 选择"筛选"选项

单击"学历"字段后的下拉按钮,取消勾选"全选"复选框后,勾选"硕士研究生"复选框,如图7-21所示。单击"确定"按钮,即筛选出学历为"硕士研究生"的成员。用相同操作筛选出性别为"男"的"高级工程师"。筛选完成结果如图7-22所示。

图7-20 设置部门条件　　图7-21 设置学历条件

编号	姓名	部门	性别	职称	学历	基本工资	应发工资	扣税	实发工资
00169	李军	开发部	男	高级工程	硕士研究	6475	11059	395.9	10663
00184	吉新鹏	开发部	男	高级工程	硕士研究	6475	10859	375.9	10483
00195	夏建军	开发部	男	高级工程	硕士研究	6175	10265	316.5	9949

图7-22 筛选完成结果

最后按"Ctrl+A"组合键全选内容，再按"Ctrl+C"组合键复制所选内容，将光标定位到 Sheet4 的 A1 单元格，按"Ctrl+V"组合键粘贴所选内容，完成操作。

（2）统计各部门的"应发工资"和"实发工资"总数，只显示部门总和，不显示员工信息，将结果复制到 Sheet5 中。

去掉 Sheet3 中的筛选。将光标定位在 Sheet3 中任一单元格，在"开始"选项卡中，单击"编辑"组块的"排序和筛选"下拉按钮，选择"清除"选项，如图 7-23 所示。然后选择"排序和筛选"下拉菜单中的"筛选"选项，便可去掉筛选，恢复原数据。

图 7-23 选择"清除"选项

在按"部门"分类汇总前，须先对"部门"进行排序（升序、降序均可）。将光标定位在 C2 单元格，单击"数据"选项卡中的"升序"按钮，完成按"部门"的排序。单击"数据"选项卡中的"分类汇总"按钮，在弹出的"分类汇总"对话框中，将"分类字段"设置为"部门"，"汇总方式"设置为"求和"，"选定汇总项"勾选"应发工资"和"实发工资"两个复选框，如图 7-24 所示，单击"确定"按钮，完成汇总。在分类汇总表中，最左边会显示 3 级数据，单击 2 级标签按钮，则将详细信息折叠；单击 1 级标签按钮，则显示总汇总值。

将汇总结果全选后复制到 Sheet5 中。在"开始"选项卡中，单击"编辑"组块中的"查找和选择"下拉按钮，在展开的菜单中选择"定位条件"选项，如图 7-25 所示，在弹出的"定位条件"对话框中，选择"可见单元格"，如图 7-26 所示，单击"确定"按钮，按"Ctrl+C"组合键复制所选内容，将光标定位在 Sheet5 的 A1 单元格，按"Ctrl+V"组合键完成粘贴，完成效果如图 7-27 所示。

图 7-24 分类汇总对话框　　　　图 7-25 选择"定位条件"选项

（3）在 Sheet3 中去掉"分类汇总"后，用"高级筛选"功能，筛选出学历为"硕士研究生"或者职称为"高级工程师"的所有员工，并将筛选结果复制到 L10 单元格开始的区域。(请讲解如何选出"6100≤=基本工资<6300"或者"扣税<200"的所有员工。)

图7-26 定位条件设置

图7-27 完成效果

将光标定位在Sheet3中任一单元格,单击"数据"选项卡中的"分类汇总"按钮,打开"分类汇总"对话框,如图7-28所示,单击"全部删除"按钮,即可恢复原有数据。

在工作表"实发工资"右边的空白区域创建筛选条件。例如,在L2和M2单元格中分别输入"学历"和"职称",在L3单元格中输入"硕士研究生",在M4单元格中输入"高级工程师",创建筛选条件效果如图7-29所示。(注意:因为实训的筛选条件是"或"的关系,所以条件值置于L列和M列是不同行的。)

图7-28 "分类汇总"对话框

图7-29 创建筛选条件效果

单击"数据"选项卡中的"排序和筛选"下拉按钮,选择"高级"选项,打开"高级筛选"对话框,如图7-30所示,"列表区域"为Sheet3的全部数据区域,单击"条件区域"的"区域选择"按钮,拖曳鼠标选中新创建的条件区域(或者直接在"条件区域"编辑栏中输入"L2:M4"),在"复制到"编辑栏中输入"L10",如图7-31所示,单击"确定"按钮完成筛选,筛选完成效果如图7-32所示。注意:如果没有要求将筛选结果复制,在高级筛选设置中,"方式"选择默认,"复制到"为灰色不可用,只要设置好两个区域即可。

若将本实训操作要求更改为使用"高级筛选"功能,筛选出学历为"硕士研究生"且职称为"高级工程师"的所有员工,则这两项高级筛选条件是"并且"的关系,在条件区域中,须将两项筛选条件的值放在同一行进行操作。请自行练习该操作。

图 7-30 "高级筛选"对话框　　　图 7-31 设置筛选区域

学历	职称							
硕士研究生								
	高级工程师							

编号	姓名	部门	性别	职称	学历	基本工资	应发工资	扣税	实发工资
00181	王欢欢	服务部	女	高级工程	大学本科	6225	10914	381.4	10533
00169	李军	开发部	男	高级工程	硕士研究	6475	11059	395.9	10663
00184	吉新鹏	开发部	男	高级工程	硕士研究	6475	10859	375.9	10483
00189	魏建军	开发部	女	高级工程	大学本科	6225	10814	371.4	10443
00192	杨晶晶	开发部	女	高级工程	硕士研究	6175	10265	316.5	9949
00195	夏建军	开发部	男	高级工程	硕士研究	6175	10265	316.5	9949
00176	何中华	生产部	男	高级工程	大学本科	6345	10432	333.2	10099
00202	梁耀汉	生产部	男	高级工程	大学本科	6225	10814	371.4	10443

图 7-32　筛选完成效果

三、饼图的创建与编辑

在 Sheet1 中完成以下操作。

(1) 在 Sheet1 的 D41：E44 单元格中，用 COUNTIF 函数分别统计不同职称的人数。

提示：若要统计高级工程师的人数，则在编辑栏中输入"＝COUNTIF（E2：E39，"高级工程师"）"，用相同操作统计出其余职称的人数，统计结果如图 7-33 所示。

高级工程师	8
工程师	12
技术员	6
工人	12

图 7-33　统计结果

(2) 创建一个"三维饼图"。要求以"职称"为"图例项"，将图例的位置设置为"靠左"，字体为宋体，字号为 20 磅；数据标志为"百分比"，字体为宋体，字号为 28 磅。将新建的工作表 Chart1 放置在 Sheet5 后面。

选中 D41：E44 单元格，单击"插入"选项卡中的"饼图"下拉按钮，在展开的菜单中选择"三维饼图"选项，将插入 1 个三维饼图，如图 7-34 所示。

选中新出现的图表，在"图表工具"的"设计"选项卡中，单击"移动图标"按

图 7-34 插入三维饼图

钮，在弹出的"移动图表"对话框中，选择"新工作表"选项，如图 7-35 所示，单击"确定"按钮，工作表 Chart1 默认插入在 Sheet1 之前，拖曳鼠标将其移动到 Sheet5 后面。

选中图表，单击"　"按钮，打开快捷菜单，单击"图例"右边的箭头按钮，选择"左"选项为图例位置，如图 7-36 所示。并在"开始"选项卡中设置字体为宋体，字号为 20 磅。

图 7-35 "移动图表"对话框

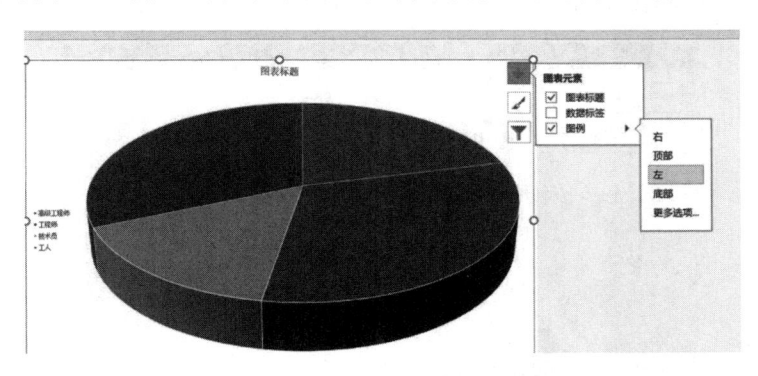

图 7-36 设置图例位置

选中图表，单击"　"按钮，打开快捷菜单，单击"数据标签"右边的箭头按钮，选择"更多选项…"选项，如图 7-37 所示，在弹出的"设置数据标签格式"窗格中，勾选"百分比"复选框，如图 7-38 所示。并在"开始"选项卡中设置字体为宋体，字号为 28 磅。

图 7-37 选择"数据标签"中的"更多选项…"选项

(3) 编辑图表。在图表中添加标题"各类职称的比例",字体为隶书,字号为 32 磅,颜色为红色,并将图表的填充效果设置为"蓝色面巾纸"。

选中图表后,单击"图表标题"文本框,在文本框中输入"各类职称的比例",并在"开始"选项卡中设置字体为隶书,字号为 32 磅,颜色为红色。

在"图表工具"的"格式"选项卡中,单击"形状填充"下拉按钮,选择"纹理"中的"蓝色面巾纸"选项,如图 7-39 所示。完成设置后的图表效果如图 7-40 所示。

四、页面设置与打印预览

在进行此项操作之前,请确认您的计算机已经安装过至少 1 个打印机驱动程序;如果没有安装,则选择"控制面板"的"打印机和传真机"选项,添加 1 个打印机驱动程序。

图 7-38 设置数据标签格式

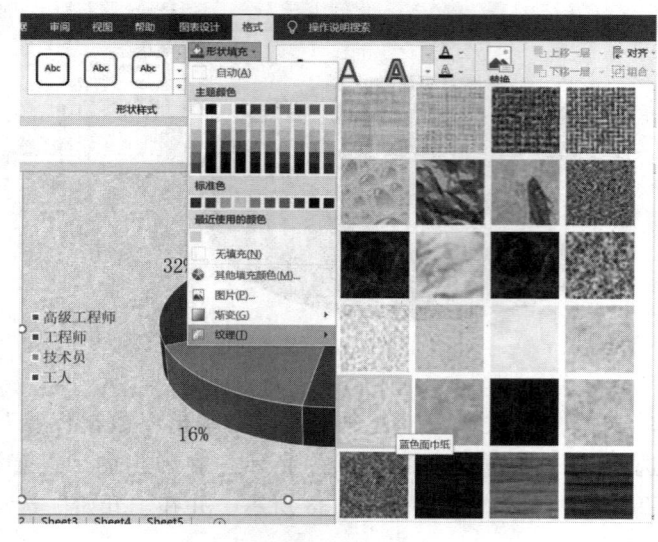

图 7-39 选择"蓝色面巾纸"选项

在 Sheet1 中完成以下操作。

（1）设置页面方向为"横向"，纸张大小为"A4"。

单击"页面布局"选项卡中的"纸张方向"下拉按钮，在展开的菜单中选择"横向"选项，如图 7-41 所示。再单击"纸张大小"下拉按钮，在展开的菜单中选择第 1 项选项，如图 7-42 所示。

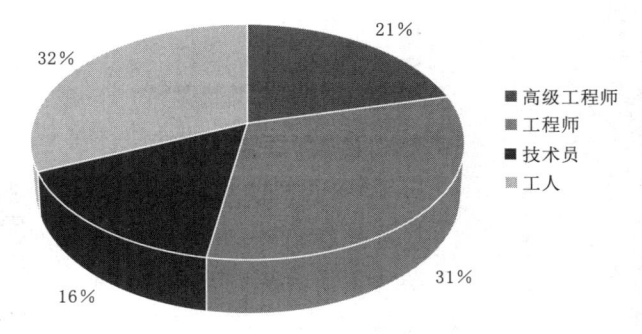

图 7-40 完成设置后的图表效果

图 7-41 设置纸张方向

图 7-42 设置纸张大小

（2）调整页边距，使其左右边距为 0.5，上下边距为 2，水平居中。

单击"页面布局"选项卡中的"页边距"下拉按钮，选择最后一项"自定义边距"选项，打开"页面设置"对话框，按要求设置页边距数值，如图 7-43 所示，单击"确定"按钮，完成页边距的调整。

（3）设置"页眉/页脚"，在页眉中间输入"职工信息表"，页眉右边输入当前日期；在页脚中间插入页码，最右边的格内输入"×××制表"。

基本操作与步骤（2）相同，打开"页面设置"对话框，单击"页眉/页脚"选项卡中的"自定义页眉"按钮，在弹出的"页眉"对话框中按要求设置页眉，

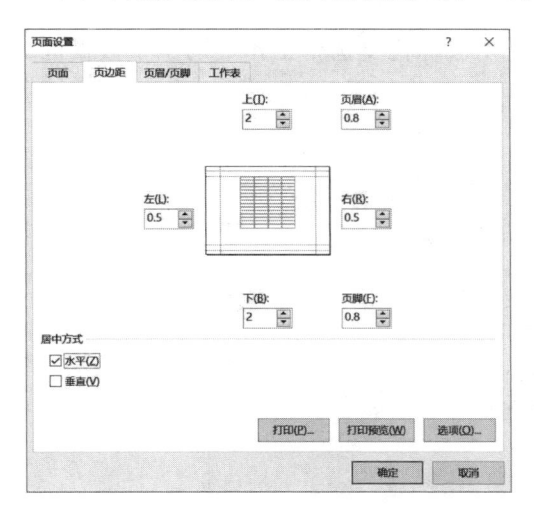

图 7-43 设置页边距

如图 7-44 所示。单击"确定"按钮，再单击"自定义页脚"按钮，在弹出的"页脚"对话框中按要求设置页脚，如图 7-45 所示。单击"确定"按钮，返回"页面设置"对话框，再次单击"确定"按钮，完成"页眉/页脚"的设置。

（4）选择要打印的数据区域。

基本操作与步骤（2）相同，打开"页面设置"对话框，单击"工作表"选项卡

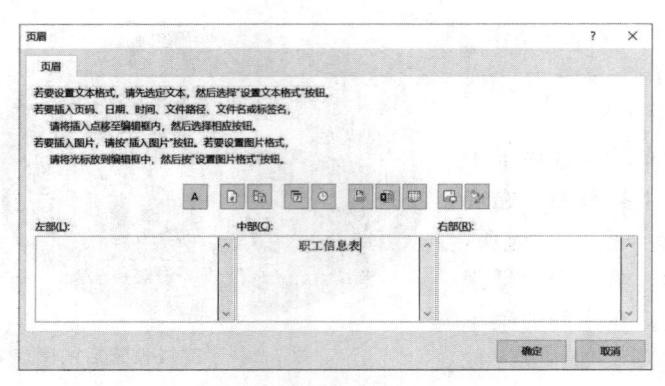

图 7-44 设置自定义页眉

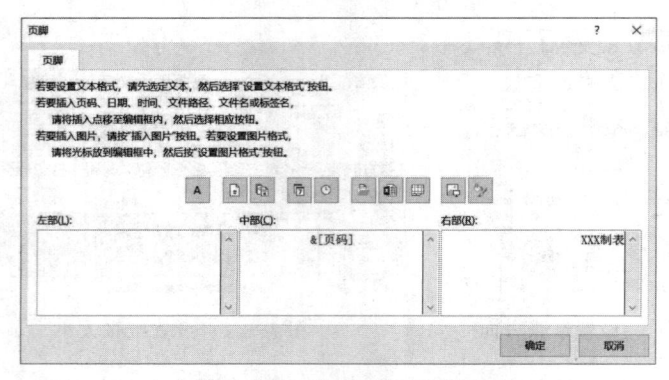

图 7-45 设置自定义页脚

中"打印区域"后面的"选择区域"按钮，用鼠标拖曳选中工作表的整个数据区域，如图 7-46 所示。

图 7-46 设置打印区域

（5）预览要打印的数据区域。

在选中要打印的数据区域后，在“页面设置”对话框中，单击“工作表”选项卡中的“打印预览”按钮，打印预览效果如图 7-47 所示。

职工信息表

编号	姓名	部门	性别	职称	学历	生日月	基本工资	岗位津贴	奖金	医疗保险	应发工资	扣税	实发工资
00168	王晶晶	开发部	女	工程师	大学本科	一月	6015	4000		200	9815	271.5	9544
00169	李军	开发部	男	高级工程	硕士研究	十月	6475	4300	500	216	11059	395.9	10663
00170	刘莉莉	生产部	女	工程师	大学本科	四月	6145	4000		203	9942	284.2	9658
00171	政立路	外事部	男	技术员	中专	五月	6045	3700	300	195	9850	275	9575
00172	张新学	外事部	男	工人	高中	七月	5785	3400		184	9001	190.1	8811
00173	邓祥麟	外事部	男	工程师	大学本科	八月	6005	4000		200	9805	270.5	9535
00174	王雷雷	生产部	男	工程师	大专	九月	6135	4000	400	203	10332	323.2	10009
00175	张鸿鹄	生产部	男	工程师	大学本科	十二	5985	4000		200	9785	268.5	9517
00176	何中华	生产部	男	高级工程	大学本科	三月	6345	4300		213	10432	333.2	10099
00177	王新欣	服务部	女	工人	高中	四月	5735	3400	300	183	9252	215.2	9037
00178	张建军	生产部	男	工人	高中	六月	5825	3400		185	9040	194	8846
00179	侯孝贤	生产部	男	工人	高中	八月	5715	3400	-100	182	8833	173.3	8660
00180	李俊基	服务部	男	工人	高中	二月	5725	3400		183	8942	184.2	8758
00181	王欢欢	服务部	女	高级工程	大学本科	三月	6225	4300	600	211	10914	381.4	10533
00182	刘会会	外事部	女	技术员	中专	一月	6125	3700		197	9628	252.8	9375
00183	姜欣欣	开发部	女	工程师	大学本科	十一月	6015	4000	500	200	10315	321.5	9994
00184	吉新鹏	开发部	男	高级工程	硕士研究	九月	6475	4300	300	216	10859	375.9	10483
00185	韩玉洁	外事部	女	技术员	中专	八月	5895	3700		192	9403	230.3	9173
00186	王家卫	服务部	男	工人	高中	二月	5825	3400		185	9040	194	8846
00187	郑玉兰	生产部	女	工人	高中	六月	5715	3400	400	182	9333	223.3	9110
00188	邱小平	外事部	男	工人	高中	四月	5725	3400		183	8942	184.2	8758
00189	魏建军	开发部	女	高级工程	大学本科	五月	6225	4300	500	211	10814	371.4	10443
00190	邹秀霞	服务部	女	技术员	中专	一月	6075	3700	300	196	9879	277.9	9601
00191	张立勇	生产部	男	工程师	大学本科	七月	6015	4000		200	9815	271.5	9544
00192	杨晶晶	开发部	女	高级工程	硕士研究	十一月	6175	4300		210	10265	316.5	9949
00193	文晓艳	服务部	女	技术员	大专	九月	6125	3700	400	197	10028	292.8	9735
00194	蒋黎黎	开发部	女	工程师	大学本科	三月	6015	4000		200	9815	271.5	9544
00195	夏建军	开发部	男	高级工程	硕士研究	十一月	6175	4300		210	10265	316.5	9949
00196	卓新颖	生产部	女	工程师	大学本科	二月	6145	4000	-200	203	9742	264.2	9478
00197	徐锦江	外事部	男	技术员	中专	一月	6125	3700		197	9628	252.8	9375
00198	章新远	外事部	男	工人	高中	十二月	5785	3400		184	9001	190.1	8811
00199	邹国良	外事部	男	工程师	大学本科	三月	6005	4000	500	200	10305	320.5	9985

XXX制表

图 7-47　打印预览效果

思政元素融入

在大数据时代，经常会采用表格工具来统计各种信息，在这个过程中要学会保护数据，防止数据外泄，特别对于敏感数据要加强保护，从而避免电信诈骗等危及自身及他人财产安全。

思考与练习

1. 思考并举例说明 Excel 中 4 个求和函数的使用方法：SUM（统计某一区域中数字、逻辑值及数字的文本表达式之和）；SUMIF [对满足某一个条件的单元格求和，语法为 SUMIF（range，criteria，sum _ range）]；SUMIFS [对满足多个条件的单元格求和，语法为 SUMIFS（sum _ range，criteria _ range1，criteria1，criteria _ range2，criteria2，……）]；DSUM [返回列表或数据库中满足指定条件的记录字段（列）中的数字之和，语法为 DSUM（database，field，criteria）]。

2. 巩固操作练习。下载附件“学号姓名-打印机统计-素材 .xlsx”，把文件更名为自己的学号和姓名，打开 Excel 应用程序，完成以下操作要求。

（1）Sheet1 文本格式设置。

1）在 Sheet1“货号”列前增加 1 列，并在 A2 单元格中输入文字“序号”，在

A3～A190单元格中分别输入序号001～188，为A2～J190单元格添加"所有框线"（单实线）；将A1～J1单元格合并后居中，文字设置为隶书、18磅、加粗，其下边框线为加粗单实线、绿色。

2）对A～J列设置"自动调整列宽"。

3）选择E3单元格，单击"视图"选项卡中的"冻结窗格"按钮，设置"冻结拆分窗格"，方便滚动查看数据时，显示标题字段内容。

（2）在Sheet1中，使用IF（逻辑判断）、MOD（取余数）、MID（提取字符串）等函数，根据"货号"列数据的倒数第2位进行判断，若为奇数，则在"货号类型"列对应单元格中填充"A"，否则填充"B"。

（3）利用IF函数的嵌套使用，根据"打印机类型"列的内容，自动填充Sheet1中的"界面显示"列数据，居中显示。具体填充字符及其含义如下。

1）点阵：D。

2）喷墨：P。

3）黑白激光：B。

4）彩色激光：C。

5）以上4种类型之外的：W。

（4）查找函数的使用。根据Sheet1的"供货商清单"，利用VLOOKUP（查找）函数对"供货商"列依照不同厂牌进行填充。操作提示如下。

1）在J3单元格中输入公式：=VLOOKUP（D3，L4：M21，2，FALSE）。

2）含义：在供货商清单的L4：M21区域中，搜索D3单元格中的数据，若在清单表格区域中找到与D3单元格中数据相等的值，则返回清单表格区域中的第2列中对应行的值，FALSE表示精确查找。

3）供货商清单L4：M21区域需要引用绝对地址（可按F4快捷键）。

4）按回车键求得J3单元格的数据，再将光标置于J3单元格的右下角，双击填充柄，完成J3：J190区域数据的自动填充。

（5）计数类统计函数的应用。注意单元格地址绝对引用和相对引用的合理使用。

1）在Sheet1中的B191单元格中输入文字"共计"，在C191单元格中使用COUNTA函数统计货号类型总数。

2）在Sheet1中的"某区域打印机备货清单表"中，利用单条件计数函数COUNTIF统计不同厂牌的打印机总数，将统计结果分别放置在Sheet1中"清单统计表"的N4：N21区域中，注意绝对地址引用的使用。

3）在Sheet1中的"某区域打印机备货清单表"中，利用多条件计数函数COUNTIFS统计不同厂牌货号类型为A和货号类型为B的打印机数量，将统计结果分别放置在Sheet1中"清单统计表"的P4：P21和Q4：Q21区域中。

（6）求和类统计函数的应用。注意单元格地址绝对引用和相对引用的合理使用。

1）在Sheet1中的H191单元格使用SUM函数统计打印机备货数量总和。

2）在Sheet1中的"某区域打印机备货清单表"中，利用单条件求和函数SUMIF统计不同厂牌的打印机数量之和，将数据填充在Sheet1的"清单统计表"的O4：O21区域中。

3) 在 Sheet1 中的"某区域打印机备货清单表"中，利用多条件求和函数 SUM-IFS 统计不同厂牌、界面显示为 B 的打印机数量之和，将数据填充在 Sheet1 的"清单统计表"的 R4：R21 区域中。提示：在 R4 单元格中输入"＝SUMIFS（＄H＄3：＄H＄190，＄D＄3：＄D＄190，L4，＄G＄3：＄G＄190," B"）"。

4) 使用 SUM 函数求得 Sheet1 中"清单统计表"的各项统计结果的总和，将统计结果放置在 N22：R22 区域中。

5) 计算 P22 与 Q22 两个单元格中的数值之和，查看该数值与 C191 单元格或 N22 单元格中的数值是否相等；查看 H191 和 O22 两个单元格中的数值是否相等。若不相等，请认真检查输入的参数是否有误。

（7）排序操作。复制 Sheet1 中的"某区域打印机备货清单表"（第 1 行和第 191 行除外，即 A2：J190），将其分别粘贴到 Sheet2、Sheet3 和 Sheet4 中 A1 开始的区域中（注意：须采用"粘贴数值"的方式）。Sheet2 中的自定义排序操作要求如下。

1) 在 Sheet2 中对清单表中的"打印机类型"重新排序，按照"点阵—喷墨—喷墨相片打印机—黑白激光—彩色激光"的顺序排序。提示：在排序中，主要关键字选择"打印机类型"，次序选择"自定义序列"—"新序列"，添加如上顺序。

2) 再次单击"添加条件"，增加 1 个次要关键字"兼容性"，降序排序。

（8）在 Sheet3 中，利用高级筛选命令，显示货号类型为 B、厂牌为 EPSON、兼容性为支持、型号为非空的数据记录。提示：在 Sheet3 的 L1：O2 区域中输入高级筛选条件（创建条件规则：同行数据相且，不同行相或），则将在 188 条记录中显示 16 条记录。注意，在 O2 单元格中输入：＝"，用于表示该单元格中包含字符型数据内容，否则型号为空的数据记录也将被筛选出来。最后把筛选出的 16 条记录复制粘贴到 Sheet3 中 A193 开始的单元格中。

（9）分类汇总操作。在 Sheet4 中，利用分类汇总显示不同厂牌的打印机数量之和（注意：须先按分类字段"厂牌"排序）。

1) 分类汇总显示共有 3 级，只显示第 2 级。

2) 选择 D 列和 H 列汇总数据（D1：D208 和 H1：H208），再使用"查找和选择"—"定位条件"功能，单击"可见单元格"，复制数据，再将其粘贴到 A212：B231 区域中。

3) 查看显示的汇总结果与 Sheet1"清单统计表"中的 O4：O21 区域采用 SUMIF 函数求解的结果是否一致。若不一致，请查看函数参数是否有误。

4) 最后对比可知：分类汇总和单条件求和 SUMIF 函数的统计结果是一致的。

（10）数据透视表和数据透视图的应用。

1) 根据 Sheet1 中"某区域打印机备货清单表"A2：J190 区域的数据，在 Sheet5 中新建 1 个数据透视表，用以显示不同厂牌下不同货号类型的打印机数量之和。操作要求如下。

- 在数据透视表的"表格和区域"中，须选定"Sheet1！＄A＄2：＄J＄190"。
- 将行区域设置为"厂牌"。
- 将列区域设置为"货号类型"。
- 数值为"求和项：数量"。

	A	B	C	D
求和项:数量		货号类型		
厂牌		A	B	总计
BROTHER			38	38
CANON		93	209	302
EPSON		726	586	1312
FUJITSU		232	105	337
FUTEK		6	32	38
HP		354	484	838
IBM		72	37	109
KONICA MINOLTA		19	177	196
KYOCERA		97	74	171
LEXMARK		228	287	515
MITAC		47		47
NEC		98		98
OKI		73	20	93
PANASONIC		57	79	136
RICOH		41		41
SAMSUNG		206	160	366
STAR		11	37	48
XEROX		26	24	50
总计		2386	2349	4735

图7-48 数据透视表显示结果

• 将行标签和列标签分别修改为"厂牌"和"货号类型"。

数据透视表显示结果如图7-48所示。

2）根据Sheet1中"某区域打印机备货清单表"A2：J190区域的数据，在Sheet6中新建1个数据透视图，用以显示不同货号类型下每个厂牌的每种打印机界面显示的型号总数。操作要求如下。

• 将行区域设置为"货号类型"及"界面显示"。

• 将列区域设置为"厂牌"。

• 数值为"计数项：兼容性"。

• 将数据透视表的行标签修改为"货号类型"和"界面显示"，将列标签修改为"厂牌"。

• 将数据透视图移动到I18：Q40区域。

操作提示如图7-49所示。

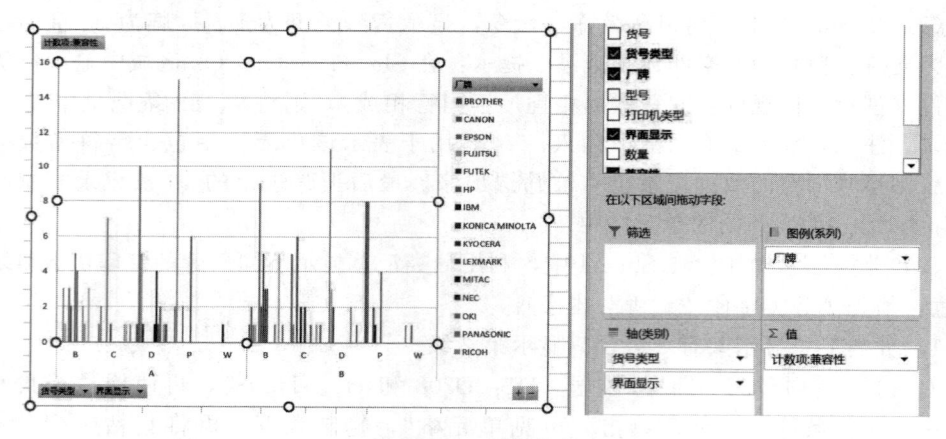

图7-49 操作提示

（11）保存文件，上传结果。

实训 8 PowerPoint 2019 的基本操作

实训目的

(1) 掌握演示文稿的创建及文本编辑方法。
(2) 掌握幻灯片的版式设置方法和设计模板的应用。
(3) 掌握幻灯片背景填充效果的设置方法。
(4) 掌握动画效果的设置方法。
(5) 掌握幻灯片中超链接和动作按钮的设置方法。
(6) 掌握幻灯片切换效果的设置方法。

实训课时

建议课内 3 课时,课外 4 课时。

实训要求

1. 准备工作

在计算机最后一个磁盘[不同机房有所不同,可能是磁盘(D:)或者磁盘(E:)]根目录下,新建一个以学号和姓名命名的个人学号文件夹,如"D:\90123 张三_实训 8"。下载"实训 8"素材到此文件夹中,并将"实训 8-素材.pptx"文档重命名为"学号姓名_实训 08.pptx",如"90123 张三_实训 08.pptx"。

2. 文本编辑和版式

(1) 在第 1 张幻灯片的副标题中输入学号和姓名等个人信息,并将字体格式设置为隶书、蓝色、加粗、字号 30 磅。
(2) 将第 2 张幻灯片的版式更改为"标题和内容",并在标题占位符中输入"目录"。

（3）选择第4张幻灯片中的文本占位符内容，修改其段落间距为段前6磅、段后0磅、行距为1.2倍行距。

（4）在第8张幻灯片后面插入1张新幻灯片（即第9张幻灯片），版式为"仅标题"。标题文字为"绣球花"，字体格式设置为红色、加粗、文本右对齐显示，并插入教师提供的素材包中的4张图片（01.jpg～04.jpg），按顺序插入，自行调整图片大小和位置。

（5）设置演示文稿中幻灯片的宽度为27厘米，高度为20.4厘米。

3. 项目符号和文本级别设置

（1）删除第3张幻灯片中"20世纪初建设的公园也离不开绣球的配植。现代公园和风景区都以成片栽植，形成景观。"所在段落的项目符号。

（2）对第5张幻灯片项目符号和文本级别进行如下设置。

1）将"组培"所在段落文本内容上升两个级别（提示：演示文稿中共有九级文本，按"Shift+Tab"组合键升级，按Tab键降级）。

2）将"以休眠芽为外植体，……"所在段落文本内容降一级。

3）将该幻灯片中所有第一级文本内容的项目符号更改为带填充效果的钻石形项目符号◆，大小改为60%字高，颜色改为红色。

4. 应用设计模板和设置背景

（1）将第2张幻灯片的主题设置为"带状"（因Office版本不一，故也可更换其他主题），其余幻灯片主题设置为"丝状"。

（2）将第2张幻灯片的背景设置为渐变填充效果，设置"预设渐变"为"底部聚光灯-个性色3"，类型为"标题的阴影"。

（3）将第9张幻灯片的背景纹理设置为"水滴"。

5. 设置动画效果

（1）将第2张幻灯片中的文本占位符的每一条文本动画效果设置为鼠标单击进入，动画方式为"擦除"，自左侧。

（2）将第4张幻灯片的标题"形态特征"的动画效果设置为进入时自顶部"飞入"。设置文本占位符的进入动画效果为"轮子"，"效果选项"为"4轮辐图案"，持续时间为1秒钟（即01.00）。

（3）删除第7张幻灯片中所有一级文本原来设置的动画效果，对第8张幻灯片文本占位符设置进入动画效果"空翻"。

（4）对第9张幻灯片中的4张图片设置进入动画效果"升起"，单击时开始，次序为01.jpg～04.jpg。设置标题"绣球花"的进入动画效果为"缩放"，且次序上比图片早出现。

6. 设置幻灯片切换效果

（1）将全部幻灯片的切换效果设置为"立方体"，效果选项设置为"自顶部"，单击鼠标时换片，将自动换片时间设置为4秒钟。

（2）设置第1张幻灯片的切换效果为"时钟"，效果选项为"逆时针"，"持续时间"为"01.00"，取消"自动换片时间"设置，将声音效果设置为"激光"。

7. 插入艺术字、超链接、日期编号等项目

（1）对第 2 张幻灯片的"绣球花语"建立文字超链接，链接到第 10 张幻灯片（即标题为"绣球花语"的幻灯片）。

（2）对第 8 张幻灯片中的图片创建超链接，链接到第 2 张幻灯片（即标题为"目录"的幻灯片）。

（3）在第 7 张幻灯片中插入素材包中的"绣球花.jpg"图片，设置其图片样式为"映像棱台，白色"，并为该图片建立 E－mail 超链接，E－mail 地址为：个人学号@zjweu.edu.cn（如 8801006@qq.com）。注意："mailto："是自动添加的，无须删除或者手动添加。

（4）在演示文稿中插入幻灯片编号，标题在幻灯片中不显示。

（5）在第 3 张幻灯片的日期区中插入自动更新的日期和时间（采用默认的日期格式），其余幻灯片不添加日期。

（6）设置第 6 张幻灯片在播放时隐藏。

（7）在第 10 张幻灯片中插入 1 个"空白"动作按钮，将其超链接到第 2 张幻灯片，设置按钮播放声音为"打字机"、按钮文字为"返回目录"。

（8）在第 10 张幻灯片后面插入 1 张新幻灯片（即第 11 张幻灯片），版式为空白。操作要求：插入任意 1 个艺术字，编辑文字内容为"谢谢"，设置字体格式为仿宋、66 磅，艺术字形状高度 4 厘米、宽度 6 厘米，并将其超链接到第 1 张幻灯片［即标题为"1. 绣球花（hydrangea）"的幻灯片］，或者在幻灯片右下角位置插入 1 个动作按钮"转到开头"以超链接到第 1 张幻灯片。

8. 视频文件的添加与设置

对第 11 张幻灯片（即最后一张幻灯片）添加素材包中的视频文件"花.mp4"，调整合适的大小和位置，设置其视频效果为"发光：11 磅，橄榄色，主题色 5"，柔化边缘为 10 磅，并设置视频自动开始全屏播放。

实 训 内 容 及 步 骤

一、准备工作

打开自己的学号文件夹，双击打开实训 8 PPT 素材文件。

二、文本编辑和版式

（1）在第 1 张幻灯片的副标题中输入学号和姓名等个人信息，并将字体格式设置为隶书、蓝色加粗、字号 30 磅。

在幻灯片"普通视图"左窗格中，将光标定位在第 1 张幻灯片上的副标题占位符，鼠标拖选"学号和姓名"至合适位置，输入个人学号和姓名，如"20220001 赵一力"。选中文字"20220001 赵一力"或者单击副标题占位符，如图 8-1 所示，在"开始"选项卡的"字体"组

图 8-1 单击副标题占位符

块中，更改字体格式为隶书、30 磅、蓝色、加粗，如图 8-2 所示。

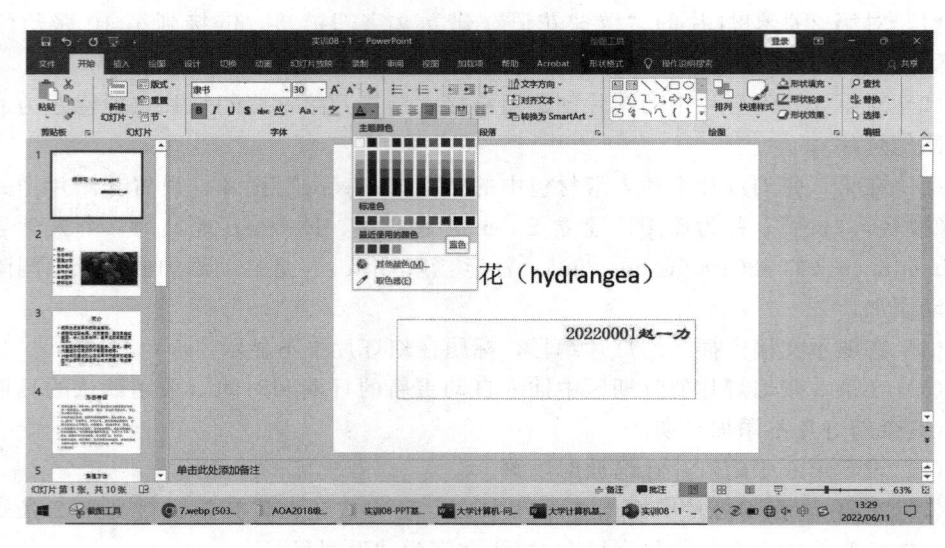

图 8-2　更改字体格式

（2）将第 2 张幻灯片的版式更改为"标题和内容"，并在标题占位符中输入"目录"。

选中第 2 张幻灯片，单击"开始"选项卡"幻灯片"组块中的"版式"下拉按钮（或者右击第 2 张幻灯片，在弹出的快捷菜单中选择"版式"选项），在展开的"Office 主题"菜单中选择"标题和内容"选项，如图 8-3 所示。

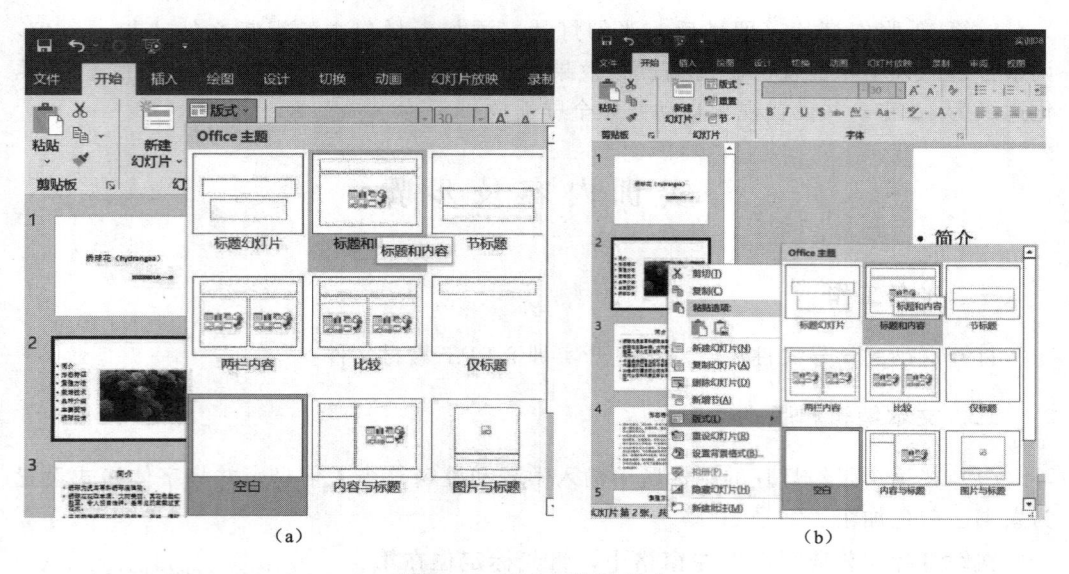

(a)　　　　　　　　　　　(b)

图 8-3　更改幻灯片版式

单击标题占位符，在"单击此处输入标题"文本框中输入标题"目录"，如图 8-4 所示。

（3）选择第 4 张幻灯片中的文本占位符内容，修改其段落间距为段前 6 磅、段后

0磅、行距为1.2倍行距。

选中第4张幻灯片,将光标定位在该幻灯片的文本占位符或者选择该文本占位符内容,在"开始"选项卡中,单击"段落"组块中的"行距"下拉按钮,选择"行距选项"选项(或者单击"段落"组块右下角的"段落"箭头按钮),如图8-5所示。

在弹出的"段落"对话框中修改文本段落间距,将"段前"设置为"6磅","行距"设置为"多倍行距","设置值"修改为"1.2",其余为默认设置,如图8-6所示。

图8-4 输入标题"目录"

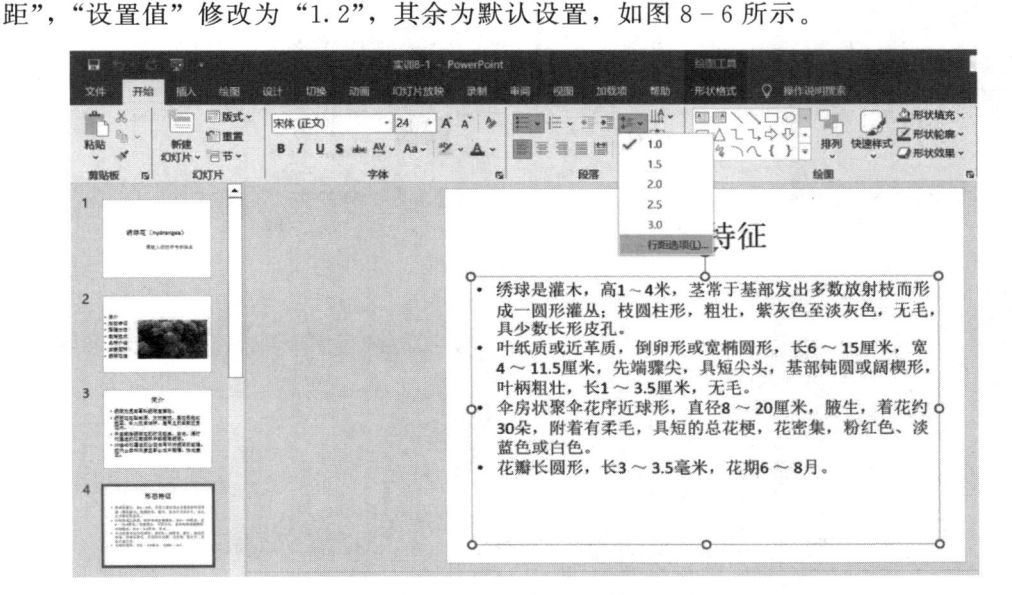

图8-5 选择"行距选项"选项

图8-6 段落设置

最后,单击"确定"按钮完成设置。

(4)在第8张幻灯片后面插入1张新幻灯片(即第9张幻灯片),版式为"仅标题"。标题文字为"绣球花",字体格式设置为红色、加粗、文本右对齐显示,并插入教师提供的素材包中的4张图片(01.jpg~04.jpg),按顺序插入,自行调整图片大小和位置。

选中第8张幻灯片,按下回车键,则在其后面默认插入1张版式为"标题和内容"的新幻灯片;或者选中第8张幻灯片,右击鼠标,在弹出的快捷菜单中选择"版式"中的"标题和内容"选项,如图8-7(a)所示;或者选中第8张幻灯片,单击"开始"选项卡中"幻灯片"组块的"新建幻灯片"下拉按钮,在展开的菜单中选择"仅标题"选择,如图8-7(b)所示。

右击新建的幻灯片(即第9张幻灯片),在弹出的快捷菜单中选择"版式"中的"仅标题"选项,如图8-8所示。

（a） （b）

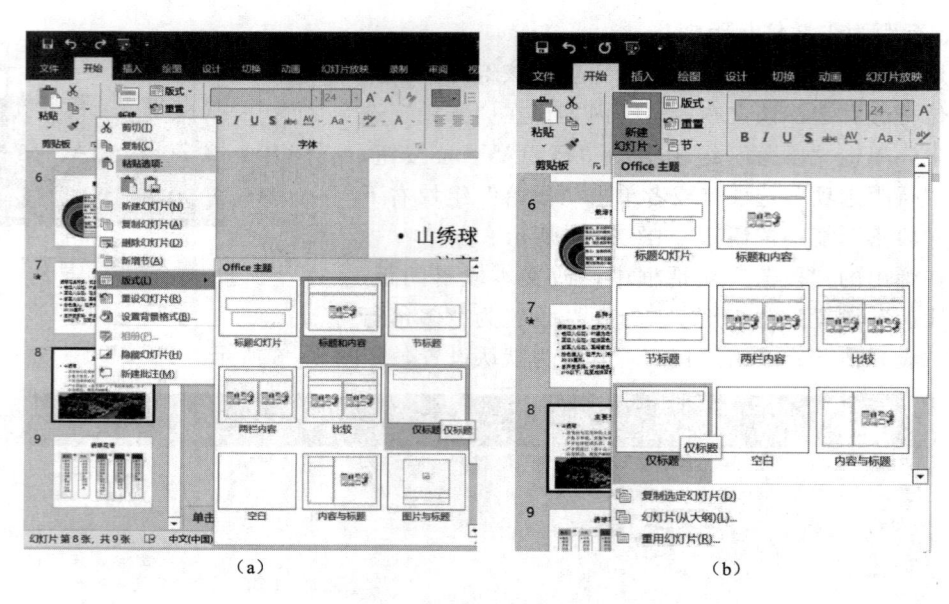

图 8-7 新建幻灯片

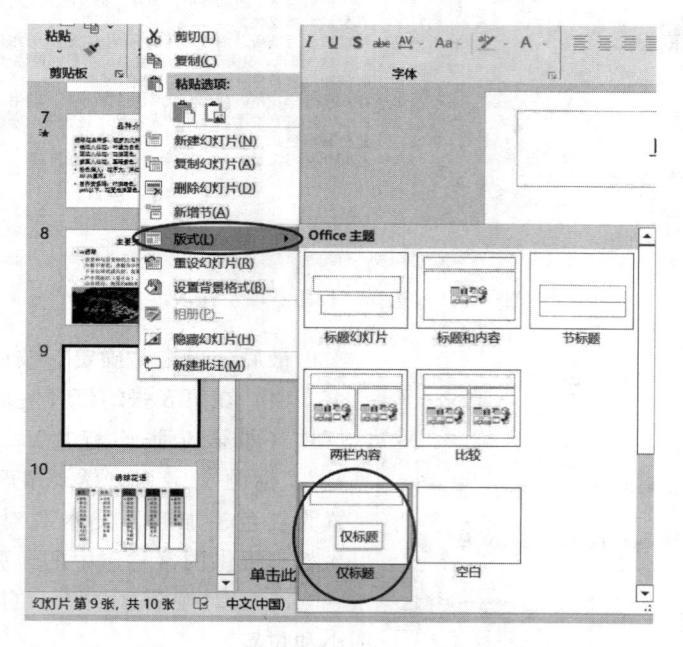

图 8-8 修改幻灯片版式为"仅标题"

在幻灯片标题占位符中输入文字"绣球花",选中这3个字,在"开始"选项卡的"字体"组块中,设置其字体格式为红色、加粗,文本右对齐显示,如图 8-9 所示。

将光标定位在第9张幻灯片的空白区域,在"插入"选项卡中,单击"图像"组块的"图片"下拉按钮,选择"插入图片"选项,在弹出的"插入图片"对话框中拖曳鼠标选中素材包里的4张图片(如 01.jpg~04.jpg),或者先选中第1张图片,再按

图 8-9　字体格式更改

住 Ctrl 键，鼠标依次单击其余 3 张图片，如图 8-10 所示。

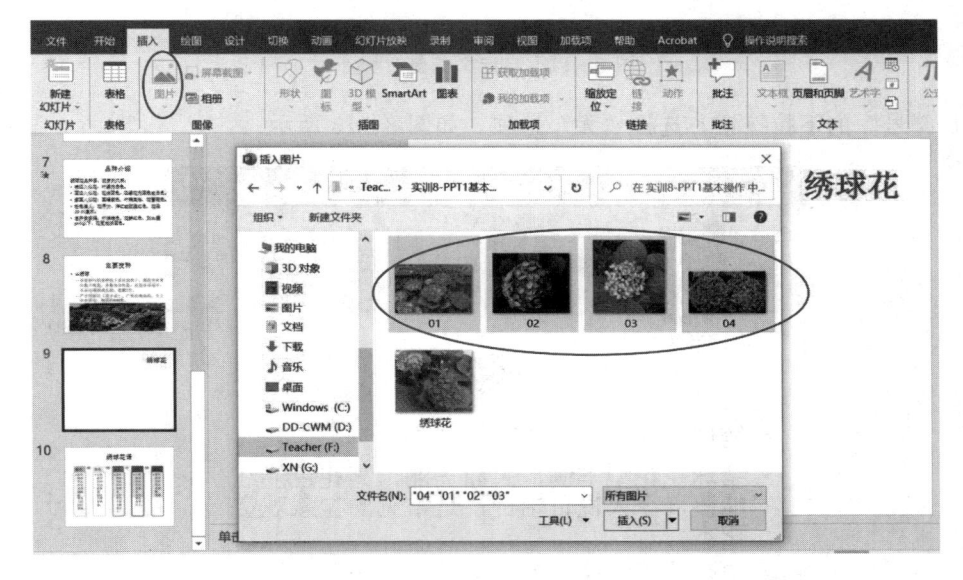

图 8-10　插入 4 张图片

最后单击"插入"按钮，再适当调整图片的大小和位置。

（5）设置演示文稿中幻灯片的宽度为 27 厘米，高度为 20.4 厘米。

在"设计"选项卡中，单击"自定义"组块中的"幻灯片大小"下拉按钮，选择"自定义幻灯片大小"选项，在弹出的"幻灯片大小"对话框中，修改"宽度"为"27 厘米"，"高度"为"20.4 厘米"，其余保持默认设置，如图 8-11（a）所示，单击"确定"按钮，并在弹出的对话框中单击"最大化"按钮，如图 8-11（b）所示。

三、项目符号和文本级别设置

（1）删除第 3 张幻灯片中"20 世纪初建设的公园也离不开绣球的配植。现代公园和风景区都以成片栽植，形成景观。"所在段落的项目符号。

选中第 3 张幻灯片（标题为"简介"的幻灯片），将光标定位在最后一个自然段，即"20 世纪初建设的公园也离不开绣球的配植。现代公园和风景区都以成片栽植，形成景观。"，将光标定位在文字段落的"20 世纪"前，按下键盘的退格键（Backspace），删除段落前的项目符号。其他操作方法：拖曳鼠标选中该段落文字，在"开始"选项卡中，单击"段落"组块中"项目符号"按钮，如图 8-12 所示；或者单击

(a)　　　　　　　　　　　　　　(b)

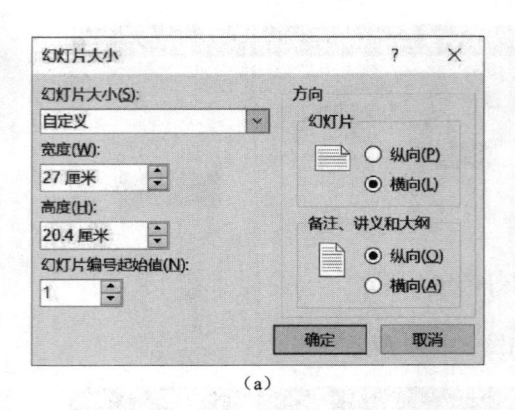

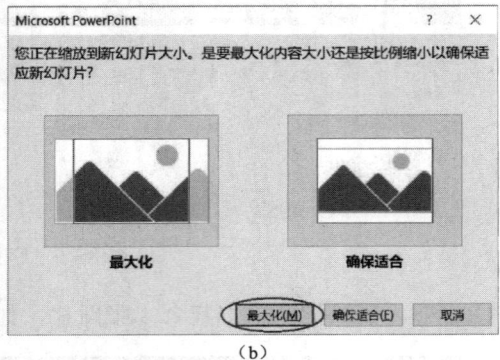

图8-11　自定义幻灯片大小

"项目符号"的下拉按钮,选择"无"选项,如图8-13所示。

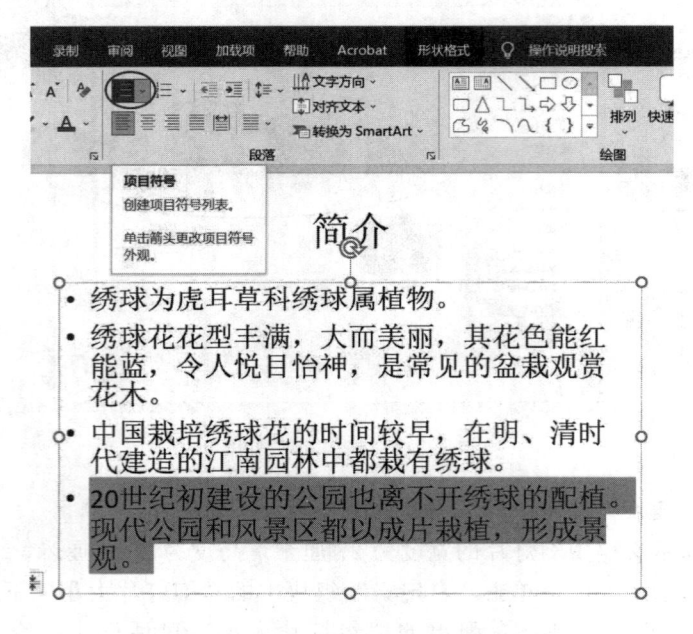

图8-12　删除段落项目符号的操作方法1

(2)对第5张幻灯片项目符号和文本级别进行以下设置。

1)将"组培"所在段落文本内容上升两个级别(提示:演示文稿中共有九级文本,按"Shift+Tab"组合键升级,按Tab键降级。

选中第5张幻灯片,拖曳鼠标选中"组培"段落文字,按住Shift键,按两次Tab键,使该级文本内容上升两个级别。

2)将"以休眠芽为外植体,……"所在段落文本内容降一级。

同上操作,选中"以休眠芽为外植体,……"段落文字,按一下Tab键,使其文本内容降一级。效果如图8-14所示。

3)将该幻灯片中所有第一级文本内容的项目符号更改为带填充效果的钻石形项目符号◆,大小改为60%字高,颜色改为红色。

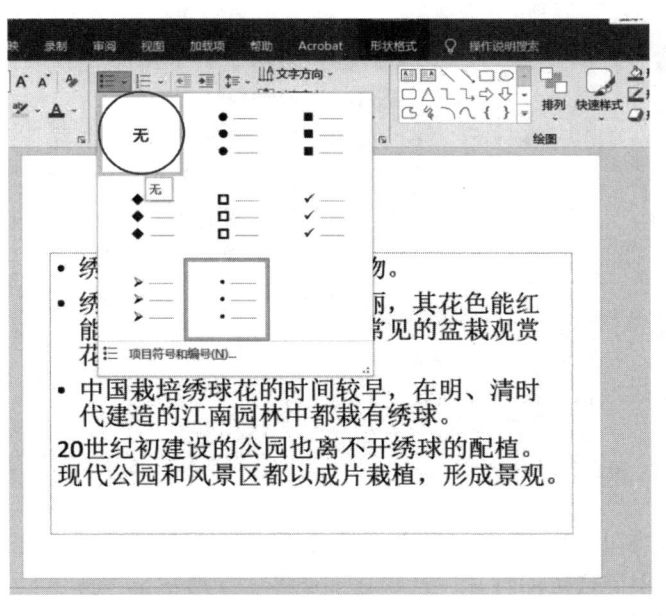

图 8-13　删除段落项目符号的操作方法 2

将光标定位在该幻灯片文本占位符，按住 Ctrl 键，选择所有的第一级文本内容，单击"开始"选项卡"段落"组块中的"项目符号"下拉按钮，选择"项目符号和编号"选项，如图 8-15 所示。

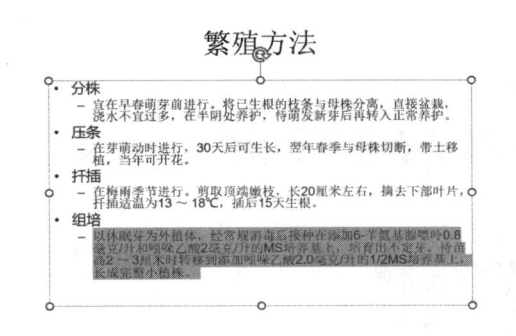

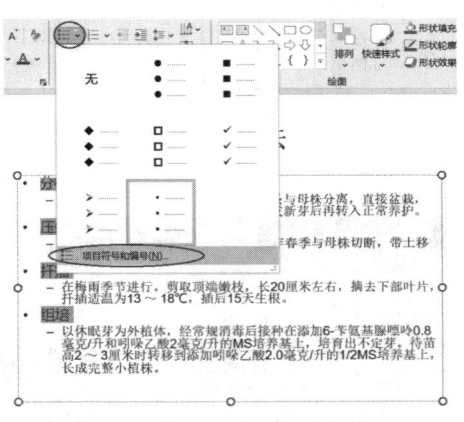

图 8-14　文本内容升级、降级效果　　图 8-15　选择"项目符号和编号"选项

在弹出的"项目符号和编号"对话框中，将"项目符号"更改为带填充效果的钻石形项目符号◆，"大小"改为 60% 字高，"颜色"改为红色，如图 8-16 所示。

单击"确定"按钮，完成设置。

四、应用设计模板和设置背景

（1）将第 2 张幻灯片的主题设置为"带状"（因 Office 版本不一，故也可更换其他主题），其余幻灯片主题设置为"丝状"。

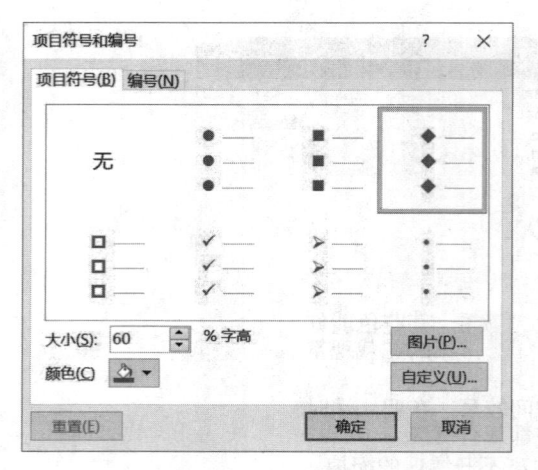

图 8-16　项目符号和编号设置

在"设计"选项卡中，单击"主题"组块中右下角的"其他"按钮，如图 8-17 所示。

在展开的"主题"菜单中选择"丝状"主题选项（此时默认该主题设置应用于所有幻灯片），如图 8-18 所示；或者找到"Office"内置主题"丝状"，右击该主题，在弹出的快捷菜单中选择"应用于所有幻灯片"选项，如图 8-19 所示。各幻灯片的占位符大小和位置可适当调整。

将光标定位到第 2 张幻灯片，在"设计"选项卡中，单击"主题"组块右下角的"其他"按钮，找到"Office"内置主题"带状"，右击该主题，在弹出的快捷菜单中选择"应用于选定幻灯片"选项，如图 8-20 所示。

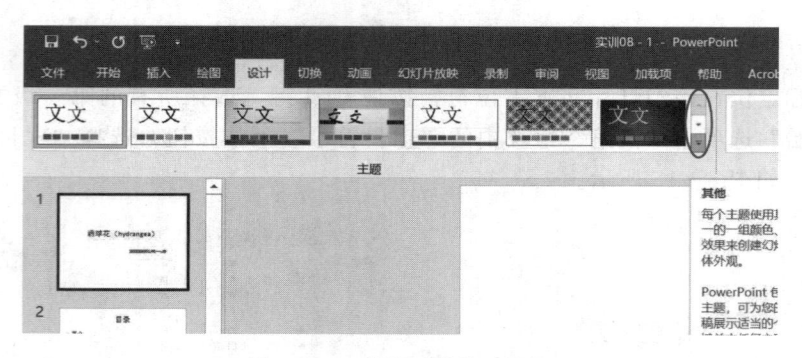

图 8-17　单击"其他"按钮

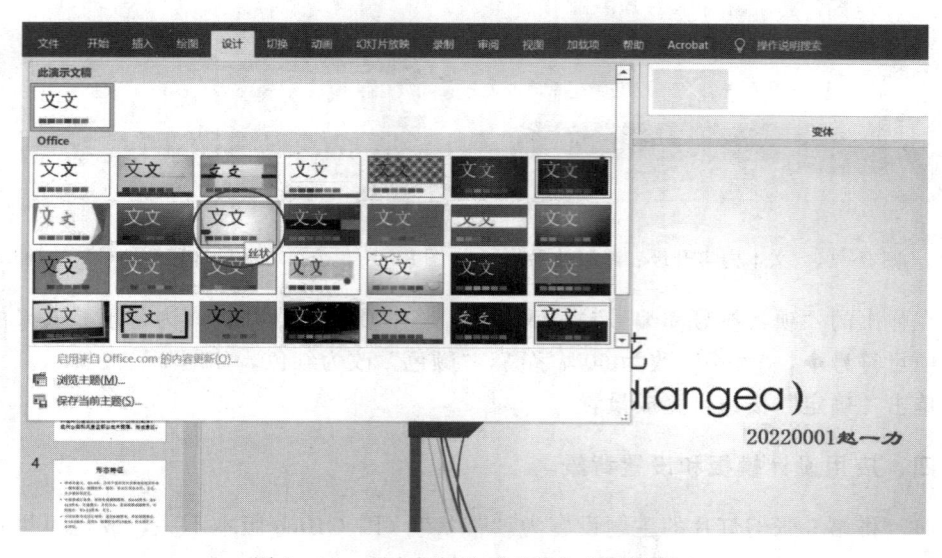

图 8-18　所有幻灯片"丝状"主题设置 1

图 8-19　所有幻灯片"丝状"主题设置 2

图 8-20　第 2 张幻灯片"带状"主题设置

（2）将第 2 张幻灯片的背景设置为渐变填充效果，设置"预设渐变"为"底部聚光灯-个性色 3"，"类型"为"标题的阴影"。

选择第 2 张幻灯片，在"设计"选项卡中，单击"自定义"组块中的"设置背景格式"按钮；或者在该幻灯片的空白区域右击鼠标，在弹出的快捷菜单中选择"设置背景格式"选项，如图 8-21 所示。

在"设置背景格式"窗格中设置其背景，"填充"设置为"渐变填充"；单击"预设渐变"下拉按钮，选择"底部聚光灯-个性色 3"选项；单击"类型"下拉按钮，选择"标题的阴影"选项，如图 8-22 所示。最后关闭"设置背景格式"窗格。

注意：如果单击"应用到全部"按钮，是将设置好的背景填充效果应用到演示文稿的所有幻灯片中。

（3）将第 9 张幻灯片的背景纹理设置为"水滴"。

可参照图 8-21 所示的操作打开"设置背景格式"窗格，在窗格中将"填充"设

图 8-21 设置背景格式

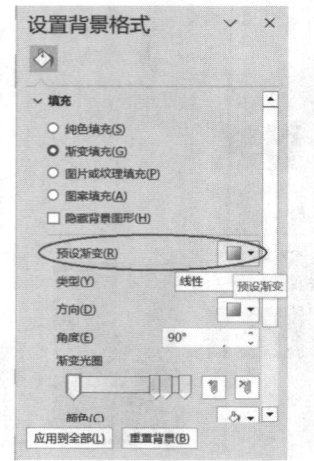

图 8-22 背景渐变填充设置

置为"图片或纹理填充",单击"纹理"下拉按钮,选择"水滴"作为当前幻灯片的背景纹理填充效果,如图 8-23 所示。最后关闭"设置背景格式"窗格。

五、设置动画效果

(1) 将第 2 张幻灯片中的文本占位符的每一条文本动画效果设置为鼠标单击进入,动画方式为"擦除",自左侧。

将光标定位到第 2 张幻灯片,选中其文本占位符,在"动画"选项卡中,选择"动画"组块的"擦除"动画效果,如图 8-24 所示。然后单击"效果选项"下拉按钮,选择"自左侧"选项,如图 8-25 所示,其余设置不变。

(2) 将第 4 张幻灯片的标题"形态特征"的动画效果设置为进入时自顶部"飞入"。设置文本占位符的进入动画效果为"轮子","效果选项"为"4 轮辐图案",持续时间为 1 秒钟(即 01.00)。

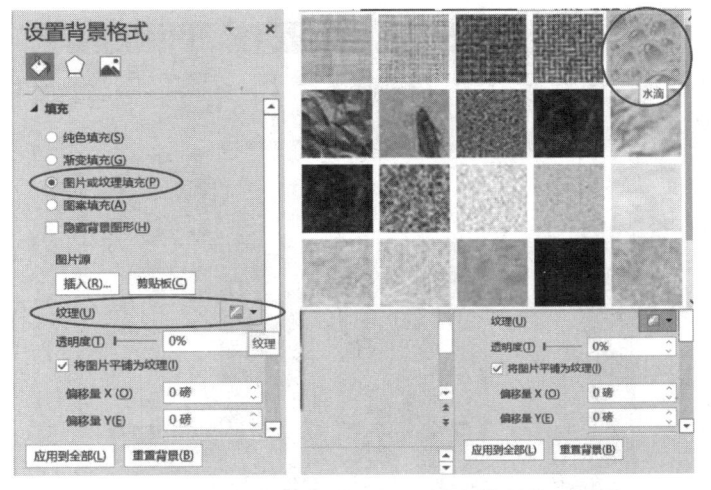

图 8-23 "水滴"背景纹理填充效果设置

图 8-24 "擦除"动画效果设置

将光标定位到第 4 张幻灯片,单击标题占位符,选中标题内容"形态特征",在"动画"选项卡中,选择"动画"组块的"飞入"动画,然后单击"效果选项"下拉按钮,选择"自顶部"选项,其余设置不变,如图 8-26 所示。

选中第 4 张幻灯片中的文本占位符,单击"动画"选项卡的"动画"组块中的"动画样式"按钮,如图 8-27 所示。然后在展开的菜单中选择"进入"效果中的"轮子"动画效果,如图 8-28 所示。

单击"效果选项"下拉按钮,选择其效果选项为"4 轮辐图案(4)"。在"计时"组块中,设置"持续时间"为"01.00"(即 1 秒钟),如图 8-29 所示,其余设置不变。

图 8-25 "擦除"动画"效果选项"设置

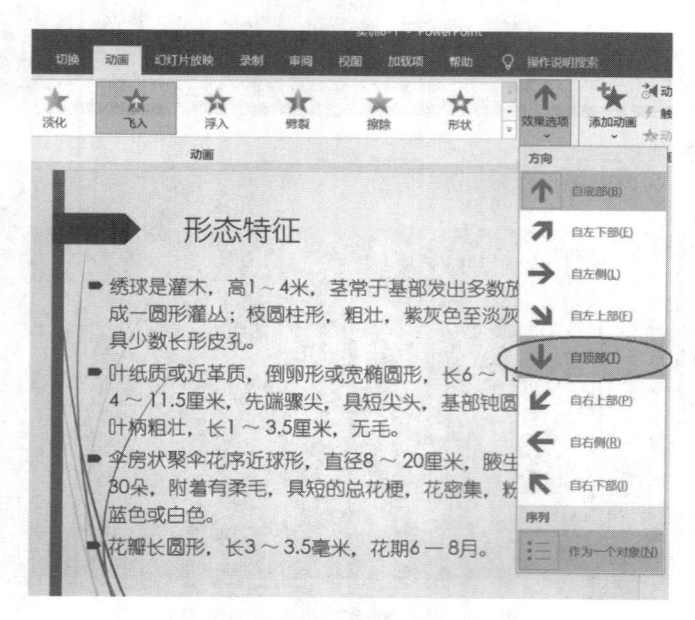

图 8-26 "飞入"动画"效果选项"设置

（3）删除第 7 张幻灯片中所有一级文本原来设置的动画效果，对第 8 张幻灯片文本占位符设置进入动画效果"空翻"。

将光标定位到第 7 张幻灯片，选中文本占位符或者拖曳鼠标选中文本占位符所有文字内容，在"动画"选项卡中，选择"动画"组块的"无"动画效果，即可删除文本占位符中一级文本原有的 6 条动画，如图 8-30 所示。

将光标定位到第 8 张幻灯片，选中文本占位符，再单击"动画"组块中的"动画样式"按钮，在展开的菜单中选择"更多进入效果"选项，如图 8-31 所示。

在弹出的"更改进入效果"对话框中，选择"华丽"中的"空翻"动画效果，其

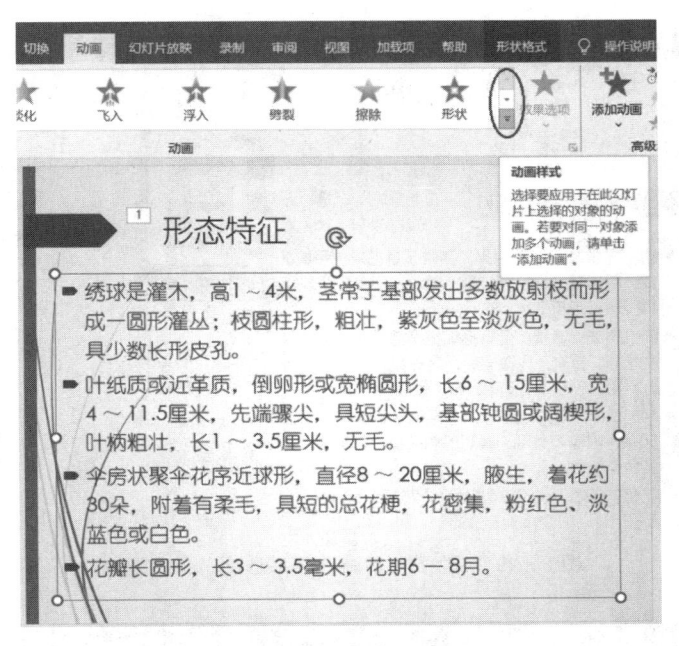

图 8-27 单击"动画样式"按钮

图 8-28 选择"轮子"动画效果

余设置不变,如图 8-32 所示,最后单击"确定"按钮,完成设置。

(4) 对第 9 张幻灯片中的 4 张图片设置进入动画效果"升起",单击时开始,次序为 01.jpg~04.jpg。设置标题"绣球花"的进入动画效果为"缩放",且次序上比图片早出现。

将光标定位到第 9 张幻灯片,拖曳鼠标选中 4 张图片(或者先选中其中 1 张,再按住 Ctrl 键,依次单击其余 3 张图片),单击"动画"组块中的"动画样式"按钮,在展开的菜单中选择"更多进入效果"选项,在弹出的"更改进入效果"对话框中,选择"温和"中的"升起"动画效果,如图 8-33 所示,最后单击"确定"按钮,完

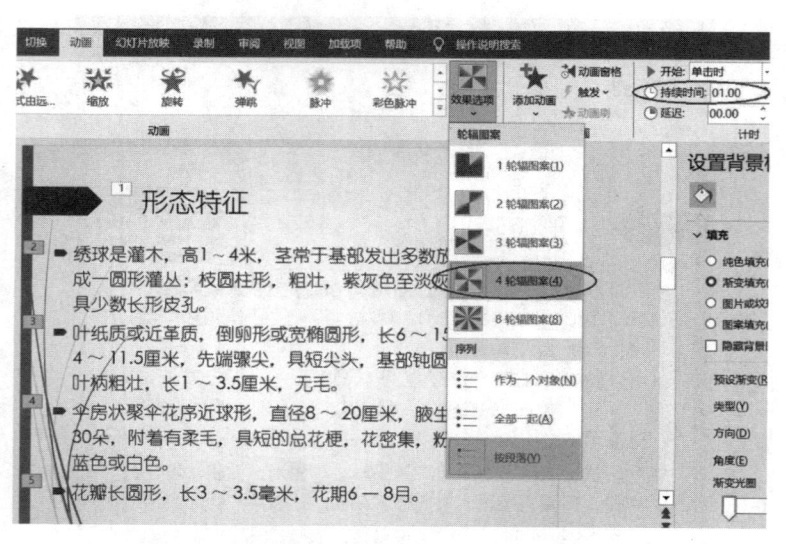

图8-29 "轮子"动画"效果选项"设置更改

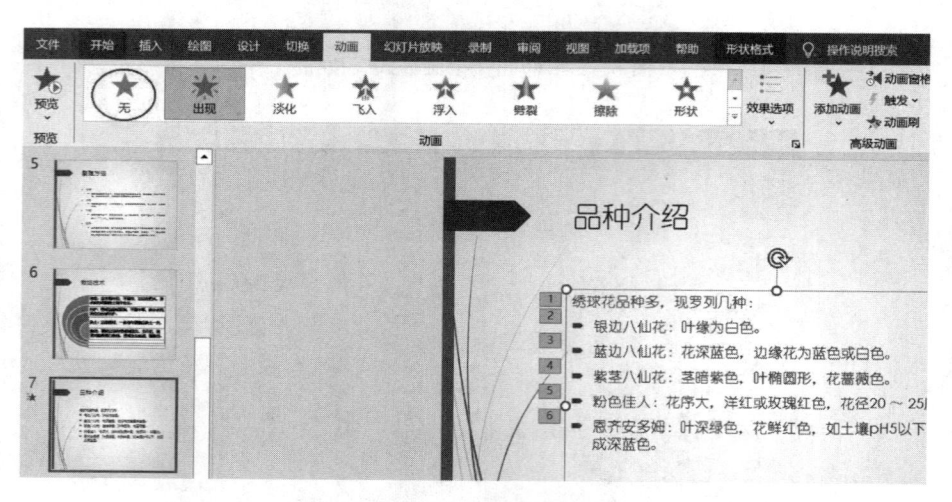

图8-30 删除文本原有的动画

成设置。

在"计时"组块中，设置"开始"为"单击时"，如图8-34所示，其余设置不变。

选中标题文字"绣球花"，设置其进入动画效果为"缩放"，单击"高级动画"组块中的"动画窗格"按钮，在弹出的"动画窗格"窗格中，共显示5条动画，如图8-35所示，选中第5个动画"5 标题3：绣球花"对它进行重新排序，多次单击"计时"组块中的"向前移动"按钮，将其动画顺序上移至第1个动画，如图8-36（a）所示；或者先选中第5个动画"5 标题3：绣球花"，多次单击窗格右侧"▲"按钮，将其动画顺序上移至第1个动画，如图8-36（b）所示。完成效果如图8-36（c）所示。

图 8-31 选择"更多进入效果"选项

图 8-32 选择"空翻"动画效果

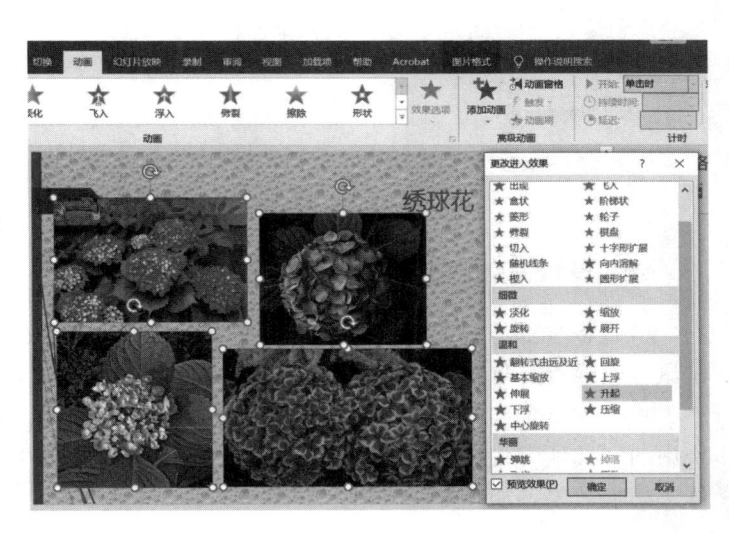

图 8-33 选择"升起"动画效果

图 8-34 动画效果"计时"设置

图 8-35 显示"动画窗格"

（a）　　　　　　　　（b）　　　　　　　　（c）

图 8-36 动画重新排序

六、设置幻灯片切换效果

（1）将全部幻灯片的切换效果设置为"立方体"，效果选项设置为"自顶部"，单击鼠标时换片，将自动换片时间设置为 4 秒钟。

将光标定位到第 1 张幻灯片，在"切换"选项卡中，单击"切换到此幻灯片"组块中的"其他"按钮，如图 8-37 所示。在展开的菜单中，选择"华丽"中的"立方体"切换效果，如图 8-38 所示。

图 8-37 单击"切换"选项卡中的"其他"按钮

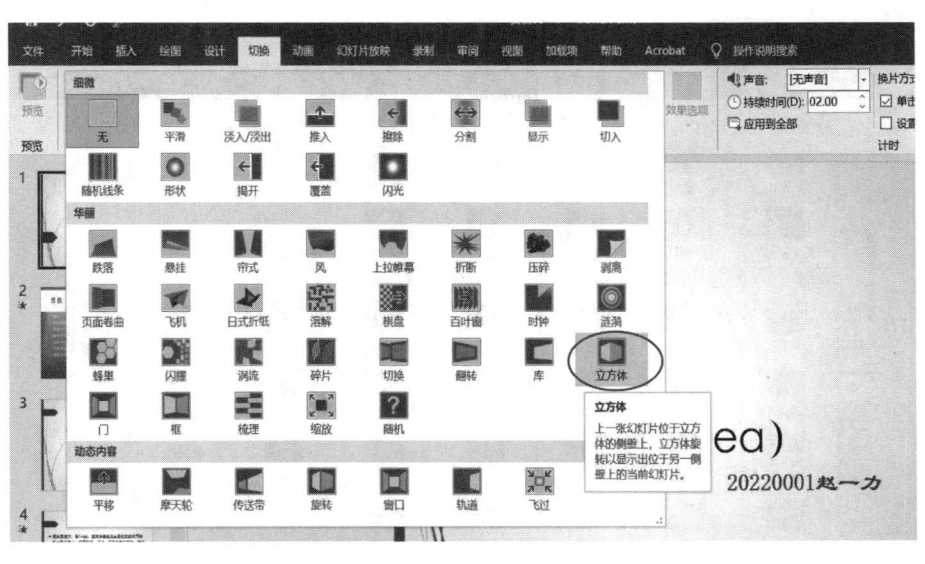

图 8-38　选择"立方体"切换效果

单击"效果选项"下拉按钮，选择"自顶部"选项。在"计时"组块中，勾选"换片方式"的"单击鼠标时"和"设置自动换片时间"两个复选框，并且将自动换片时间设置为"00：04.00"（即 4 秒钟），如图 8-39 所示。最后单击"应用到全部"按钮，则当前演示文稿全部幻灯片的切换效果均为"立方体"。

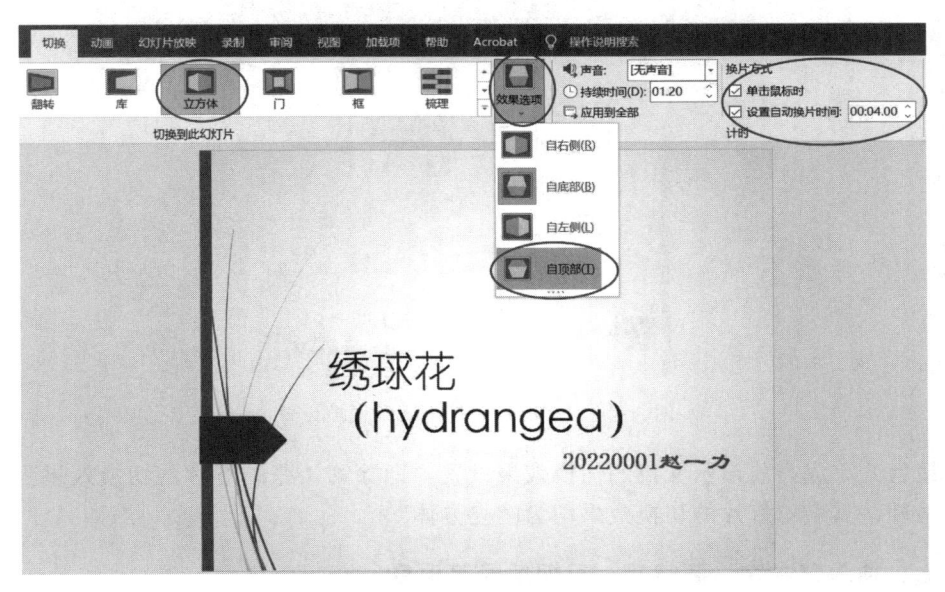

图 8-39　"立方体"切换效果选项设置

（2）设置第 1 张幻灯片的切换效果为"时钟"，"效果选项"为"逆时针"，"持续时间"为 01.00，取消"自动换片时间"设置，将声音效果设置为"激光"。

将光标再次定位到第 1 张幻灯片，在"切换"选项卡中，单击"切换到此幻灯片"组块中的"其他"按钮，在展开的菜单中，选择"华丽"中的"时钟"切换效果，如图8-40所示。

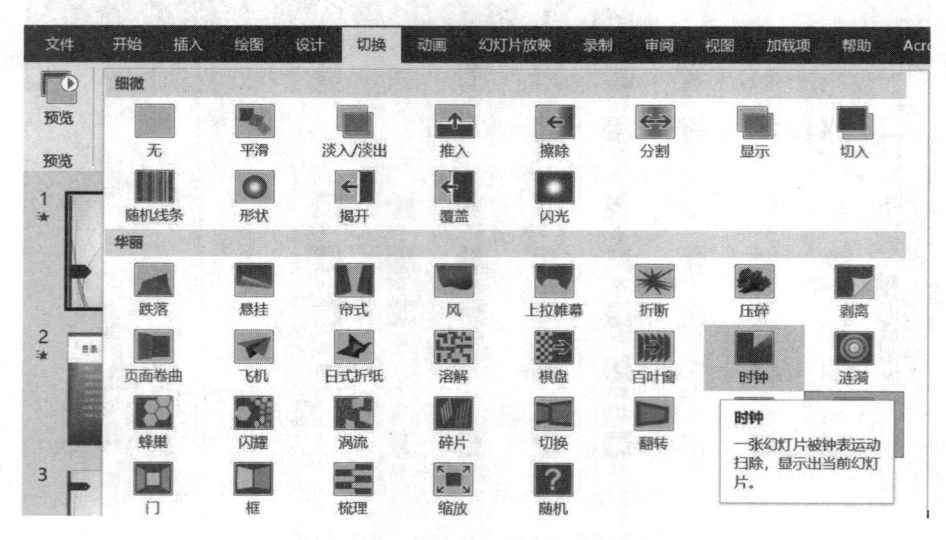

图8-40 选择"时钟"切换效果

单击"效果选项"下拉按钮，选择"逆时针"选项。在"计时"组块中，"声音"设置为"激光"，"持续时间"设置为"01.00"，最后去除本张幻灯片的自动换片时间，即取消勾选"设置自动换片时间"的复选框，如图8-41所示。

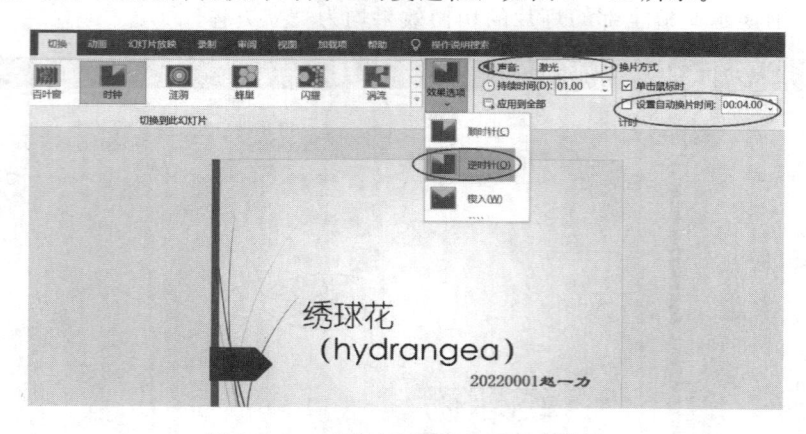

图8-41 "时钟"切换效果选项设置

最后，完成当前演示文稿的切换效果设置，即除第1张幻灯片的切换效果为"时钟"之外，其余幻灯片的切换效果均为"立方体"。

七、插入艺术字、超链接、日期编号等项目

（1）对第2张幻灯片的"绣球花语"建立文字超链接，链接到第10张幻灯片（即标题为"绣球花语"的幻灯片）。

将光标定位到第2张幻灯片，选中文字"绣球花语"，在"插入"选项卡中，单击"链接"组块中的"链接"按钮，如图8-42所示；或者选中文字"绣球花语"后，右击鼠标，在弹出的快捷菜单中选择"超链接"选项，如图8-43所示，进行插

入"超链接"操作。

图 8-42　插入"超链接"操作 1　　　　图 8-43　插入"超链接"操作 2

然后，在弹出的"插入超链接"对话框中，选择"链接到："中的"本文档中的位置"选项，选中"幻灯片标题"中的"10. 绣球花语"，如图 8-44 所示，最后单击"确定"按钮，完成设置。

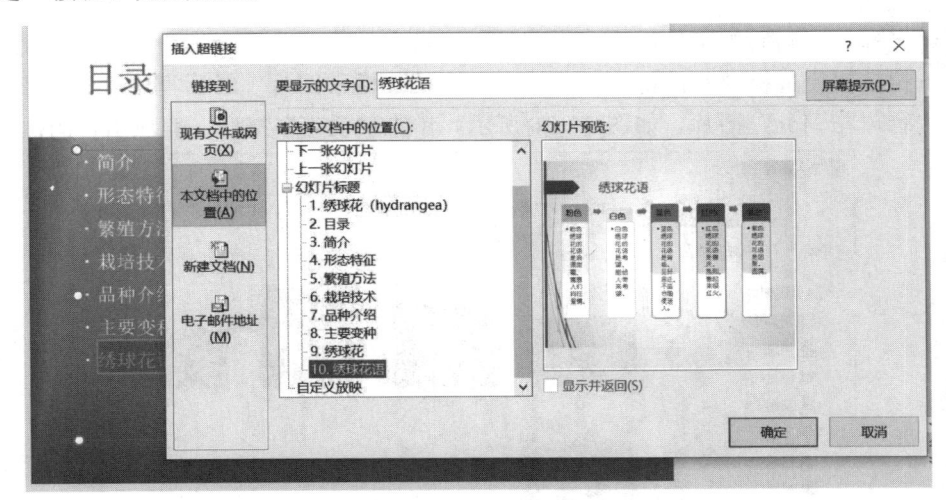

图 8-44　超链接到"本文档中的位置"1

（2）对第 8 张幻灯片中的图片创建超链接，链接到第 2 张幻灯片（即标题为"目录"的幻灯片）。

将光标定位到第 8 张幻灯片，选中幻灯片中的图片，在"插入"选项卡中，单击"链接"组块中的"链接"按钮（或者选中图片后，右击鼠标，在弹出的快捷菜单中选择"超链接"选项），在弹出的"插入超链接"对话框中，选择"链接到："中的

"本文档中的位置"选项，选中"幻灯片标题"中的"2.目录"，如图8-45所示，最后单击"确定"按钮，完成操作。

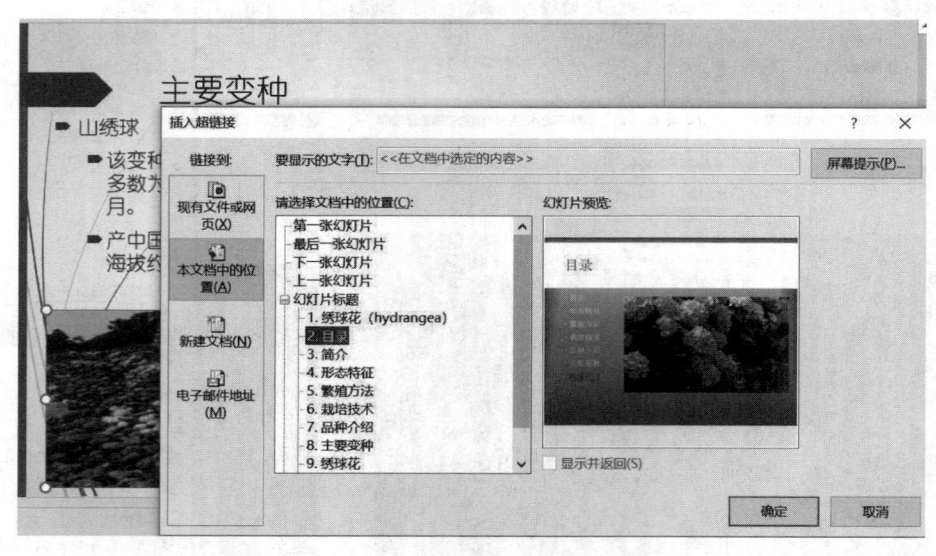

图8-45 超链接到"本文档中的位置"2

（3）在第7张幻灯片中插入素材包中的"绣球花.jpg"图片，设置其图片样式为"映像棱台，白色"，并为该图片建立E-mail超链接，E-mail地址为：个人学号@zjweu.edu.cn（如×××@qq.com）。注意："mailto:"是自动添加的，无须删除或者手动添加。

将光标定位到第7张幻灯片，在"插入"选项卡中，单击"图像"组块中的"图片"下拉按钮，选择"此设备"选项，在弹出的"插入图片"对话框中，选中素材包中的"绣球花.jpg"图片，如图8-46所示，单击"插入"按钮，完成图片的插入。

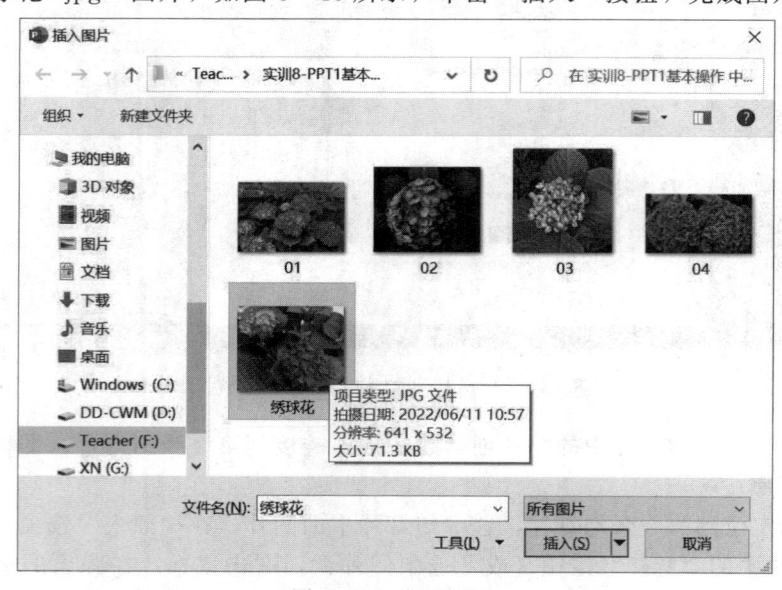

图8-46 插入图片

调整图片的大小和位置，双击图片，在"图片工具"中的"图片格式"选项卡中，单击"图片样式"组块中的"其他"按钮，在展开的列表中选择"映像棱台，白色"选项，如图 8-47 所示。

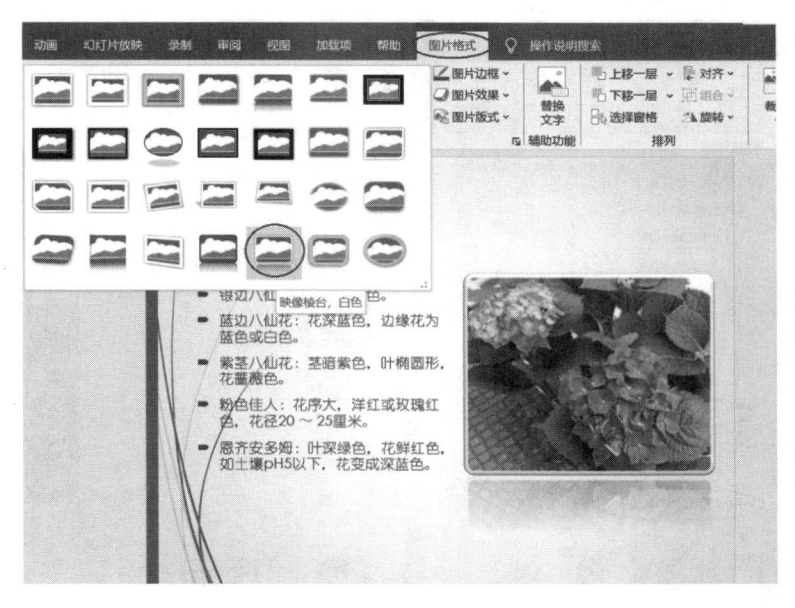

图 8-47 图片样式更改

选中图片，在"插入"选项卡中，单击"链接"组块中的"链接"按钮（或者选中图片后，右击鼠标，在弹出的快捷菜单中选择"超链接"选项），在弹出的"插入超链接"对话框中，选择"链接到:"中的"电子邮件地址"选项，在右边"电子邮件地址"栏中输入个人的学号邮箱地址，如 20220001@zjweu.edu.cn（注意："mailto:"是自动添加的，无须删除），如图 8-48 所示，最后单击"确定"按钮，完成插入超链接的操作。

图 8-48 插入"电子邮件地址"超链接

（4）在演示文稿中插入幻灯片编号，标题在幻灯片中不显示。

在"插入"选项卡中，单击"文本"组块中的"幻灯片编号"按钮，在弹出的"页眉和页脚"对话框中，勾选"幻灯片编号"和"标题幻灯片中不显示"两个复选框，如图 8-49 所示，最后单击"全部应用"按钮，完成设置。

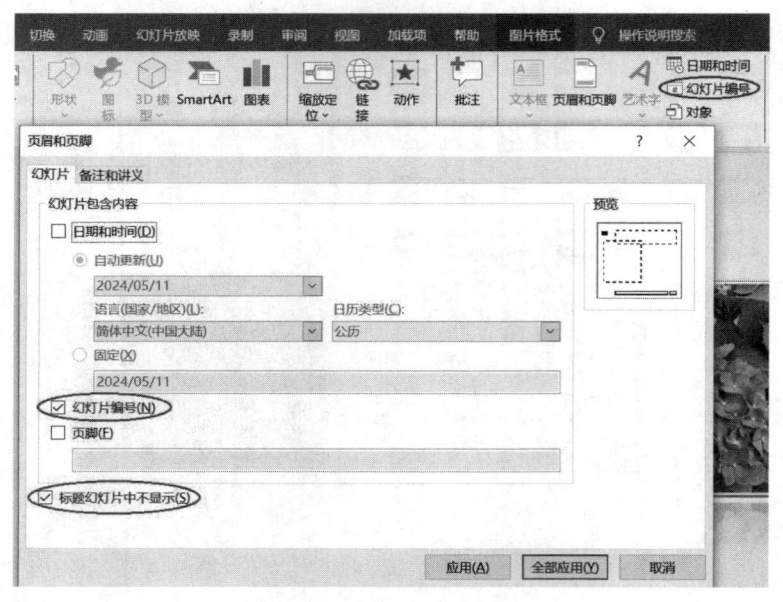

图 8-49　插入幻灯片编号

（5）在第 3 张幻灯片的日期区中插入自动更新的日期和时间（采用默认的日期格式），其余幻灯片不添加日期。

将光标定位到第 3 张幻灯片，在"插入"选项卡中，单击"文本"组块中的"日期和时间"按钮，在弹出的"页眉和页脚"对话框中，勾选"日期和时间"复选框，选择"自动更新"（采用默认的日期格式，如 2024/05/11），如图 8-50 所示，最后单击"应用"按钮，完成设置。

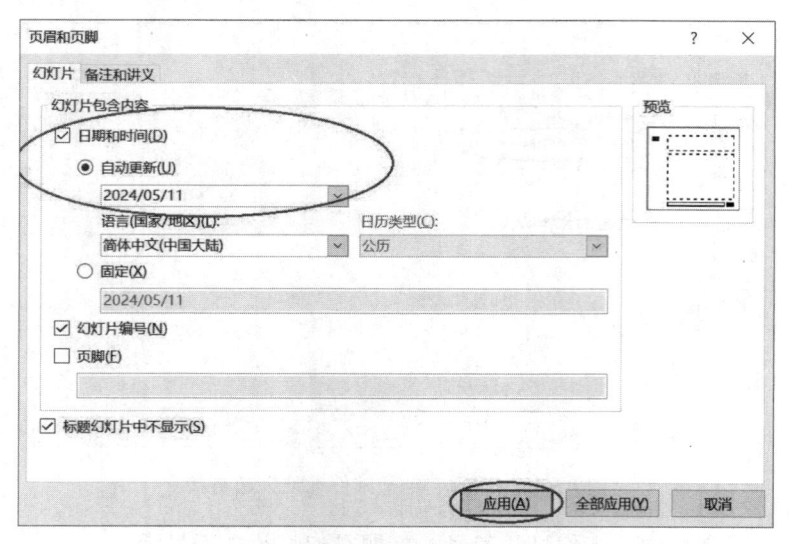

图 8-50　插入日期和时间

（6）设置第 6 张幻灯片在播放时隐藏。

将光标定位到第 6 张幻灯片，在"幻灯片放映"选项卡中，单击"设置"组块中的"隐藏幻灯片"按钮，如图 8-51（a）所示；或者右击该幻灯片，在弹出的快捷菜单中选择"隐藏幻灯片"选项，如图 8-51（b）所示，即完成该幻灯片在播放时隐藏的设置。

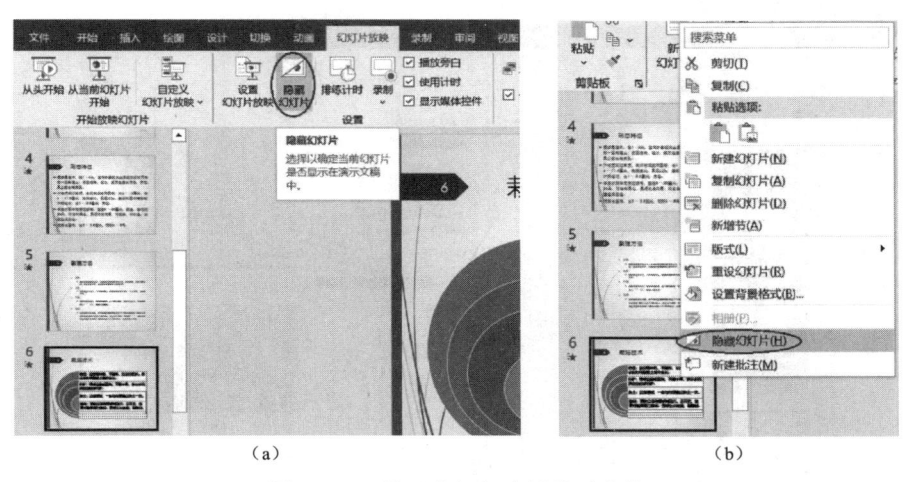

（a）　　　　　　　　　　　　　　（b）

图 8-51　设置在幻灯片播放时隐藏

（7）在第 10 张幻灯片中插入 1 个"空白"动作按钮，将其超链接到第 2 张幻灯片，设置按钮播放声音为"打字机"、按钮文字为"返回目录"。

将光标定位到第 10 张幻灯片，在"插入"选项卡中，单击"插图"组块中的"形状"下拉按钮，选择"动作按钮"选区中的最后一个按钮"动作按钮：空白"选项，如图 8-52 所示。

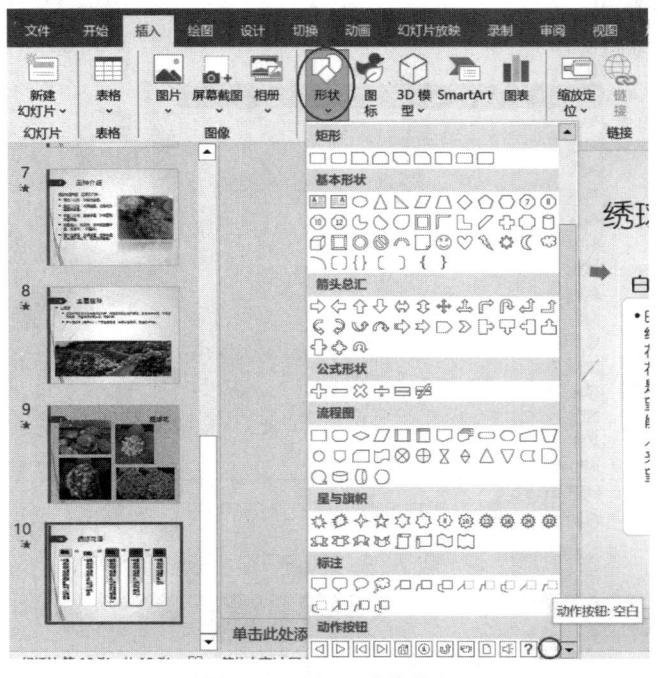

图 8-52　插入动作按钮

然后，在合适的位置按住鼠标左键并拖曳鼠标，生成1个自定义大小的长方形动作按钮，松开鼠标左键，则弹出"操作设置"对话框，在"单击鼠标"选项卡中，选择"超链接到"中的"幻灯片..."选项，在弹出的"超链接到幻灯片"对话框中，选择"幻灯片标题"中的"2.目录"选项，如图8-53所示，单击"确定"按钮。

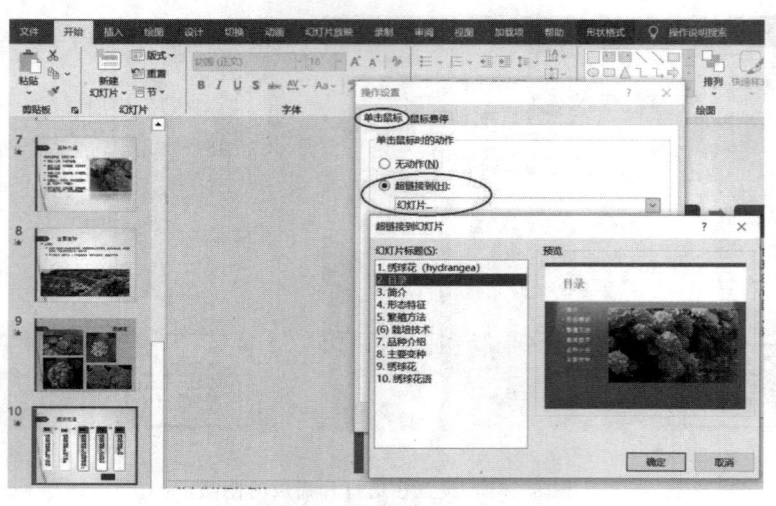

图8-53　动作按钮超链接设置

在"操作设置"对话框中，勾选"播放声音"复选框，在下拉列表中，选择"打字机"声音效果选项，如图8-54所示，最后单击"确定"按钮，完成动作按钮的声音设置。

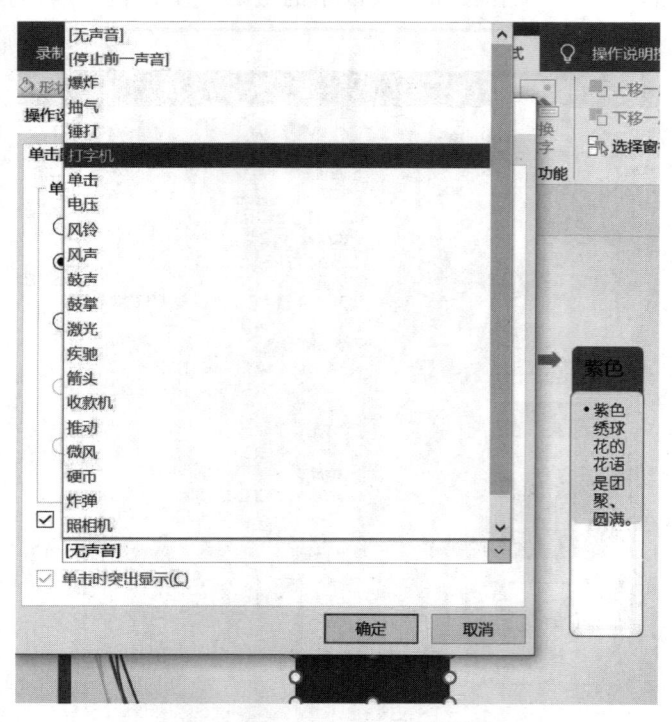

图8-54　动作按钮声音设置

右击该动作按钮，在弹出的快捷菜单中，选择"编辑文字"选项，如图 8-55 所示，输入文字"返回目录"，再适当调整该按钮的位置和大小，效果如图 8-56 所示。

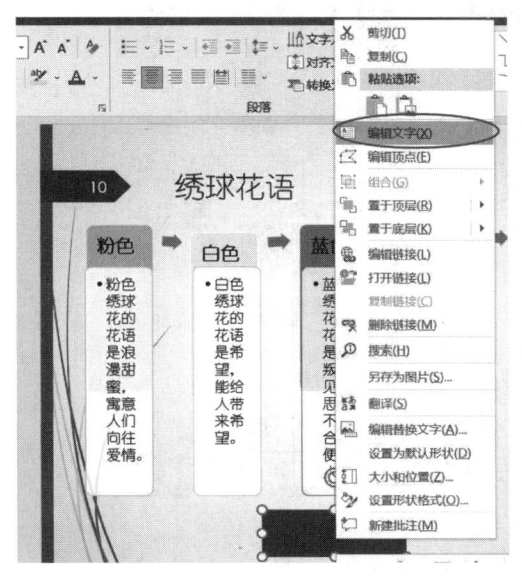

图 8-55　动作按钮编辑文字　　　　图 8-56　"返回目录"动作按钮效果

（8）在第 10 张幻灯片后面插入 1 张新幻灯片（即第 11 张幻灯片），版式为空白。操作要求：插入任意 1 个艺术字，编辑文字内容为"谢谢"，设置字体格式为仿宋、66 磅，艺术字形状高度 4 厘米、宽度 6 厘米，并将其超链接到第 1 张幻灯片〔即标题为"1.绣球花（hydrangea）"的幻灯片〕，或者在幻灯片右下角位置插入 1 个动作按钮"转到开头"以超链接到第 1 张幻灯片。

将光标定位到第 10 张幻灯片，直接按下回车键，在其后插入 1 张新幻灯片，右击鼠标，选择"丝状"主题的"空白"版式选项，如图 8-57（a）所示；或者在"插入"选项卡中，单击"新建幻灯片"下拉按钮，在展开的菜单中选择"空白"版式选项，如图 8-57（b）所示。

在"插入"选项卡中，单击"文本"组块中的"艺术字"下拉按钮，选择"渐变填充：橄榄色，主题色 5；映像"样式，如图 8-58 所示。

幻灯片上将出现"请在此放置您的文字"，输入文字"谢谢"。在"开始"选项卡的"字体"组块中，设置其字体格式为仿宋、66 磅。选中该艺术字，在"绘图工具"中的"形状格式"选项卡中，将"大小"组块中的"形状高度"修改为"4 厘米"、"形状宽度"修改为"6 厘米"，完成修改后，用鼠标将其拖曳至右下角，效果如图 8-59 所示。

选中该艺术字，在"插入"选项卡中，单击"链接"组块中的"链接"按钮（或者选中该艺术字，右击鼠标，在弹出的快捷菜单中选择"超链接"选项），然后在弹出的"插入超链接"对话框中，选择"链接到"中的"本文档中的位置"选项，选中"幻灯片标题"中的"1.绣球花（hydrangea）"选项，如图 8-60 所示，最后单击"确定"按钮，完成文本超链接的设置。

(a)   (b)

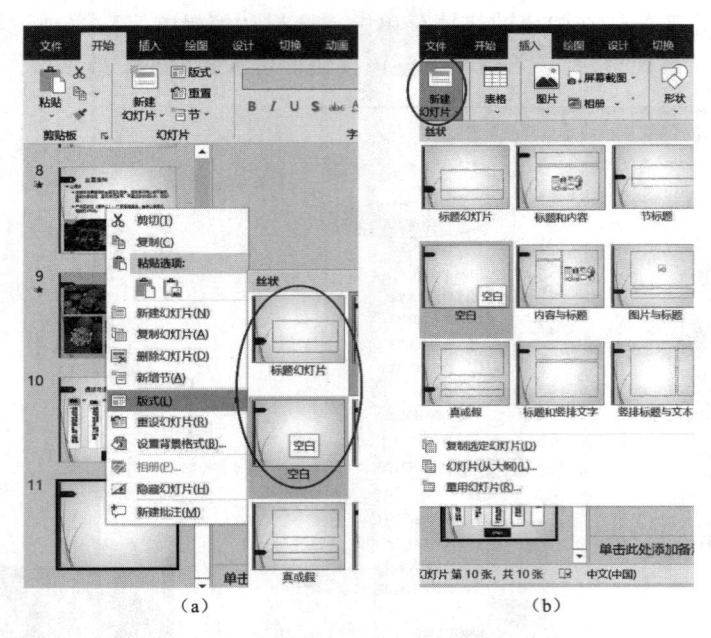

图 8-57 将幻灯片版式更改为"空白"

八、视频文件的添加与设置

对第 11 张幻灯片（即最后一张幻灯片）添加素材包中的视频文件"花.mp4"，调整合适的大小和位置，设置其视频效果为"发光：11 磅，橄榄色，主题色 5"，柔化边缘为 10 磅，并设置视频自动开始全屏播放。

将光标定位在最后一张幻灯片（即第 11 张幻灯片），在"插入"选项卡中，单击"媒体"组块中的"视频"下拉按钮，选择"此设备"选项，在"插入视频"对话框中，选中素材包中的"花

图 8-58 艺术字样式

.mp4"视频文件，单击"插入"按钮，将视频插入幻灯片合适的位置，完成效果如图 8-61 所示。

选中该视频文件，在"视频工具"的"视频格式"选项卡中，单击"视频效果"下拉按钮，选择"发光"中的"发光：11 磅，橄榄色，主题色 5"效果选项，如图 8-62 所示。

再次单击"视频效果"下拉按钮，选择"柔化边缘"中的"10 磅"效果选项，如图 8-63 所示。

打开"视频工具"的"播放"选项卡，在"视频选项"组块中，在"开始"后的下拉列表中选择"自动"选项，并勾选"全屏播放"复选框，如图 8-64 所示。

至此，实训 8 操作完毕，可以按 F5 键播放演示文稿，也可打开素材包中的"实训 8-参考效果.ppsx"进行效果对比。

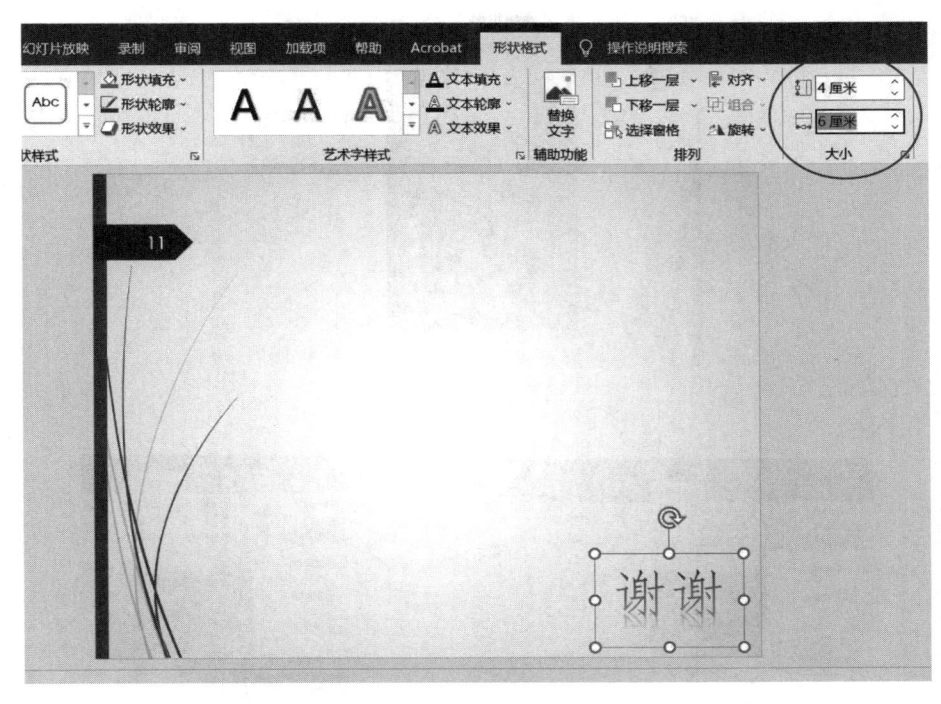

图 8-59　修改艺术字宽度和高度

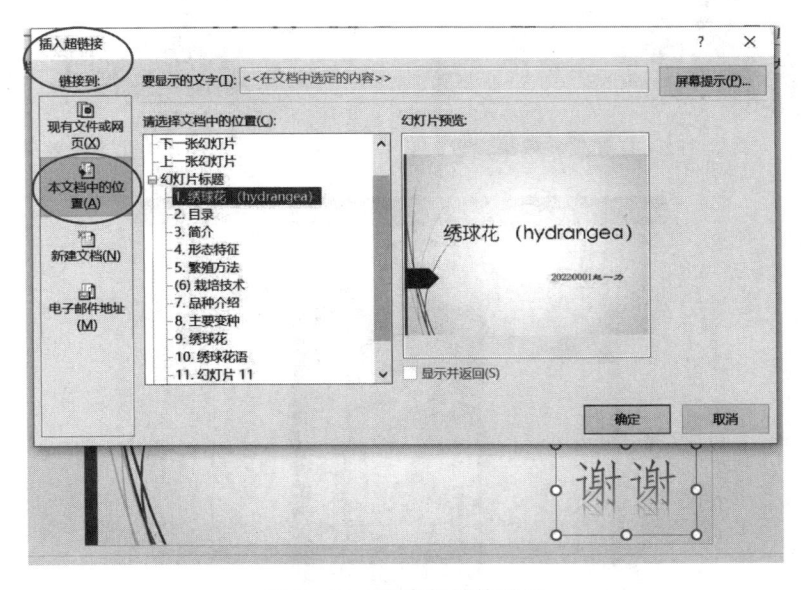

图 8-60　文本超链接设置

图 8-61 插入视频文件效果

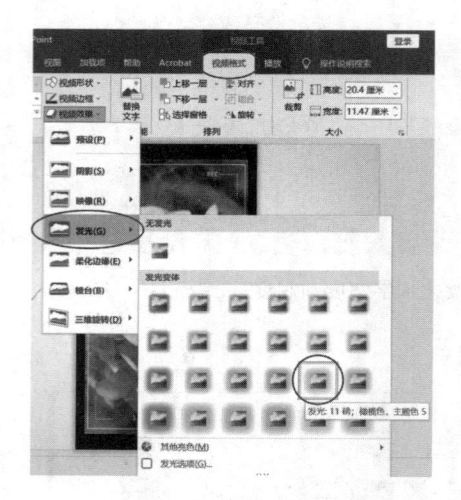

图 8-62 视频发光效果设置 　　　　图 8-63 视频柔化边缘效果设置

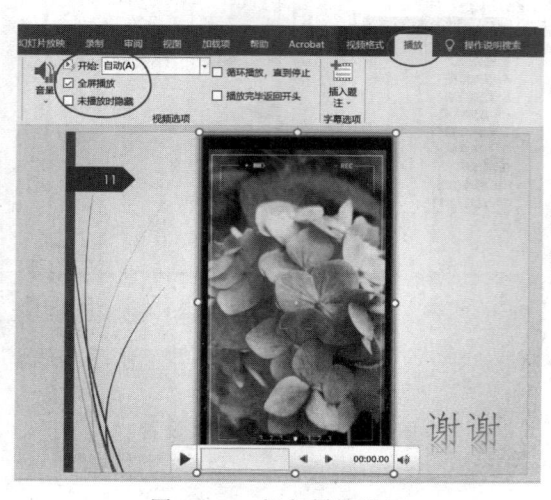

图 8-64 视频播放设置

思政元素融入

一份优秀的演示文稿的制作是集图表、文本、模板、视频、动画、声音等多元素的综合应用。其中的文字描述，需要正确合理、格式规范；图表设计，需要数据真实可靠；动画设计与制作，更是需要一定的创新思维，才能吸引观众和用户眼球，达到最佳效果。

思考与练习

1. PowerPoint 2019 有几种视图方式？简述大纲视图和幻灯片视图下所包含的信息。

2. 简述幻灯片版式的含义以及常见的幻灯片版式包含的数据内容。

3. 操作说明在幻灯片中如何插入表格、图片、SmartArt、视频、声音等多媒体对象。

4. 巩固操作练习。下载附件"学号姓名-节水-素材.pptx"，先把文件更名为自己的学号和姓名，打开 PowerPoint 应用程序，完成以下操作要求。

（1）幻灯片设计主题和页面设置。

1）更改第 1 张幻灯片的版式为"标题幻灯片"。标题占位符的字号设置为 88，段落居中，副标题占位符的字号设置为 32，段落居中。

2）将演示文稿的设计主题改为"平面"。

3）在第 1 张幻灯片左下角合适位置插入素材包中的"背景音乐.mp3"音频文件，更改其音频选项设置，使音频能在放映幻灯片时一直播放，即设置"开始"为"自动"，跨幻灯片播放，循环播放直到停止，放映时隐藏，播放完毕返回开头。

4）设置第 1 张幻灯片的背景格式为"渐变填充"，其"预设渐变"更改为"顶部聚光灯-个性色 1"，其余保持默认设置。

5）将演示文稿的幻灯片大小更改为"宽屏（16∶9）"。

6）单击"视图"—"幻灯片母版"，将"平面幻灯片母版"的"母版标题样式"字体更改为 44 磅，选择"母版文本样式"占位符，将所有文本设置为字号 28、加粗。

7）对演示文稿插入幻灯片编号，且标题在幻灯片中不显示。

（2）将第 2 张幻灯片的文本占位符字体大小设置为 40。

（3）将第 3 张幻灯片版式更改为"标题与竖排文本"，字体大小更改为 26。设置"1、水资源概述"和"2、水的特性"两个列标题字体颜色为红色。设置文本内容占位符的"形状填充"为"纹理：水滴"。

（4）将光标定位在第 4 张幻灯片，插入 SmartArt 图形。

1）插入"循环"—"圆箭头流程"SmartArt 图形。

2）选中幻灯片中内容占位符的所有文本，将其复制并粘贴到 SmartArt 图形的文本中。

3）删除原有的内容占位符，适当调整 SmartArt 图形的文本字体大小及位置。

4)在当前幻灯片的左下角插入 1 张与"水"或"节水"相关的图片（可插入联机图片或从网上下载），图片样式设置为"映像右透视"，颜色设置为"绿色，个性色 1 浅色"。

(5)将光标定位在第 5 张幻灯片中，选中该幻灯片的内容占位符。

1)设置该占位符的段落行距为 1.1 倍，间距段前 5 磅、段后 0 磅，文本字号为 26。

2)将列标题的文本颜色设置为蓝色，给对应的内容项添加"项目符号"中的"选中标记项目符号"。

(6)超链接与动作按钮操作。

1)对第 2 张幻灯片的 3 个目录项分别插入超链接，实现单击目录项可跳转到相应内容的幻灯片。

2)在第 2 张幻灯片（目录页幻灯片）下方合适的位置插入"转到开头"和"转到结尾"两个动作按钮，实现目录页到第 1 张幻灯片和结尾幻灯片的跳转，并设置两个动作按钮的高度均为 2 厘米、宽度均为 2.8 厘米。

3)在第 3 张幻灯片右下角的合适位置插入 1 个"动作按钮：空白"，动作设置为：超链接到"幻灯片-目录"，文字内容为"返回目录"，字体大小为 20，形状样式设置为"强烈效果-深绿色，强调颜色 2"。

4)复制第③小题的动作按钮至第 4 张和第 5 张幻灯片上，实现从当前幻灯片返回目录页幻灯片。

(7)新建 1 张版式为"空白"的幻灯片（第 6 张幻灯片），选择任意一种艺术字样式，输入文字"谢谢"，调整其字体大小，将其放置于合适的位置；对其插入超链接，选择"本文档中的位置"选项，将其链接到目录（即第 2 张幻灯片）。

(8)设置演示文稿中所有幻灯片的切换效果。

1)动画：分割；声音效果选项：中央向上下展开；声音：无声音。

2)换片方式：单击鼠标时；设置自动换片时间：4 秒；应用到全部幻灯片。

(9)动画设置。

1)对第 3 张幻灯片中的文本占位符设置动画：进入—淡化；效果选项：作为一个对象；开始：单击时。

2)对第 4 张幻灯片中的图片设置动画：强调—跷跷板；开始：与上一动画同时。

3)对第 4 张幻灯片中的 SmartArt 图形设置动画：进入—擦除；效果选项：方向为"自左侧"，序列为"逐个"；开始：单击时。

4)对第 5 张幻灯片中的文本占位符设置动画：进入—缩放；效果选项：消失点为"幻灯片中心"，序列为"按段落"；开始：单击时。

5)对第 6 张幻灯片中的艺术字设置两个动画：进入—出现，开始：上一动画之后；退出—浮出，开始：单击时。

(10)进行预览，保存（*.pptx）文件，再上传结果。

实训 9 毕业论文答辩演示文稿的制作

实训目的

(1) 掌握演示文稿应用设计模板、设计配色方案的方法。
(2) 掌握演示文稿母版样式的设置方法。
(3) 掌握在幻灯片中插入 SmartArt 图形的方法及应用。
(4) 掌握在幻灯片中插入图表的方法及应用。
(5) 掌握演示文稿排练计时和放映的方法。

实训课时

建议课内 3 课时,课外 4 课时。

实训要求

1. 准备工作

在计算机最后一个磁盘[不同机房有所不同,可能是磁盘(D:)或者磁盘(E:)]根目录下,新建一个以学号和姓名命名的文件夹,如"D:\90123 张三_实训 9"。下载"实训 9"素材到此文件夹中,并将"实训 9-素材.pptx"文档重命名为"学号姓名_实训 09.pptx",如"90123 张三_实训 09.pptx"。

2. 文本编辑

在第 1 张幻灯片中输入个人正确的学号、姓名、班级等信息。

3. 更改设计模板,通过"变体"美化演示文稿

更换"主题",加载"我的模板.potx"文件,并通过"变体"美化演示文稿。

(1) 新建主题颜色。将"已访问的超链接"颜色修改为红色。

(2) 新建主题字体。将西文的标题字体和正文字体均修改为 Times New Roman，修改中文的标题字体为黑体、正文字体为宋体。

4. 修改幻灯片母版样式

进入"幻灯片母版"视图，选择"幻灯片母版版式"，完成以下操作。

(1) 修改其文本占位符中第一级文本的项目符号为"深红""带填充效果的大圆形项目符号"，"大小"为100%字高，修改其第二级文本的项目符号为"紫色""带填充效果的大方形项目符号"，"大小"为100%字高。

(2) 插入日期和时间，自动更新，采用默认格式；插入页脚，内容为"论文答辩"；设置在标题幻灯片中不显示。

(3) 插入幻灯片编号，编号格式为"第＜♯＞页"，设置字体格式为蓝色、加粗。注意：＜♯＞是自动添加的。

(4) 选中"标题和内容版式"，修改其母版标题样式为居中显示。

(5) 修改第4张幻灯片的版式为"垂直排列标题与文本"。

5. 插入 SmartArt 图形

(1) 将第2张幻灯片"目录"二字的文本效果设置成"发光：18磅；红色，主题色2"。

(2) 在第2张幻灯片中插入1个"垂直框列表"SmartArt 图形，将该幻灯片中文本占位符内容复制、粘贴到列表中文字区域，将文字颜色设置为"彩色-个性色"，字号为26磅，适当调整该图形的宽度和高度。最后删除幻灯片原有的文本占位符。

(3) 在第7张幻灯片中插入1个"升序图片重点流程"SmartArt 图形，在图片区域分别插入素材包中的 01.jpg、02.jpg、03.jpg 图片，文本区域部分分别对应"登录模块""菜系选择"和"订餐模块"。更改文字颜色为"彩色范围-个性色5至6"。

6. 插入图表

在第9张幻灯片中插入1张"三维簇状柱形图"图表，以3类水果为系列编辑第8张幻灯片的表格数据，并完成以下操作。

(1) 设置图表布局为"快速布局"中的"布局3"。

(2) 更改"苹果"图例项形状为圆柱形，红色填充，其余不变。

(3) 更改"香蕉"图例项形状填充颜色为黄色，其余不变；设置"哈密瓜"图例形状填充颜色为浅绿色，其余不变。

(4) 设置所有图例"靠上"且图表区域背景渐变填充为"浅色渐变-个性色6"。

7. 插入形状

在第10张幻灯片的合适位置插入形状"流程图：资料带"，更改形状样式为"细微效果-橄榄色，强调颜色3"，文字内容为"谢谢各位老师的指导！"，字体格式为华文行楷、红色、45磅，形状文本效果为"V形：正"；在幻灯片右下角的合适位置插入1个"动作按钮：开始"，超链接到第1张幻灯片。

8. 动画效果设置

(1) 对第5张幻灯片中的文本占位符添加"玩具风车"动画，将动画的计时期间设置为"快速（1秒）"，并"按第二级段落"播放。

（2）对第 7 张幻灯片的 SmartArt 图形添加"升起"动画，"效果选项"为"逐个"，其余不变。

（3）对第 9 张幻灯片的图表添加"浮入"动画，且按系列出现。

9. 切换效果

将所有幻灯片的切换效果设置为自顶部擦除。

10. 背景音乐的添加及设置

对第 1 张幻灯片添加背景音乐，并设置自动跨幻灯片循环播放。

实 训 内 容 及 步 骤

一、准备工作

打开新建的"D：\90123 张三_实训 9"文件夹后，双击打开文件实训 9 PPT 素材文件。

二、文本编辑

将光标定位在第 1 张幻灯片，输入个人正确的学号、姓名、班级等信息。

三、更改设计模板，通过"变体"美化演示文稿

更换"主题"，加载"我的模板.potx"文件，并通过"变体"美化演示文稿。

在"设计"选项卡中，单击"主题"组块右侧的"其他"按钮，选择"浏览主题"选项，如图 9-1 所示。

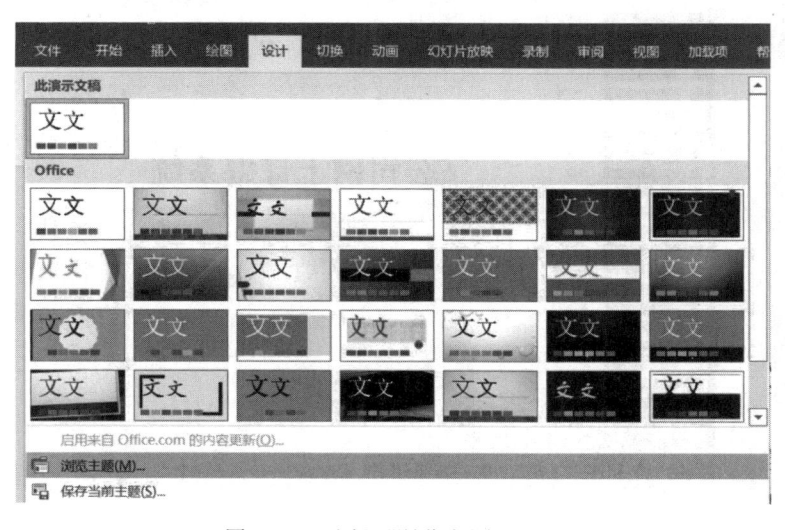

图 9-1 选择"浏览主题"选项

在弹出的"选择主题或主题文档"对话框中，选中素材包中的"我的模板.potx"文件，如图 9-2 所示。单击"应用"按钮，退出。

接下来，通过"变体"美化演示文稿。

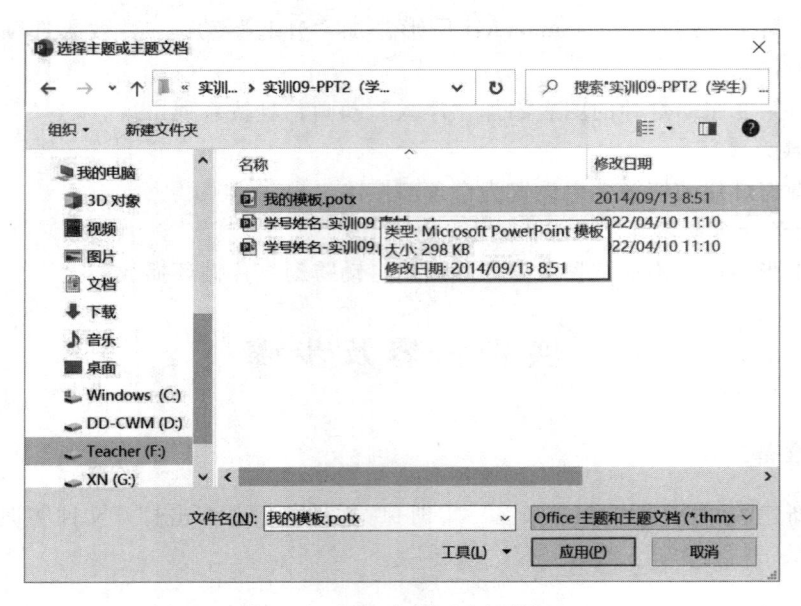

图 9-2 插入主题"我的模板"

（1）新建主题颜色。将"已访问的超链接"颜色修改为红色。

在"设计"选项卡中，单击"变体"组块右侧的"其他"按钮，选择"颜色"菜单中的"自定义颜色"选项，如图 9-3 所示。

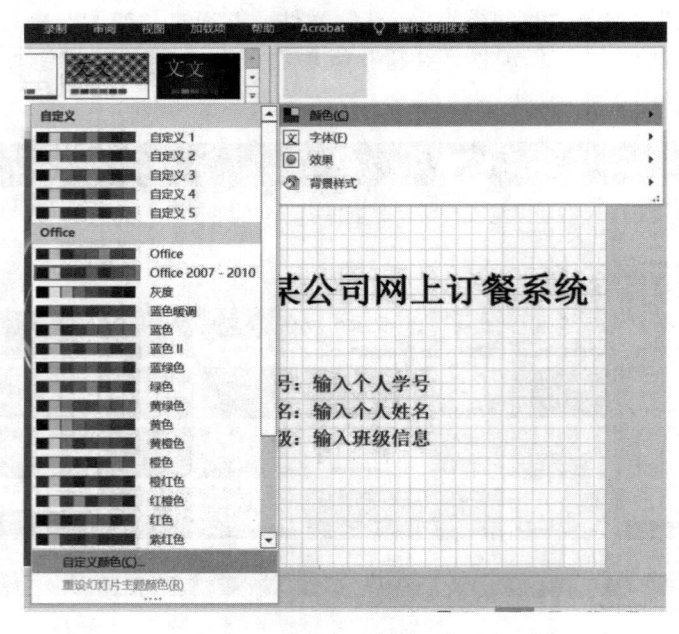

图 9-3 自定义颜色

在弹出的"新建主题颜色"对话框中，单击"已访问的超链接"右侧的颜色下拉按钮，更改颜色为"红色"，如图 9-4 所示，单击"保存"按钮，退出。

（2）新建主题字体。将西文的标题字体和正文字体均修改为 Times New Roman，

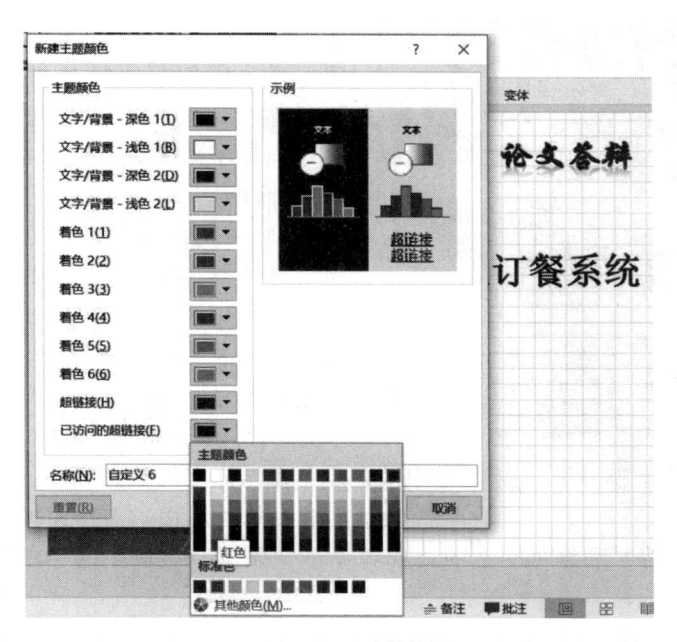

图 9-4　新建主题颜色

修改中文的标题字体为黑体、正文字体为宋体。

在"设计"选项卡中，单击"变体"组块右侧的"其他"按钮，选择"字体"菜单中的"自定义字体"选项，如图 9-5（a）所示，在弹出的"新建主题字体"对话框中，修改"西文"中的"标题字体"和"正文字体"均为"Times New Roman"，修改"中文"中的"标题字体"为"黑体"、"正文字体"为"宋体"，如图 9-5（b）所示，单击"保存"按钮，退出。

（a）　　　　　　　　　　　　　　（b）

图 9-5　新建主题字体

四、修改幻灯片母版样式

进入"幻灯片母版"视图，选择"幻灯片母版版式"选项，完成以下操作。

在"视图"选项卡中，单击"母版视图"组块中的"幻灯片母版"按钮，如图9-6所示。

将光标定位在"模板幻灯片母版版式"上，进行以下操作。

（1）修改其文本占位符中第一级文本的项目符号为"深红""带填充效果的大圆形项目符号"，"大小"为100%字高，修改其第二级文本的项目符号为"紫色""带填充效果的大方形项目符号"，"大小"为100%字高。

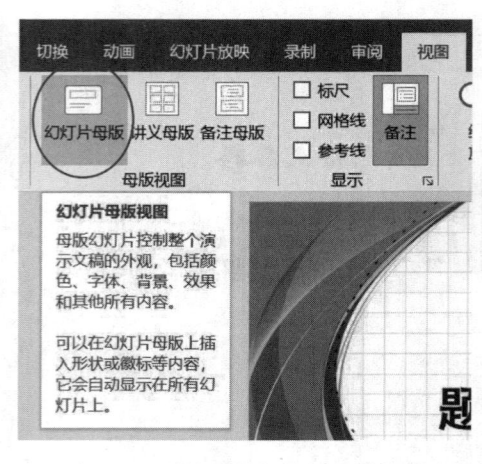

图9-6　单击"幻灯片母版"按钮

将光标定位在文本占位符中第一级文本的项目符号后面，右击鼠标，选择"项目符号"中的"项目符号和编号"选项；或者单击"段落"组块中的"项目符号"下拉按钮，如图9-7所示。

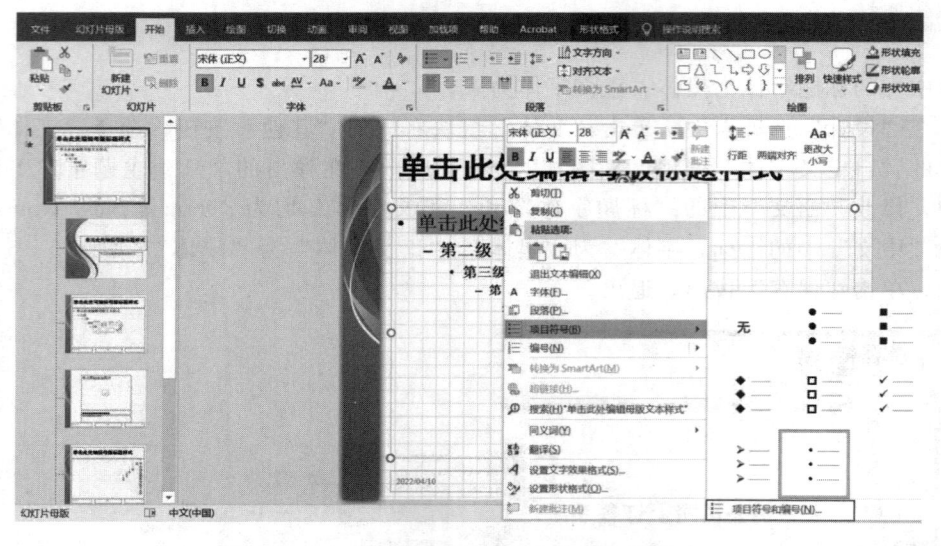

图9-7　选择"项目符号和编号"选项

在弹出的"项目符号和编号"对话框中，选择"项目符号"中的"带填充效果的大圆形项目符号"选项，并设置"大小"为100%字高，更改颜色为"深红"，如图9-8所示，单击"确定"按钮，退出。

同上操作，设置第二级文本项目符号，修改第二级文本的项目符号为"带填充效果的大方形项目符号"，"大小"为100%字高，颜色为"紫色"，如图9-9所示。

（2）插入日期和时间，自动更新，采用默认格式；插入页脚，内容为"论文答辩"；设置在标题幻灯片中不显示。

在"插入"选项卡中，单击"文本"组块中的"页眉和页脚"按钮，弹出"页眉和页脚"对话框，进行图9-10所示的设置，勾选4个复选框，并设置"页脚"为论文答辩，单击"全部应用"按钮，退出。

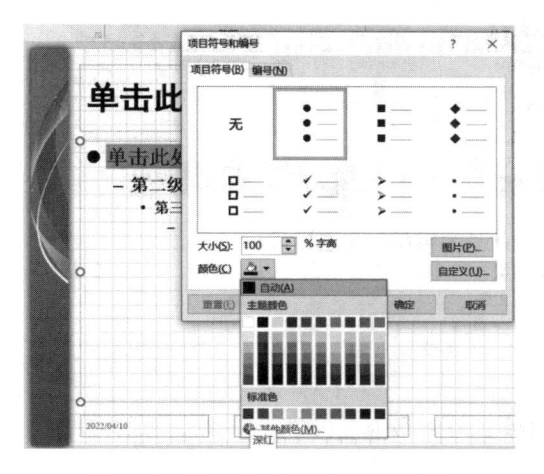

图9-8 第一级文本项目符号更改

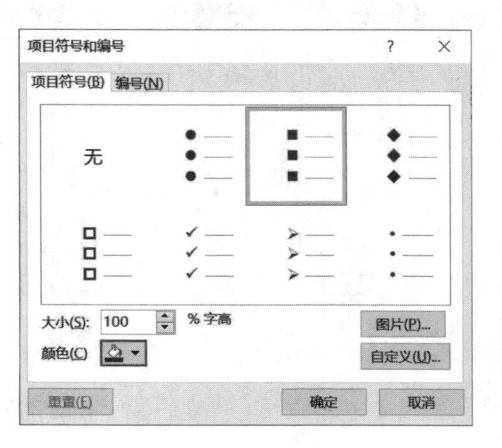

图9-9 第二级文本项目符号更改

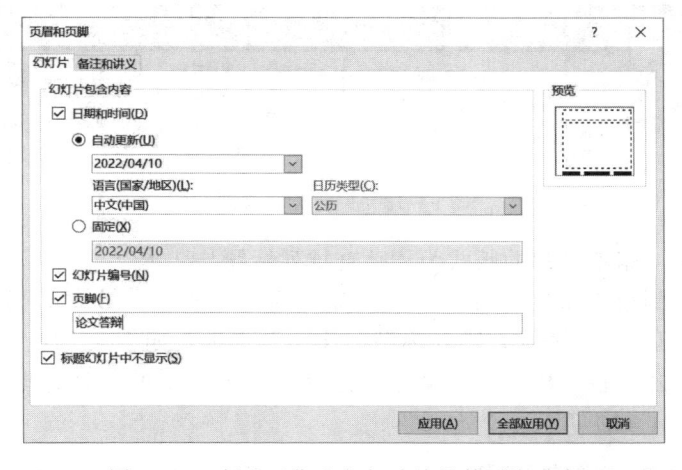

图9-10 插入日期和幻灯片编号等页脚内容

（3）插入幻灯片编号，编号格式为"第＜♯＞页"，设置字体格式为蓝色、加粗。注意：＜♯＞是自动添加的。

将光标继续定位到"模板幻灯片母版版式"上，选中幻灯片右下角的"＜♯＞"内容，在其前面和后面分别插入文字"第"和"页"。选中幻灯片母版版式中的页脚部分的3项内容，更改字体格式为蓝色、加粗，效果如图9-11所示。

图9-11 幻灯片母版页脚效果

（4）选中"标题和内容版式"，修改其母版标题样式为居中显示。

在"幻灯片母版"选项卡中，在左边版式一栏中选中"标题和内容版式"，鼠标拖曳选中"单击此处可编辑母版标题样式"文字（或者选中该母版标题样式文本占位符），在"开始"选项卡的"段落"组块中，单击"居中"按钮，如图9-12所示。

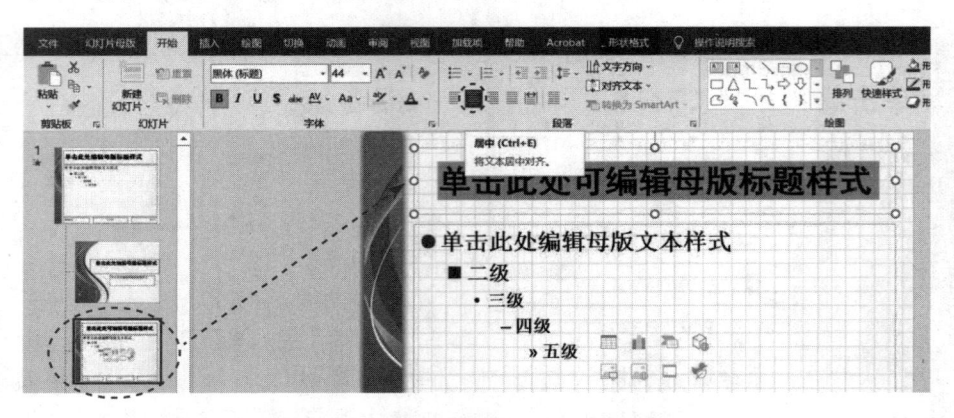

图9-12 标题和内容版式中的字体格式修改

最后，单击"关闭母版视图"按钮，如图9-13所示，切换到普通视图。

图9-13 关闭母版视图

（5）修改第4张幻灯片的版式为"垂直排列标题与文本"。

将光标定位到第4张幻灯片，在"开始"选项卡中，单击"幻灯片"组块中的"版式"下拉按钮，选择"垂直排列标题与文本"选项，如图9-14（a）所示；或者右击第4张幻灯片，在弹出的快捷菜单中选择"版式"中的"垂直排列标题与文本"选项，如图9-14（b）所示。

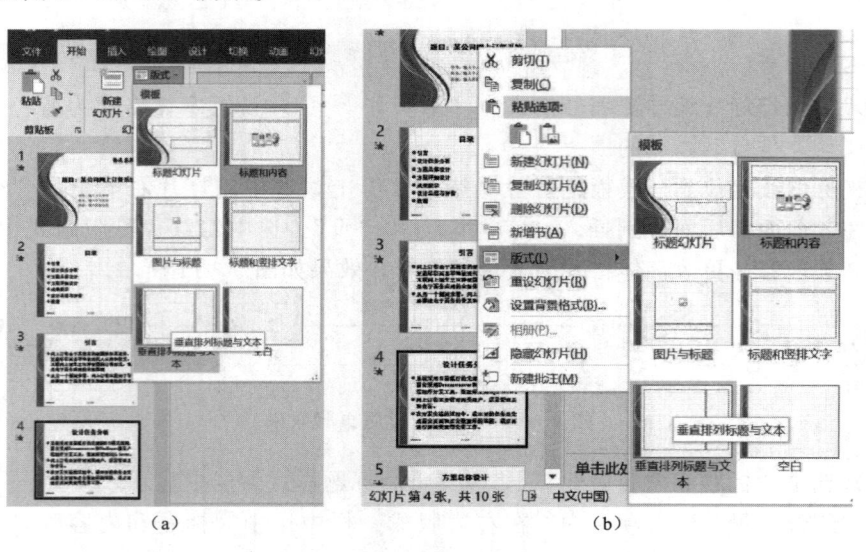

（a） （b）

图9-14 更改第4张幻灯片的版式

五、插入 SmartArt 图形

(1) 将第 2 张幻灯片"目录"二字的文本效果设置成"发光：18 磅；红色，主题色 2"。

将光标定位到第 2 张幻灯片，选中标题文字"目录"，在"绘图工具"中的"形状格式"选项卡中，单击"艺术字样式"组块中的"文本效果"下拉按钮，选择"发光"选项，将"目录"二字的文本效果设置为"发光：18 磅；红色，主题色 2"，如图 9-15 所示；或者单击"目录"文本占位符，右击鼠标，在弹出的快捷菜单中执行"设置文字效果格式"命令，打开"设置形状格式"窗格，在"发光"下的"预设"中选择"发光：18 磅；红色，主题色 2"选项，如图 9-16 所示。

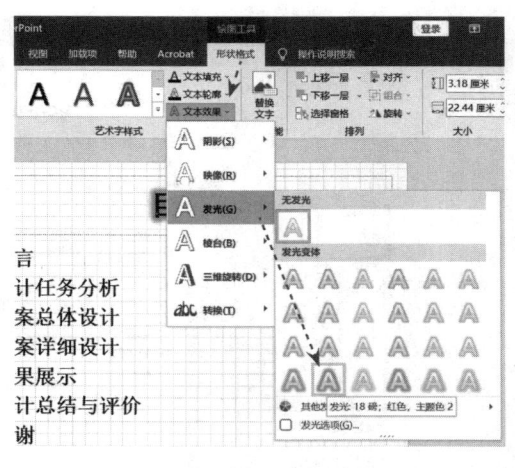

图 9-15　设置文本效果格式操作 1

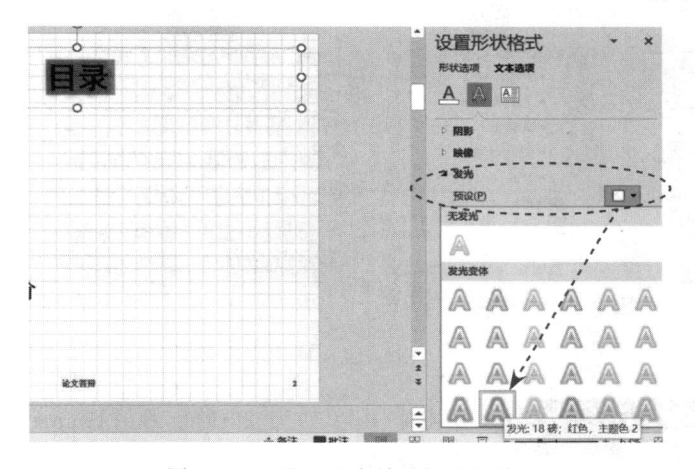

图 9-16　设置文本效果格式操作 2

(2) 在第 2 张幻灯片中插入 1 个"垂直框列表"SmartArt 图形，将该幻灯片中文本占位符内容复制、粘贴到列表中文字区域，将文字颜色设置为"彩色-个性色"，字号为 26 磅，适当调整该图形的宽度和高度。最后删除幻灯片原有的文本占位符。

将光标定位到第 2 张幻灯片，在"插入"选项卡中，单击"插图"组块中的"SmartArt"按钮，在弹出的"选择 SmartArt 图形"对话框中，选项"列表"中的"垂直框列表"选项，如图 9-17 所示，单击"确定"按钮，退出。

复制该幻灯片中文本占位符内容，将其全部粘贴到列表文字区域中，或者依次选中文本占位符内容，再逐条依次粘贴到 SmartArt 图形中的文本处，如果有缺少的文本栏，可按回车键增加，多余的文本栏则可按退格键删除，SmartArt 图形文字效果如图 9-18 所示。

接着，删除该幻灯片的文本占位符，调整 SmartArt 图形至合适的大小和位置，

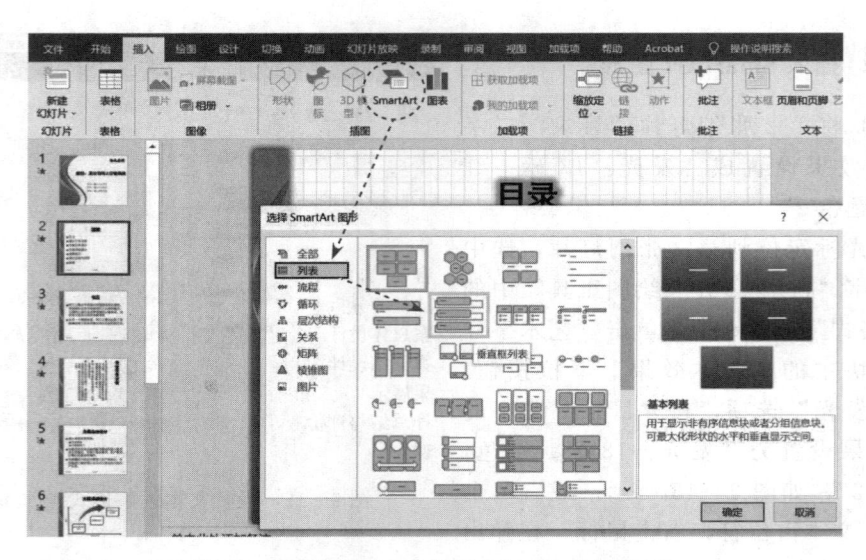

图 9-17　选择"垂直框列表"SmartArt 图形

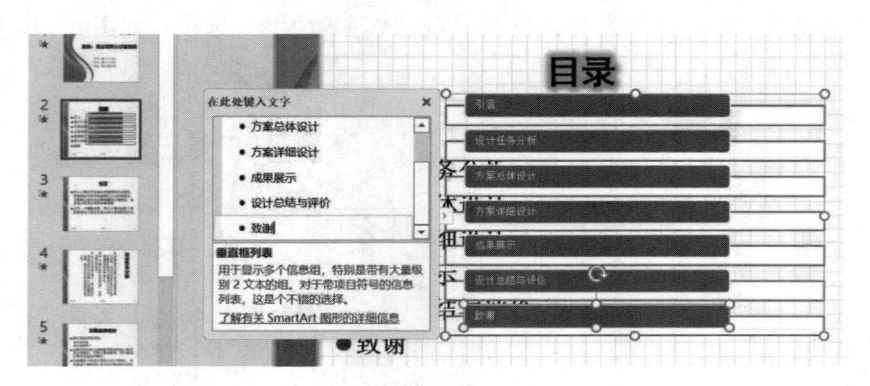

图 9-18　SmartArt 图形文字效果

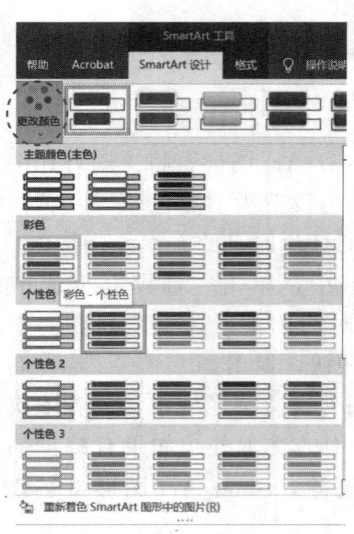

图 9-19　更改 SmartArt 图形文字颜色

并将字号修改为 26 磅。在"SmartArt 工具"中的"SmartArt 设计"选项卡中,单击"SmartArt 样式"组块中的"更改颜色"下拉按钮,更改文字颜色为"彩色-个性色"的第 2 个选项,如图 9-19 所示。

(3) 在第 7 张幻灯片中插入 1 个"升序图片重点流程"SmartArt 图形,在图片区域分别插入素材包中的 01.jpg、02.jpg、03.jpg 图片,文本区域部分分别对应"登录模块""菜系选择"和"订餐模块"。更改文字颜色为"彩色范围-个性色 5 至 6"。

将光标定位到第 7 张幻灯片,在"插入"选项卡中,单击"插图"组块中的"SmartArt"按钮,在弹出的"选择 SmartArt 图形"对话框中,选项"流程"中的"升序图片重点流程"选项,如图 9-20 所示,单击"确定"按钮,退出。

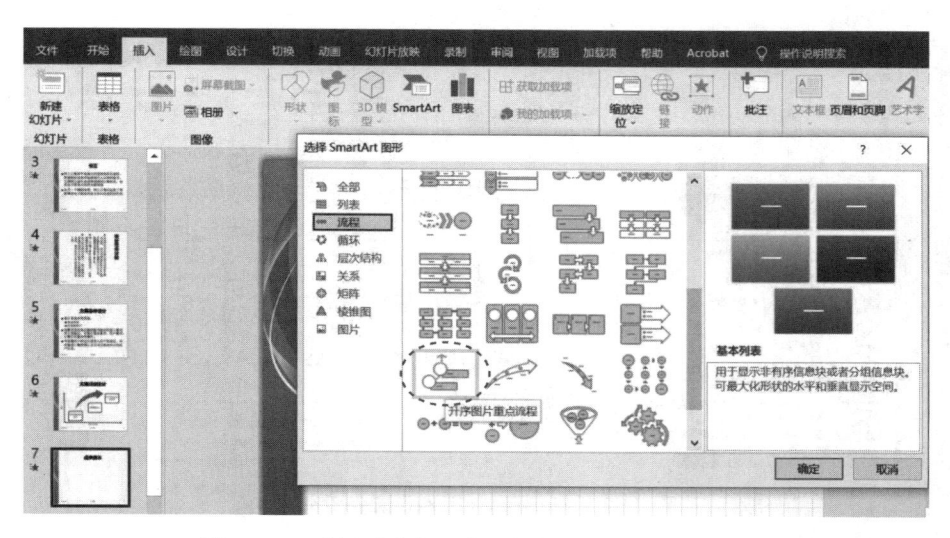

图 9-20 选择"升序图片重点流程"SmartArt 图形

单击图形最左侧的""按钮，出现"在此处键入文字"的选项，选择第 1 个文本处，按下回车键，则出现第 2 个带图片的文本框，如图 9-21（a）所示；再选择第 2 个文本处，按下回车键，添加 1 条带图片的文本框，并在文本框中从上至下依次输入文字"登录模块""菜系选择"和"订餐模块"；同时从上至下依次单击""按钮，插入素材包提供的 3 张图片，如图 9-21（b）所示。

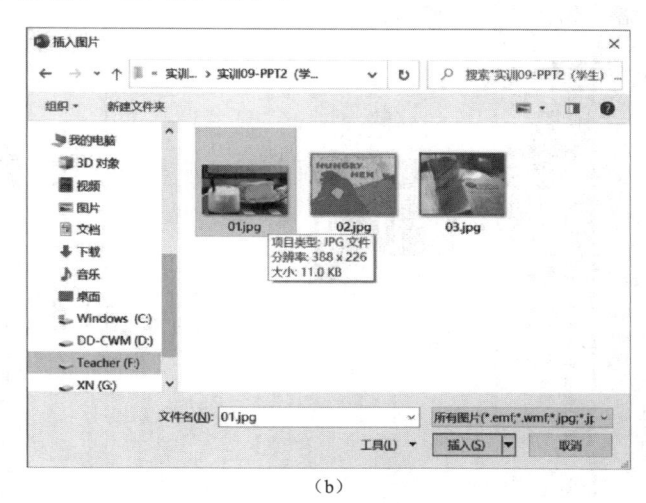

(a)　　　　　　　　　　　(b)

图 9-21　SmartArt 图形依次插入图片操作

在"SmartArt 工具"中的"SmartArt 设计"选项卡中，单击"SmartArt"样式组块中的"更改颜色"下拉按钮，选择"彩色范围-个性色 5 至 6"选项，效果如图 9-22 所示。

六、插入图表

在第 9 张幻灯片中插入 1 张"三维簇状柱形图"图表，以 3 类水果为系列编辑第

图 9-22　SmartArt 图形设置参考效果

8 张幻灯片的表格数据，并完成以下操作。

（1）设置图表布局为"快速布局"中的"布局 3"。

将光标定位在第 9 张幻灯片，在"插入"选项卡中，单击"插图"组块中的"图表"按钮（或者单击幻灯片文本占位符中的"■"按钮），在弹出的"插入图表"对话框中，选择"三维簇状柱形图"选项，如图 9-23 所示，单击"确定"按钮，随即出现 1 个 Excel 表格，调整 Excel 表中数据区域的大小，拖曳区域右下角至 D6 单元格，如图 9-24 所示。

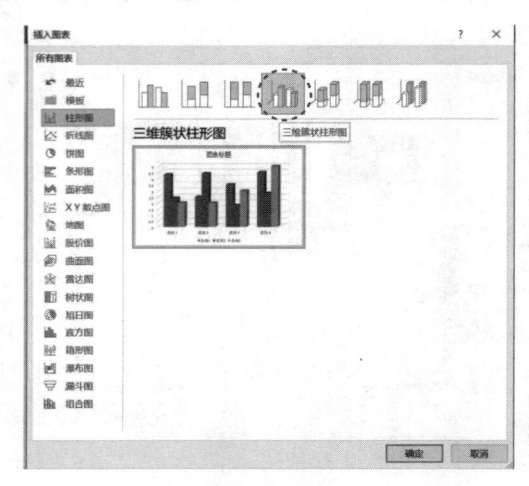

图 9-23　插入三维簇状柱形图　　　　图 9-24　调整图表表格区域大小

参照第 8 张幻灯片的表格数据，在 Excel 表格中的类别项和系列项分别输入数据，如图 9-25 所示，保存后关闭表格。

选中图表，在"图表工具"中的"图表设计"选项卡中，单击"图表布局"组块中的"快速布局"下拉按钮，选择"布局 3"选项，如图 9-26 所示，在图表区域中显示"图表标题""数据表"等信息，并选择"图表标题"文本框，输入文字"三类水果五日比较"作为标题。

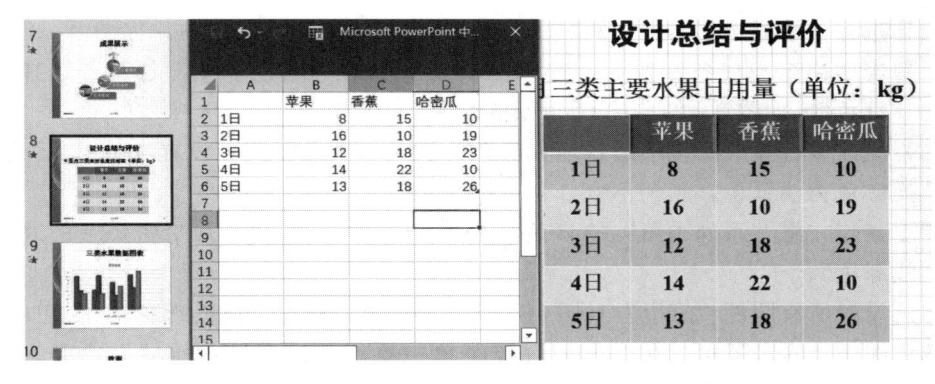

图 9-25　输入图表数据

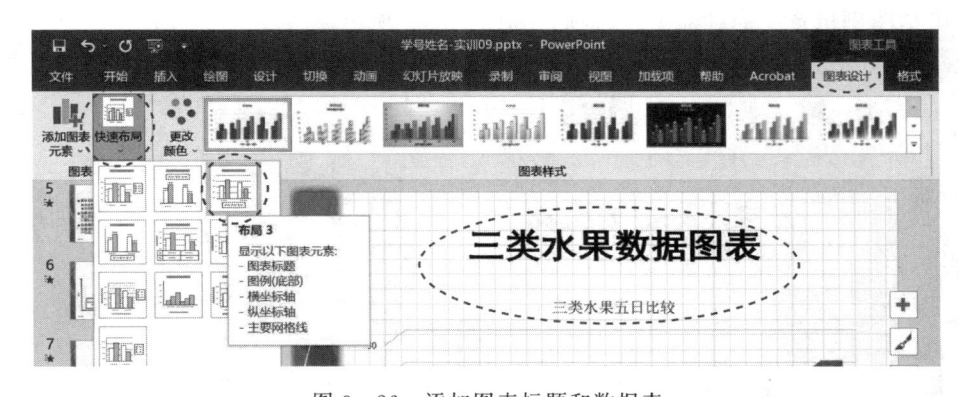

图 9-26　添加图表标题和数据表

（2）更改"苹果"图例项形状为圆柱形，红色填充，其余不变。

双击图表区或在图表区的空白处右击鼠标，在弹出的快捷菜单中执行"设置图表区域格式"命令。再单击"系列苹果"按钮，在"设置数据系列格式"窗格中，单击

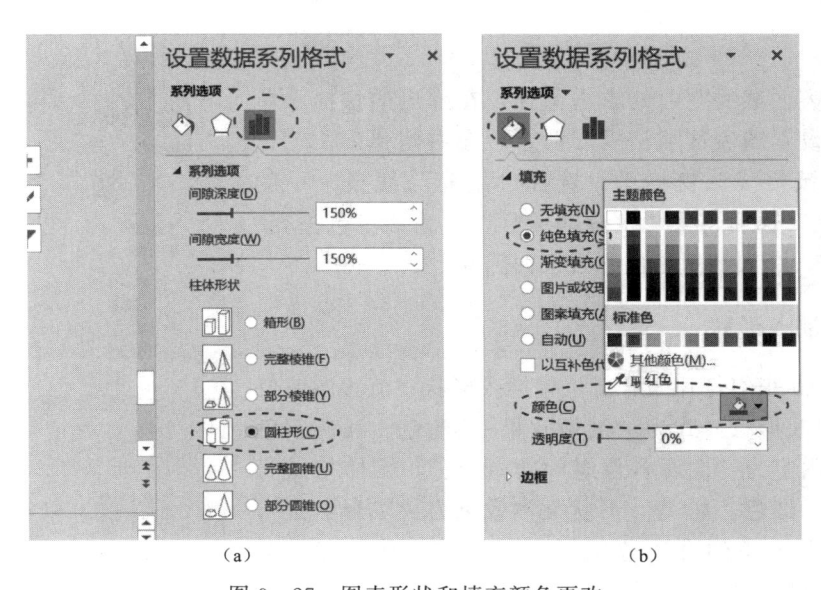

（a）　　　　　　　　　　　　　　　（b）

图 9-27　图表形状和填充颜色更改

下拉按钮选择"系列选项",选择"柱体形状"中的"圆柱形"选项,如图9-27(a)所示。单击"填充与线条"按钮,选择"填充"中的"纯色填充"选项;选择"颜色"为"红色",如图9-27(b)所示。

(3)更改"香蕉"图例项形状填充颜色为黄色,其余不变;设置"哈密瓜"图例形状填充颜色为浅绿色,其余不变。

同上操作,将"系列香蕉"的颜色修改为"黄色";将"系列哈密瓜"的颜色修改为"浅绿色"。

(4)设置所有图例"靠上"且图表区域背景渐变填充为"浅色渐变-个性色6"。

选中图例,右击鼠标,在弹出的快捷菜单中执行"设置图例格式"命令,如图9-28所示。或者双击图例,在右侧弹出的"设置图例格式"窗格中,选择"图例选项"中"图例位置"的"靠上"选项,如图9-29所示。

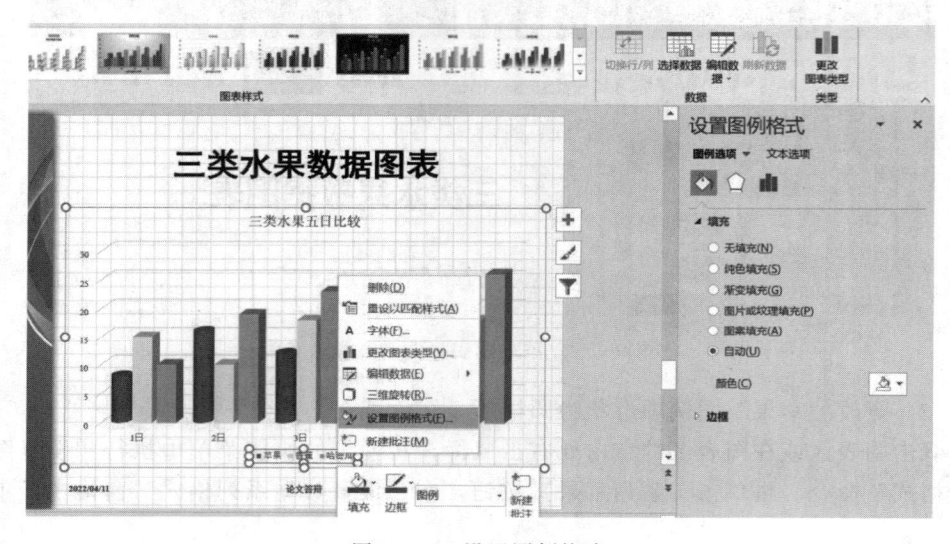

图9-28 设置图例格式

在图表区域的空白处右击鼠标,在弹出的快捷菜单中执行"设置图表区域格式"命令,在右侧弹出的"设置图表区域格式"窗格中,选择"填充与线条"中的"渐变填充"选项,将"预设渐变"更改为"浅色渐变-个性色6",插入的图表最终效果如图9-30所示。

七、插入形状

在第10张幻灯片的合适位置插入形状"流程图:资料带",更改形状样式为"细微效果-橄榄色,强调颜色3",文字内容为"谢谢各位老师的指导!",字体格式为华文行楷、红色、45磅,形状文本效果为"V形:正";在幻灯片右下角的合适位置插入1个"动作按钮:开始",超链接到第1张幻灯片。

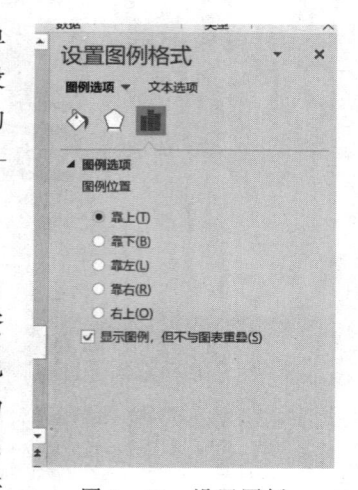

图9-29 设置图例位置"靠上"

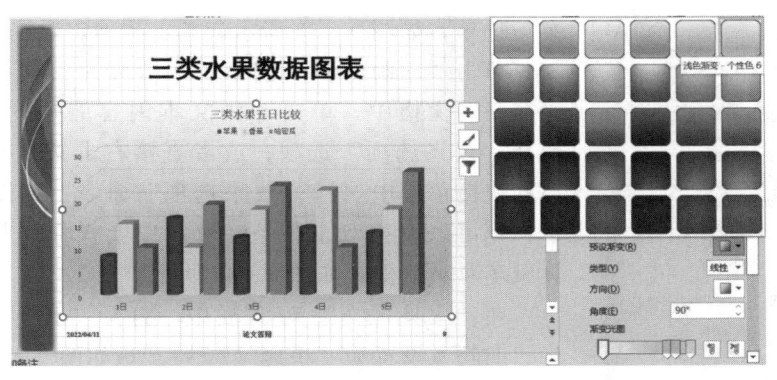

图 9-30　插入的图表最终效果

将光标定位到第 10 张幻灯片，在"插入"选项卡中，单击"插图"组块中的"形状"下拉按钮，选择"流程图"中的"流程图：资料带"选项，在幻灯片适当位置单击并左上右下将其拖曳至合适的位置。右击该形状，在弹出的快捷菜单中选择"编辑文字"选项，输入文字"谢谢各位老师的指导！"，并将其字体格式修改为华文行楷、红色、45 磅。

接下来更改形状主题样式。单击该形状，在绘图工具的"形状格式"选项卡中，单击"形状样式"组块中的"其他"下拉按钮，选择"细微效果-橄榄色，强调颜色 3"选项，如图 9-31 所示。

在"绘图工具"中，单击"形状格式"选项卡"艺术字样式"组块中的"文本效果"下拉按钮，选择"转换"中的"V 形：正"选项，如图 9-32 所示。

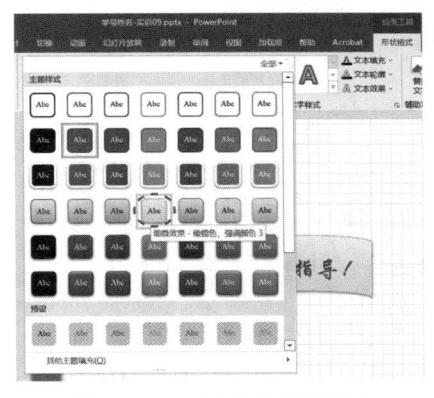

图 9-31　更改形状主题样式　　　　图 9-32　更改形状文本效果

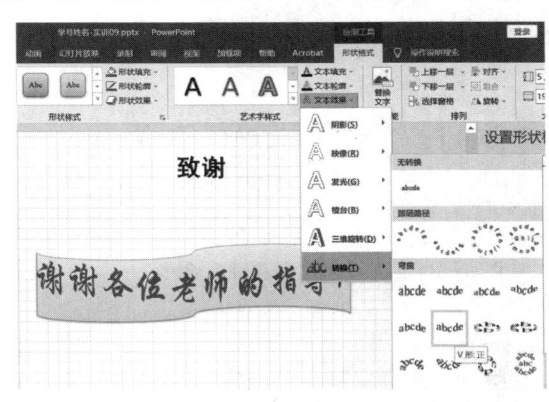

在该幻灯片右下角的合适位置插入 1 个形状"动作按钮：开始"，将其超链接到第 1 张幻灯片。

八、动画效果设置

（1）对第 5 张幻灯片中的文本占位符添加"玩具风车"动画，将动画的计时期间设置为"快速（1 秒）"，并"按第二级段落"播放。

将光标定位到第 5 张幻灯片，选中其文本占位符，单击"动画"选项卡中的"添加动画"下拉按钮，选择"更改进入效果"选项。在弹出的对话框中，选择"玩具风车"选项，如图9-33所示，单击"确定"按钮。

单击"动画窗格"按钮，在幻灯片右侧弹出的"动画窗格"窗格中，单击动画文本内容旁边的下拉按钮，选择"效果选项"选项；或者直接右击某条动画，在弹出的快捷菜单中执行"效果选项"命令，如图9-34所示；也可以直接双击某条动画，以上操作均将打开"玩具风车"对话框，如图9-35所示。

在"玩具风车"对话框中，打开"计时"选项卡，将"期间"设置为"快速（1秒）"，如图9-36所示。

再打开"文本动画"选项卡，将"组合文本"设置为"按第二级段落"播放，如图9-37所示，完成正文文本动画效果的设置。

最后单击"确定"按钮，退出。

（2）对第7张幻灯片的SmartArt图形添加"升起"动画，"效果选项"为"逐个"，其余不变。

图9-33 添加"玩具风车"进入动画

图9-34 执行"效果选项"命令

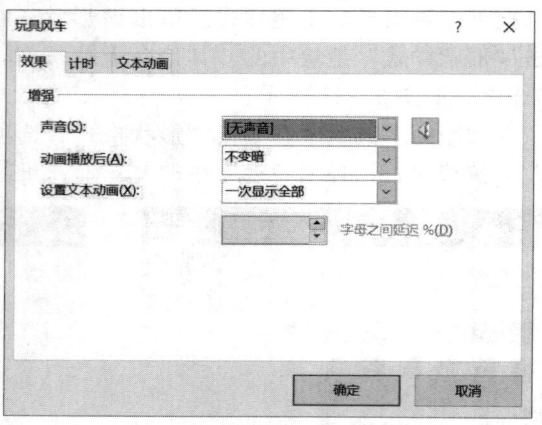

图9-35 "玩具风车"对话框

图9-36 "计时"设置

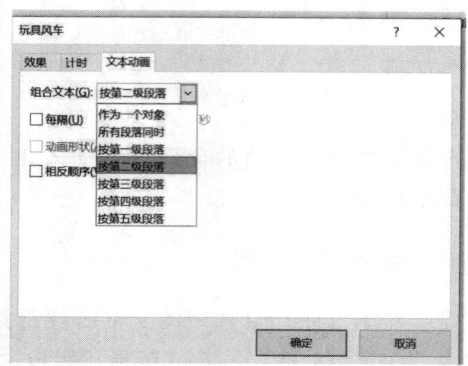

图9-37 "文本动画"设置

将光标定位到第 7 张幻灯片，选中 SmartArt 图形，单击"动画"选项卡中的"添加动画"下拉按钮，选择"更多进入效果"选项，在弹出的"添加进入效果"对话框中，单击"温和"中的"升起"按钮，再单击"效果选项"下拉按钮，选择"逐个"选项，其余不变，如图 9-38 所示。

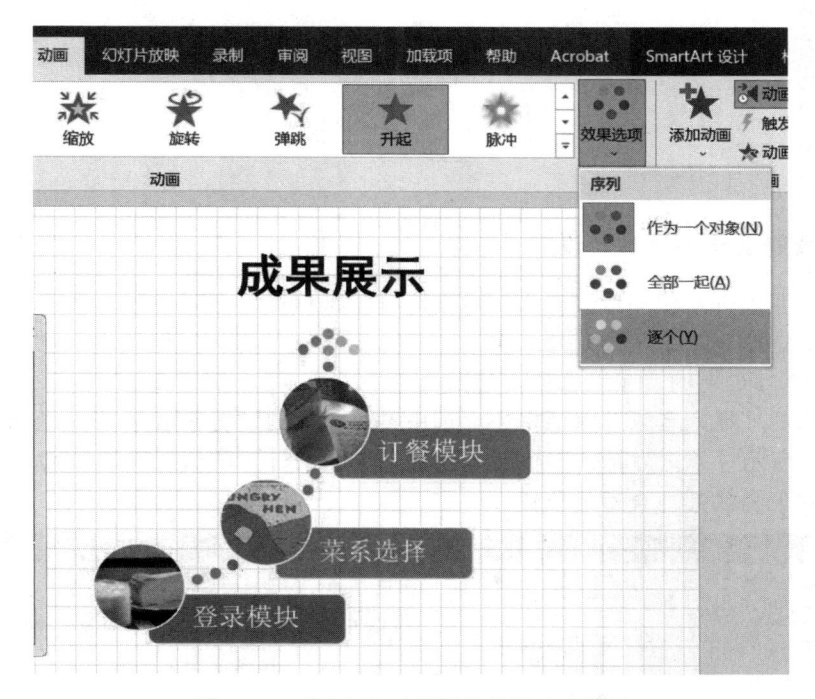

图 9-38 "升起"动画及其效果选项设置

（3）对第 9 张幻灯片的图表添加"浮入"动画，且按系列出现。

将光标定位到第 9 张幻灯片，选中图表，单击"动画"选项卡中的"浮入"动画按钮，再单击"效果选项"下拉按钮，选择"按系列"选项，如图 9-39 所示。

九、切换效果

将所有幻灯片的切换效果设置为自顶部擦除。

在"切换"选项卡中设置幻灯片切换效果。单击"切换到幻灯片"组块中的"擦除"动画按钮，勾选"计时"组

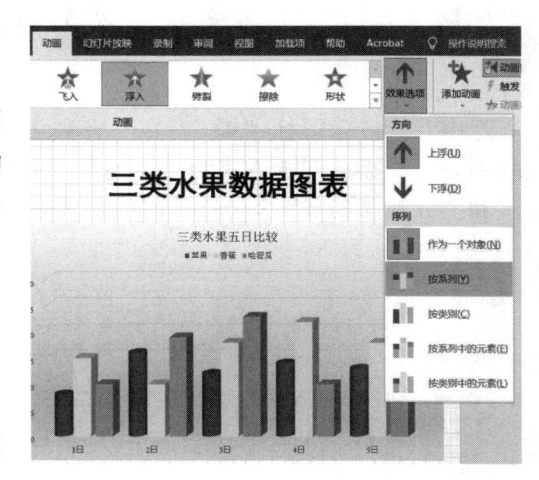

图 9-39 "浮入"动画及其效果选项设置

块中的"设置自动换片时间"复选框，并设置自动换片时间为"00:03.00"，然后单击"效果选项"下拉按钮，选择"自顶部"选项，如图 9-40 所示。

最后单击"计时"组块中的"应用到全部"按钮，将所有幻灯片的切换设置为自

图 9-40 切换效果设置

顶部擦除效果。

十、背景音乐的添加及设置

对第 1 张幻灯片添加背景音乐，并设置自动跨幻灯片循环播放。

将光标定位到第 1 张幻灯片，单击"插入"选项"媒体"组块中的"音频"下拉按钮，选择"PC 上的音频"选项，如图 9-41 所示。

在弹出的"插入音频"对话框中，选中素材包中的"背景音乐.mp3"音乐文件，如图 9-42 所示。单击"插入"按钮，则在第 1 张幻灯片的位置出现"🔊"图标，把它调整到右下角或其他合适的位置。

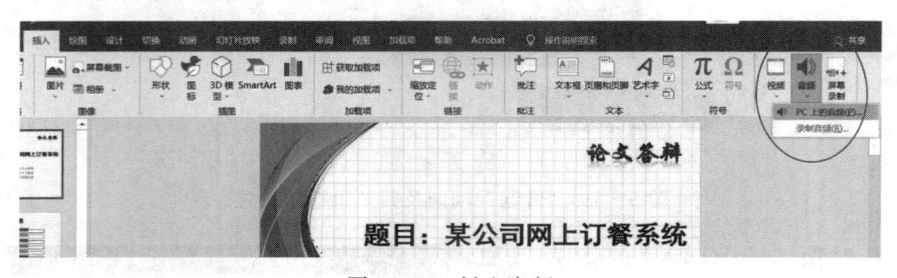

图 9-41 插入音频

选中背景音乐图标"🔊"，在"音频工具"中的"播放"选项卡的"音频选项"组块中，更改播放开始方式为"自动"，并勾选"跨幻灯片播放""循环播放，直到停止"和"放映时隐藏"3 个选项前的复选框，如图 9-43 所示。

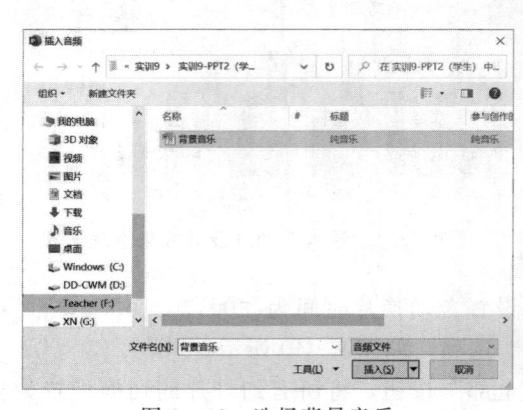

图 9-42 选择背景音乐　　　　图 9-43 背景音乐播放设置

至此，实训 9 操作完毕，大家可以按 F5 键进行播放演示，也可以打开素材包中的 "实训 9-参考效果.ppsx"放映文件进行效果对比。

思政元素融入

在制作毕业设计答辩 PPT 过程中，不仅要能展示学术能力，还要能传递个人的政治素养（即国家政策理解力）、职业伦理（学术诚信、职业责任感、科学精神等）和文化自信（本土化表达）等内容元素，故需要合理地利用各种软件和 PPT 工具来完成类似答辩等场合的演示文稿的制作。

思考与练习

1. PowerPoint 2019 的母版分为哪几类？有何区别？
2. 演示操作说明幻灯片动画的操作和分类。
3. 演示操作说明幻灯片的放映方式及区别。
4. 巩固操作练习。下载附件 "学号姓名-乒乓球-素材.pptx"，先把文件更名为自己的学号和姓名，然后打开 PowerPoint 应用程序，完成以下操作要求。

（1）使用设计主题方案。将第 1 张幻灯片的设计主题设为 "回顾"，其余幻灯片的设计主题设为 "徽章"；将第 1 张幻灯片中的图片置于底层；输入自己的学号和姓名。

（2）按照以下要求设置并应用幻灯片母版。

1）在 "视图"选项卡中单击 "幻灯片母版"按钮，设置对第 1 张幻灯片所应用的标题母版，将其中的主标题样式字体设置为黑体，字号设置为 72，段落居中；副标题样式字体设置为隶书，字号设置为 40，字体颜色设置为蓝色，段落居中。

2）对其他幻灯片进行幻灯片版式的母版设置，将母版标题字号更改为 55，母版文本字号更改为 28；插入日期和时间，格式为 "××××年×月×日星期×"并自动更新；插入幻灯片编号（即页码）；勾选 "标题幻灯片中不显示"复选框，全部应用。

（3）动画效果设置。

1）在 "视图"选项卡中单击 "幻灯片母版"按钮，统一设置演示文稿中使用了 "标题和内容"版式的幻灯片（即除第 1 张幻灯片外的其他幻灯片），对标题文本添加 "浮入"动画效果，"效果选项"选择 "上浮"，将 "开始"设置为 "单击时"；对内容文本添加 "淡化"动画效果，"效果选项"选择 "按段落"，将 "开始"设置为 "单击时"。

2）单独设置第 2 张幻灯片的动画效果，要求如下。

- 将文本内容 "起源"的进入效果设置为 "自顶部飞入"。
- 将文本内容 "沿革"的强调效果设置为 "彩色脉冲"。
- 将文本内容 "乒乓球花"的退出效果设置为 "淡化"。
- 在幻灯片中添加 "前进"（后退或前一项）与 "后退"（前进或下一项）两个动作按钮。注意：须对两个动作按钮分别添加文字 "前进"和 "后退"。

3）对第 5 页幻灯片中的 4 张图片设置"陀螺旋"动画，将"开始"设置为"单击时"，持续时间设置为 1 秒。

4）设置第 6 页幻灯片的动画效果，要求如下。
- 对文本占位符再添加"消失"动画，将"开始"设置为"上一动画之后"。
- 将图片样式设置为"金属椭圆"，将颜色饱和度设置为 200%，高度和宽度均设置为 4 厘米。
- 对图片添加"放大/缩小"动画效果，将图片放大到原尺寸的 3 倍，然后恢复到原始尺寸，重复显示 3 次。操作提示：在动画窗格中，右击当前图片的动画，在弹出的"放大/缩小"对话框中，设置尺寸为"自定义"，输入"300%"，按回车键确认；再勾选"自动翻转"复选框；打开"计时"选项卡，将"重复"设置为"3"。

5）对第 7 页幻灯片底部的文本设置动画效果，要求如下。
- 文本内容一开始在底端不显示；单击鼠标，文字从底部垂直向上显示，到最后消失，其余设置默认。
- 对文本框添加"动作路径—直线"动画效果，将路径终点置于幻灯片的顶部。
- 将"开始"设置为"上一动画之后"，持续时间设置为 9 秒。

6）设置第 10 页幻灯片的动画效果，要求如下。
- 添加 4 个文本框，在文本框中分别输入"错误""错误""错误"和"正确"，字体大小和格式自行设置。
- 把"正确"文本框放置在 C 选项下方，其余 3 个"错误"文本框分别放置在 A 选项、B 选项、D 选项下方。
- 单击"中国第一个乒乓球冠军"的 A、B、C、D 任意一个选项时，将弹出相应的"错误"或者"正确"文本框。请思考：如何设计其动画效果？提示：采用"触发器"，选择一个"错误"或"正确"文本框，添加任意一个进入动画，对该动画添加触发器，在"单击下列对象时启动动画效果"的下拉列表中选择对应的选项，完成操作。对其余文本框进行类似的设置，完成效果设计。

（4）添加超链接。

1）对第 2 张幻灯片（目录页）中的"起源""沿革"等 5 项内容分别添加超链接，完成目录页到内容页的过渡。

2）在第 7 张和第 10 张幻灯片的合适位置插入 1 个"空白"动作按钮，超链接到目录页（即第 2 张幻灯片），添加文本内容"返回目录"。

（5）在演示文稿末尾添加 1 个"空白"版式幻灯片（第 11 张幻灯片），要求如下。

1）将该幻灯片的设计主题设置为"回顾"，与第 1 张幻灯片的主题相同。

2）插入 1 个"椭圆"形状，添加文本内容"谢谢"，将文本设置为幼圆、60 磅，添加阴影效果；将高度和宽度均设置为 9 厘米；将形状样式设置为"细微效果-金色，强调颜色 1"。

3）为该形状添加"翻转式由远及近"动画效果，"效果选项"选择"作为一个对象"，"开始"设置为"与上一动画同时"。

4）对该形状插入 1 个超链接，链接到"本文档中的位置"—"目录页"（即第 2

张幻灯片)。

(6) 设置幻灯片的切换效果,要求如下。

1) 设置所有幻灯片之间的切换效果为"水平百叶窗"。

2) 实现每隔 5 秒自动切换,也可以单击鼠标,手动进行切换。

(7) 设置演示文稿放映效果,要求如下。

1) 隐藏第 8 张幻灯片,使得播放时直接跳过隐藏页。

2) 设置幻灯片循环放映,在放映时,使用"笔"和"激光笔"工具,将"笔"的颜色设置为蓝色。

3) 新建"自定义放映",名称为"乒乓球 2 放映",选中演示文稿中第 2 张~第 6 张、第 10 张、第 11 张幻灯片,单击"添加"按钮,再单击"确定"按钮,完成操作。

(8) 演示文稿打印设置。具体设置为讲义(每页 2 张幻灯片)、单面打印、纵向、灰度,完成设置后进行打印预览。

(9) 演示文稿的导出。单击"文件"—"导出",进行以下操作。

1) 创建 PDF 文档。

2) 将演示文稿打包成 CD,再添加相应的声音、视频、图片等素材文件,准备好 CD 光盘,就可以单击"复制到 CD"按钮,完成刻盘。

3) 创建视频,修改放映每张幻灯片的秒数,即可创建一个新的视频文件(MP4 格式文件)。

4) 更改文件类型,例如,选择"PowerPoint 放映",再单击"另存为",选择保存路径,即可完成操作。导出文件列表如图 9-44 所示。

图 9-44 导出文件列表

(10) 预览效果,保存(*.pptx)文件,再上传文件。

实训 10 网络基础应用

实训目的

(1) 学会利用搜索引擎查找相关网页、网站、书籍等。

(2) 能够利用网络进行注册、购物等活动。

实训课时

建议课内 2 课时，课外 2 课时。

实训要求

1. 网络用户注册

(1) 在浏览器的地址栏输入某当网的网站网址。

(2) 进行用户注册。填入已有的邮箱地址或手机号码，密码为自己的学号。

说明：邮箱地址可以使用学校提供的学生邮箱，也可以使用自己的邮箱，如 QQ 邮箱；如没有可使用的邮箱，则可注册一个邮箱。

(3) 用新注册的账号和密码登录网站。

2. 网上购物

(1) 购买 1 本由石利平主编、中国水利水电出版社出版的《计算机应用基础教程（Windows10＋Office2019)》。

1) 使用网站提供的搜索功能。

2) 找到该书，进行购买或者暂时不买，可以选择加入购物车或添加收藏。

3) 若该商品无货，则设置"到货通知"。

(2) 购买 1 本《现代汉语词典（第 7 版）》。

1) 不使用搜索功能，使用分类浏览检索。

2) 在"工具书"这一类别中找到《现代汉语词典（第 7 版）》。

3) 购买此书。

注意：收货地址的填写方法如下。

收货人：使用自己的真实姓名。

收货地区：使用自己的真实信息，如中国浙江杭州钱塘新区。

详细地址：使用自己的真实信息，如杭州钱塘新区下沙学林街 583 号。

邮政编码：使用自己的真实信息，如 310018。

手机如实填写。

实 训 内 容 及 步 骤

一、网络用户注册

（1）在浏览器的地址栏输入网址。

打开任一网页浏览器，如 IE、360、搜狗、火狐，在其地址栏内输入网址，打开网站首页。

（2）用户注册。填入已有的邮箱地址或手机号码，并设置登录密码。

在网页中找到"请登录　免费注册"字样，单击"免费注册"按钮，进入新用户注册页面，填入已有的邮箱地址或者手机号码并设置登录密码，如图 10-1 所示，单击"立即注册"按钮，完成注册。弹出图 10-2 所示的消息框，表示已注册成功。

图 10-1　注册页面　　　　　　　　图 10-2　注册成功

（3）用新注册的账号和密码登录。

单击"立即去购物"按钮，即完成用户登录，可以购物。

二、网上购物

（1）购买 1 本由石利平主编、中国水利水电出版社出版的《计算机应用基础教程（Windows 10＋Office 2019）》。

1) 使用网站提供的搜索功能。

方法一：可以在首页的搜索栏里输入"计算机应用基础教程（Windows10＋Office 2019）"，如图10-3所示。

图10-3 搜索框1

这时会看到"计算机应用基础教程(Windows10+Office2019) 共70件商品"，表示相关的商品共有70件，包含不同作者的图书，这种方法查找不方便。

方法二：在搜索栏内输入书名和作者，如图10-4所示。

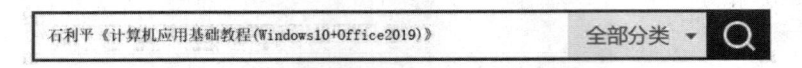

图10-4 搜索框2

这时会看到"石利平《计算机应用基础教程(Windows10+Office2019)》 共19件商品"，表示有19件相关商品，这时就比较好选择了。

方法三：单击搜索框下面的"高级搜索"按钮并输入相关信息，如图10-5所示，单击"搜索"按钮，在打开的搜索结果页中，第1个商品就是要购买的图书。

图10-5 高级搜索页面

此时将看到"全部 > 图书 > 计算机应用基础教程(Windows10 Office2019)+石利平+中国水利水电出版社 共1件商品"精准找到我们想要的书籍。

2）找到该书，进行购买。如果暂时不买，可以选择加入购物车或添加收藏。在找到的图书后面单击"购买"按钮，出现商品结算页面，如图10-6所示。

单击"结算"按钮，打开收货地址信息页面，如图10-7所示。

根据自己的真实情况填写相关信息，单击"确认收货地址"按钮。这时打开送货

图 10-6　商品结算页面

图 10-7　收货地址信息页面

方式选择界面，选择自己需要的送货方式和时间，如"普通快递""时间不限"，单击"确认送货方式"按钮。这时打开支付方式界面，可根据情况选择支付方式。最后单击"提交订单"按钮，送货方式选择"快递"，若购买则确认付款。

如果暂时不想购买，可单击"收藏"按钮，收藏该图书，如图 10-8 所示。

输入自己定义的标签名称，单击"保存标签"按钮，添加标签，如图 10-9 所示。

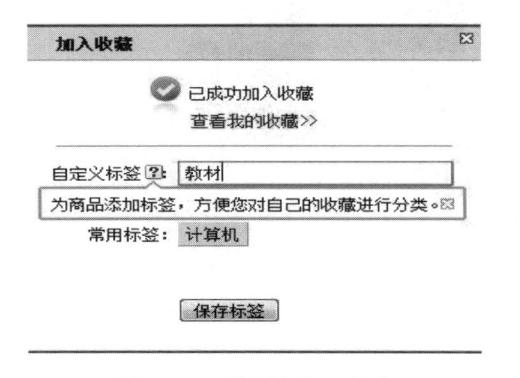

图 10-8　将图书加入收藏　　　　　图 10-9　添加标签

3）若该商品无货，则设置"到货通知"。

如果要购买的书籍目前是缺货的状态，那么我们可以单击"到货通知"按钮，打

图 10-10 设置"到货通知"

开图 10-10 所示的消息框。

（2）购买 1 本《现代汉语词典（第 7 版）》。

1）不使用搜索功能，使用分类浏览检索。

打开任一网页浏览器，如 IE、360、搜狗、火狐，在其地址栏内输入网址，打开网站首页。

在页面左边的分类栏"图书分类"中选择"工具书"，如图 10-11 所示。

图 10-11 图书分类检索

2）在"工具书"这一类别中找到《现代汉语词典（第 7 版）》。

打开新分类页，在"主编推荐"栏目的"字词典"中可以看到，第 1 项就是要找的图书，如图 10-12 所示。

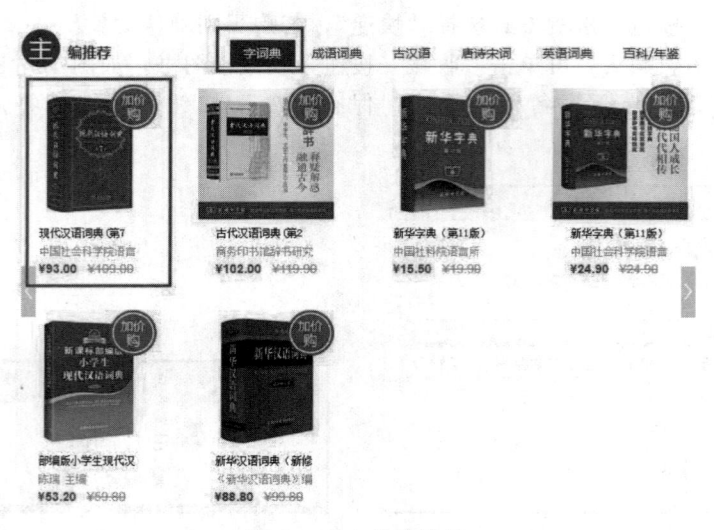

图 10-12 检索结果

3）购买此书。

单击"加入购物车"按钮进行结算，结算过程同（1）。

思政元素融入

2013年"棱镜门事件"[即微软向NSA提供用户数据（斯诺登披露）]说明数据泄露对国家安全的威胁，网络安全技术和职业道德底线同等重要，用一句话概述："当你下次输入一行命令时，请记住——你不仅是数据的传递者，更是网络主权的守护者。"

思考与练习

1. 在某主流搜索引擎（如谷歌、百度等）搜索"计算思维""人工智能""增强现实""无人机""大数据分析"等关键词，选择其中一个主题，对搜索的文字内容进行整理，撰写一份不少于500字的阅读报告。

2. 选择国内某一主流电子商务购物网站，如果未在该网站注册过，请先完成新用户注册，再选定某个想要的物品，试着完成一次网上购物操作。

实训 11 Windows 10 系统下的网络配置及应用

实训目的

(1) 掌握 Windows 10 系统下的网络 IP 设置操作。
(2) 掌握 Windows 10 系统下的网络连通性测试方法。
(3) 了解 Windows 10 系统下的远程桌面。
(4) 了解某一网页浏览器（如 360 浏览器、Microsoft Edge 浏览器）的基本使用方法及选项设置。
(5) 掌握网页浏览器中"主页"的设置和"收藏夹"的使用方法。
(6) 掌握网站中文件、图片的保存和下载操作。
(7) 掌握电子邮件的使用方法。

实训课时

建议课内 2 课时，课外 2 课时。

实训要求

1. 准备工作

在计算机最后一个磁盘［不同机房有所不同，可能是磁盘（D:）或者磁盘（E:）］根目录下，新建一个以学号和姓名命名的文件夹，如"D:\90123 赵一力"。

2. 网络配置

(1) Windows 10 系统下的网络 IP 设置。
(2) Windows 10 系统下的网络连通性测试。
(3) Windows 10 系统下的远程桌面设置。

3. 网络应用
(1) 浏览器主页设置和收藏夹的使用。
(2) 保存网页文件和图片。
(3) 下载文件。
(4) Microsoft Edge 浏览器的常用选项及设置。
(5) 邮箱注册及电子邮件的使用。

实 训 内 容 及 步 骤

一、准备工作

新建的一个个人学号文件，例如"D:\90123赵一力"文件夹。

二、网络配置

1. Windows 10 系统下的网络 IP 设置

网络配置是构建互联网时代操作系统的必要配置项，一般是指网络适配器（即网卡）的配置。本次实训要求完成 Windows 10 系统下的网络 IP 配置。

(1) 在桌面上找到"控制面板"图标，或打开"开始"菜单，输入文字"控制面板"，打开"控制面板"窗口，单击"网络和 Internet"按钮，如图 11-1 所示。

图 11-1　Windows 10 下的"控制面板"设置

(2) 单击"网络和共享中心"按钮，在界面左侧单击"更改适配器设置"，则弹出"网络连接"窗口，如图 11-2 所示。笔者的计算机连接的以太网网卡有两个：一个是有线网卡"以太网"（笔者的计算机暂未使用）；另一个是 SSL VPN 连接的"以太网 2"。这里的 SSL VPN 指的是基于安全套接字层（Security Socket Layer，SSL）协议建立远程安全访问通道的 VPN 技术，可使远程用户安全地访问某企业或某单位的内网资源，笔者的计算机已连上单位内网。另外，笔者的计算机所连接的网络是通过无线网卡连接的无线局域网络"cjlucwm"WLAN（Wireless Local Area Networks），即笔者是通过"cjlucwm"WLAN 连上万维网的。

(3) 右击图 11-2 所示窗口中的"WLAN"，弹出图 11-3 所示的快捷菜单，用户可以选择相应的命令，如"禁用""连接/断开连接""诊断""属性"等。

图11-2　Windows 10系统下的"网络连接"窗口

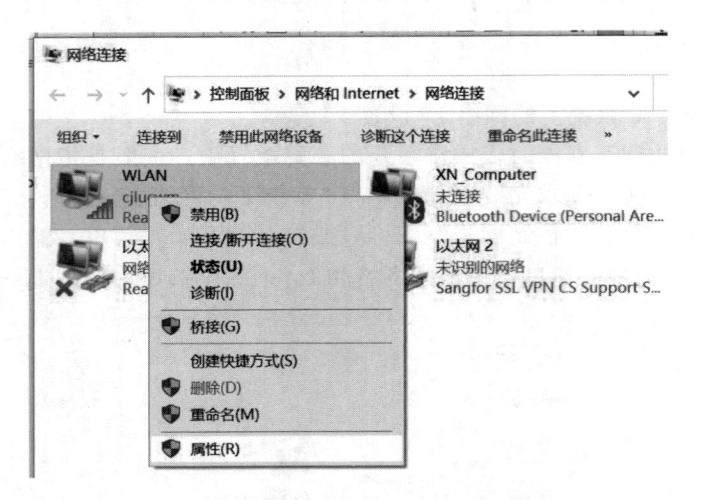

图11-3　Windows 10系统下右击"WLAN"弹出的快捷菜单

（4）执行图11-3所示的快捷菜单中的"状态"命令，打开"WLAN状态"对话框，如图11-4（a）所示，可查看笔者的计算机的"WLAN"无线网络的一些状态信息，如IPv4连接、媒体状态、SSID、速度等。另外，还可以单击该对话框中的"详细信息"按钮，打开"网络连接详细信息"对话框，如图11-4（b）所示，查看该网络连接的详细信息，如IPv4地址及其子网掩码、默认网关、DNS服务器等。

（5）执行图11-3所示的快捷菜单中的"属性"命令，或直接单击图11-4（a）所示对话框中的"属性"按钮，则弹出图11-5所示的"WLAN属性"对话框，其将连接时使用的网卡名称信息及此连接使用的项目——罗列出来了。

（6）选中图11-5所示对话框中的"此连接使用下列项目"中的"Internet 协议版本4（TCP/IPv4）"选项，再单击"属性"按钮，即可进入网卡的网络 IP 配置界面。一般有两种选择：若是家庭路由器，可选择"自动获得 IP 地址"选项，如图11-6（a）所示；若需要手动静态设置 IP 地址，则选择"使用下面的 IP 地址"选项，如图11-6（b）所示。

至此，Windows 10系统下的 IP 配置便完成了。

(a)   (b)

图 11-4　网络状态及详细信息

2. Windows 10 系统下的网络连通性测试

对当前计算机系统的网卡（无线网卡或有线网卡）进行 IP 配置后，即可测试网络的连通性。

（1）打开"开始"菜单，输入"cmd"，再单击"命令提示符"应用按钮，如图 11-7（a）所示；或者打开"开始"菜单，输入"Windows PowerShell"，再单击"Windows PowerShell"应用按钮，如图 11-7（b）所示。

（2）进入命令提示符窗口后，可在提示符后输入"ipconfig/all"命令，即可显示当前的 TCP/IP 网络配置值，刷新动态主机配置协议（Dynamic Host Configuration Protocol，DHCP）和域名系统（Domain Name System，DNS）设置，其中"/all"参数的含义是显示当前计算机的所有适配器（包括有线局域网、无线局域网、蓝牙等）的

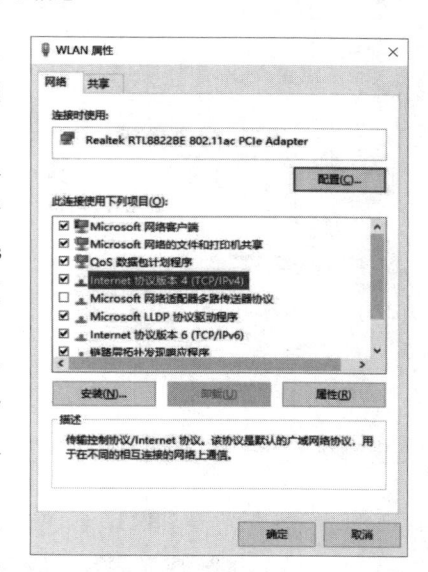

图 11-5　"WLAN 属性"对话框

完整 TCP/IP 配置信息。例如，图 11-8 所示的窗口显示了笔者计算机无线局域网适配器（即无线网卡）WLAN 的详细信息，包括无线网卡名称、网卡物理地址、IPv4 地址、子网掩码、默认网关、DHCP 服务器、DNS 服务器等。在"命令提示符"和"Windows PowerShell"应用中输入同一个网络命令，显示的信息是一样的。

（3）在提示符后输入命令"ping 192.168.3.1"后按回车键，可以查看从本机到网关的连通性，如图 11-9 所示。

从图 11-9 中可以看到，输入 ping 命令之后有 4 条应答信息，即表明线路是畅通的，并且图 11-9 中也有提示"数据包：已发送＝4，已接收＝4，丢失＝0（0％丢失），"，代表线路没有问题，网络是连通的。

同样输入 ping 命令，如"ping www.zjweu.edu.cn"，可以查到当前域名对应的

(a)　　　　　　　　　　　　　　　(b)

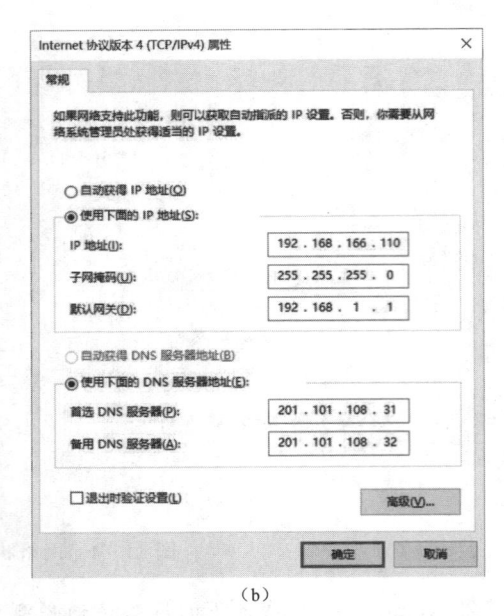

图 11-6　Windows 10 系统下的 IP 配置

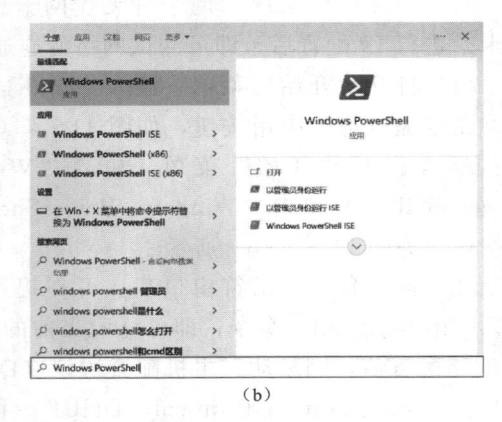

(a)　　　　　　　　　　　　　　　(b)

图 11-7　Windows 10 系统下的命令提示符应用

图 11-8　Windows 10 系统下输入"ipconfig/all"命令显示的网络配置信息

图 11-9　使用 ping 命令进行网络连通性测试 1

IP 地址为"10.200.0.73",统计信息为:"数据包:已发送＝4,已接收＝4,丢失＝0（0%丢失）,",说明该网络连接访问正常,如图 11-10 所示。

图 11-10　使用 ping 命令进行网络连通性测试 2

若在提示符后输入"ping 192.168.1.0",如图 11-11 所示,则提示"请求超时"及"数据包:已发送＝4,已接收＝4,丢失＝4（100%丢失）,",这表示网络线路有问题,需要排查原因,比如物理网卡的指示灯是否处于闪烁状态、与网关是否在同一个网段等。

图 11-11　使用 ping 命令进行网络连通性测试 3

如果需要测试从本机到其他机器的连通性,只需将 ping 命令中的信息更改为被测试主机的 IP 地址即可。

3. Windows10 系统下的远程桌面设置

完成了机器互连后,就可以设置远程桌面了。要实现远程桌面功能,需要保证连接端和被连接端的网络是畅通的,同时还需要被连接端开启远程桌面功能,并且设置允许远程连接的用户名和密码。

（1）被连接端开启"远程桌面"功能（这里假定被连接端计算机的 IP 地址为 192.168.60.16）。在"开始"菜单中单击"设置"，在弹出的窗口输入"远程桌面设置"，如图 11-12 所示，并且在右侧单击"启用远程桌面"下的"开关"滑块，将出现对话框，确认是否启用远程桌面，单击"确定"按钮即可。

（2）连接端进入远程桌面进行连接。单击"开始"→"Windows 附件"→"远程桌面"或在"开始"菜单中搜索"远程桌面"，在弹出的窗口中单击"远程桌面"应用按钮，则弹出图 11-13 所示的对话框，在"计算机（C）:"之后的地址栏中输入需要远程的计算机 IP 地址，如"192.168.60.16"，再单击"连接"按钮。

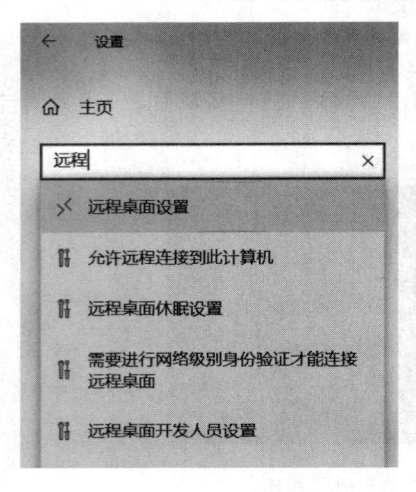

图 11-12　远程桌面设置　　　　图 11-13　远程桌面连接端输入 IP 地址

若网络测试连通没有问题，稍等片刻则弹出对话框，要求输入被连接端设置的允许远程访问的用户名和密码信息，正确输入后，即可成功地远程连接到被连接端计算机。

三、网络应用

网络应用操作主要包括网页浏览器的设置及使用、电子邮件的使用等。

1. 浏览器主页设置和收藏夹的使用

（1）打开 Windows 10 系统自带的 Microsoft Edge 浏览器，在地址栏中输入"https://crcs.zjzs.net/#/"，进入"浙江省教育考试院"—"浙江高校计算机/大学外语报名"网页，单击地址栏左侧的"⌂"按钮，则将该网页设置成主页。关闭并重新启动 MSEdge 浏览器，单击"⌂"按钮观察效果。

（2）再次打开 Microsoft Edge 浏览器。对于一些经常使用的网站和网页，我们可以进行合理的分类收藏。例如，在浏览器的地址栏中输入"https://www.zjzs.net"，进入"浙江省教育考试院"网站，可以单击地址栏右侧的"☆"按钮，将此页面添加到收藏夹，选择合适的文件夹（默认为"收藏夹栏"）或新建文件夹。下一次启动浏览器时，可在收藏夹中单击收藏好的页面直接浏览，无须在地址栏中输入网址。请将自己高中或大学的学校网站以及其他经常使用的网站添加到收藏夹中。

2. 保存网页文件和图片

（1）打开 Microsoft Edge 浏览器，单击收藏夹中的"浙江省教育考试院"，直接进入该网站首页，如图 11-14 所示，右击鼠标，在弹出的快捷菜单中执行"另存为..."命令，保存当前网页到自己的学号姓名文件夹中的 DOC 文件夹下，将文件名改为"浙江省教育考试院首页"，保存类型选"网页，仅 HTML"，单击"保存"按钮，完成操作。

图 11-14　浙江省教育考试院官网首页

（2）选中图 11-14 所示网页"首页"→"时事要闻"中的图片，右击鼠标，在弹出的快捷菜单中执行"将图像另存为..."命令，将图片保存到自己的学号姓名文件夹中的 DOC 文件夹下，将文件名改为"要闻 1"，保存类型选择"JPEG Image（*.jpg）"格式文件。

3. 下载文件

（1）在图 11-14 所示网页中的导航栏里单击"政策资讯"-"政策法规"，单击页面中第 3 条政策法规"浙江省教育厅办公室　浙江省退役军人事务厅办公室关于印发《浙江省 2024 年退役大学生士兵免试专升本招生工作实施办法》的通知"链接，如图 11-15 所示，进入通知页面，浏览页面到底部，单击该通知的 .docx 文件链接 浙江省2024年退役大学生士兵免试专升本招生工作实施办法.docx，即完成该文件的下载；也可右击该 .docx 文件，在弹出的快捷菜单中单击"将链接另存为..."，将该 DOCX 文档文件保存到自己的学号姓名文件夹中的 DOC 文件夹下，将文件名改为"2024 退役大学生士兵免试专升本招生工作通知"。

（2）再次打开 Microsoft Edge 浏览器，单击地址栏左侧中的"⌂"按钮，则默认进入浙江省等级考试考生报名系统页面，如图 11-16 所示，单击页面中的"通知通

图 11-15　政策法规—通知页面

告"右侧的"计算机等级考试大纲下载（2024版）"，在弹出的对话框中，将文件保存到自己的学号姓名文件夹中的 DOC 文件夹下，文件名改为"计算机等级考试大纲"，保存类型为"ZIP 压缩文件"。解压已经下载好的压缩文件，双击打开"11 一级《计算机应用基础》考试大纲.docx"文档并阅读。

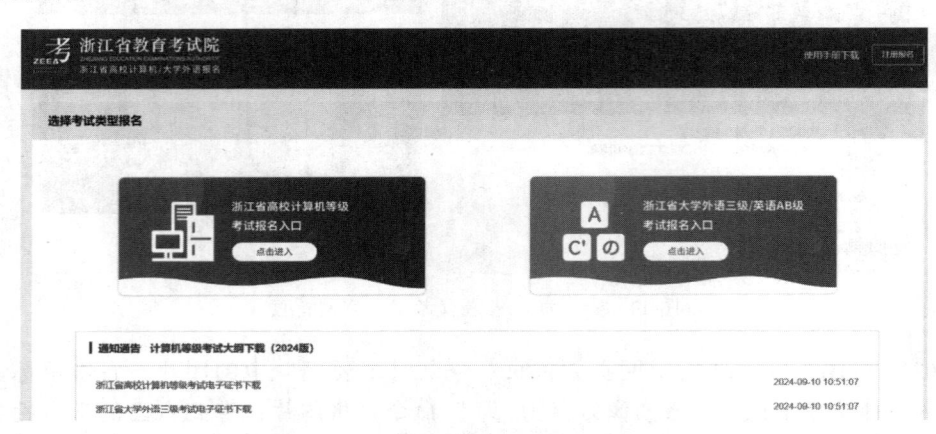

图 11-16　浙江省等级考试考生报名系统页面

4. Microsoft Edge 浏览器的常用选项及设置

（1）单击浏览器首页工具条右侧的 3 个点"..."→"历史记录"，清除"最近关闭"的浏览数据，在弹出的对话框中选择"时间范围"等，如图 11-17 所示。

（2）单击工具条右侧的 3 个点"..."→"截图"，或者按"Ctrl+Shift+S"组合键，进行页面信息截图操作。

（3）单击工具条右侧的 3 个点"..."→"更多工具"，将当前浏览器固定到任务栏和"开始"菜单。

图 11-17　清除历史浏览数据

（4）单击工具条右侧的 3 个点"..."→"更

多工具"→"Internet 选项",单击"Internet 属性"—"安全",选择"自定义级别"进行安全设置,可根据个人需求对"Internet 区域"选项进行"禁用""启用"或"提示"的设置。

(5) 单击"Internet 属性"→"常规",设置网页"纯文本字体"为仿宋。

(6) 单击"Internet 属性"→"高级",进行以下浏览器高级选项设置。

1) 始终扩展图像的说明文本。
2) 使用软件呈现而不使用 GPU 呈现。
3) 禁用脚本调试(其他)。
4) 显示每个脚本错误的通知。
5) 下载完成后不发出通知。
6) 不显示友好 HTTP 错误信息。
7) 在网页中不播放声音。

5. 邮箱注册及电子邮件的使用

可以在网易免费邮箱中注册一个 163、126 或 yeah 邮箱,也可以用 QQ 邮箱或学校邮箱,和同学互相发送一封问候邮件,建议带附件发送。然后把发送邮件和接收邮件的页面截图保存在自己的学号姓名文件夹中的"截图.docx"文档中。

思政元素融入

2015 年"乌克兰电网攻击事件"(即俄罗斯黑客通过 VPN 漏洞入侵电网)证实网络配置错误可能引发国家安全危机。引用一句话表达网络配置和 ACL(访问控制列表)技术的重要性:"网络边界是数字时代的国土防线——你的每一条 ACL 规则,都是国家安全的'电子哨兵'。"

思考与练习

1. 用"ipconfig"命令查看当前你使用的计算机的 IP 地址、默认网关及 DNS 服务器地址各为多少,并分析该 IP 地址属于第几类 IP 地址。

2. 写出你高中及大学学校官方网站的域名,解释一下它们的含义,并使用"ping"命令测试器网络连通性。例如,在 cmd 命令提示符下输入命令"ping www.zjweu.edu.cn""ping www.baidu.com"等,查看这些域名对应的 IP 地址及其分类。

3. 我们日常上网时,除了在浏览器地址栏看到 http、https、www 外,还能看到其他的字符形式吗?举例演示操作并说明含义。

实训 12 利用 AI 工具制作一份汇报 PPT

实训目的

(1) 学会当前主流 AIGC 工具的使用方法。
(2) 使用 KIMI 等 AI 机器人对话工具获取 PPT 大纲。
(3) 使用讯飞智文等 AI 工具完成 Word 文档生成 PPT。

实训课时

建议课内 2 课时，课外 2 课时。

实训要求

1. 利用 AI 对话获取 PPT 大纲
2. 丰富 PPT 中每张幻灯片页面的细节内容
3. 将 PPT 大纲内容复制到 Word 文档中并整理
4. 利用讯飞智文等 AI 在线工具将整理好的 Word 文档导入并进行 PPT 的制作
5. 选择 PPT 设计模板并修饰 PPT
6. 修改完善 PPT 中部分页面内容

实 训 内 容 及 步 骤

一、利用 AI 对话获取 PPT 大纲

打开 Kimi 首页，在 AI 对话框中输入需要制作的 PPT 的基本要求，假设在对话框中输入"准备一次面向专家的汇报材料，主题是'数字媒体技术专业介绍'，给我准备PPT汇报提纲"，如图12-1所示。

图12-1 在AI对话框中输入要求

按下回车键后，Kimi AI机器人生成的PPT提纲如图12-2所示。

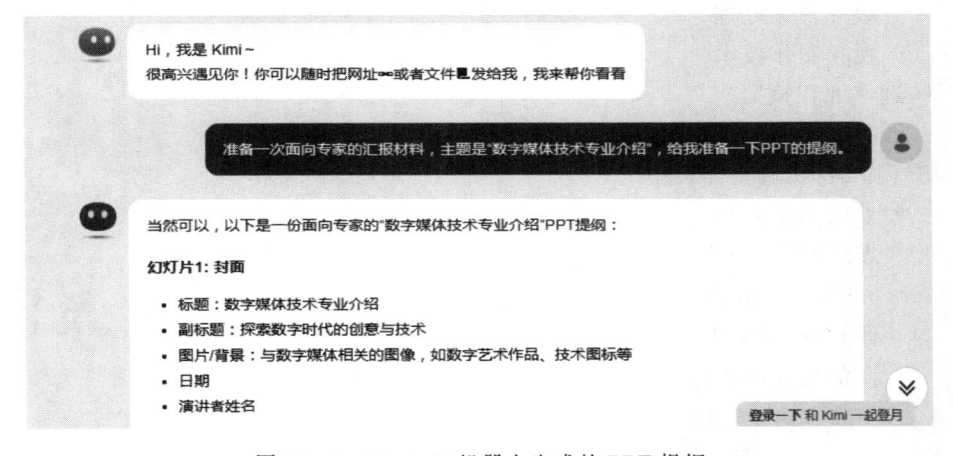

图12-2 Kimi AI机器人生成的PPT提纲

会话结束后，AI机器人生成的PPT大纲内容如下（注意，不同的时间点网络数据信息有更新，生成的大纲内容会有不一样）。

幻灯片1：封面
- 标题：数字媒体技术专业介绍
- 副标题：探索数字时代的创意与技术
- 图片/背景：与数字媒体相关的图像，如数字艺术作品、技术图标等
- 日期
- 演讲者姓名

幻灯片2：议程/目录
- 专业概述
- 课程设置
- 实验室与设施

- 行业联系与实习机会
- 毕业生就业方向
- 未来发展趋势
- 问答环节

幻灯片3：专业概述
- 数字媒体技术的定义
- 专业的重要性与市场需求
- 专业培养目标
- 专业特色与优势

幻灯片4：课程设置
- 核心课程介绍
  - 计算机图形学
  - 交互设计
  - 多媒体编程
  - 数字音频处理
  - 视频制作技术
- 选修课程概览
- 课程与行业标准的对接

幻灯片5：实验室与设施
- 专业实验室介绍
  - 虚拟现实实验室
  - 3D打印实验室
  - 音频/视频编辑工作室
  - 设备与软件资源
  - 实验室对学生项目的支持

幻灯片6：行业联系与实习机会
- 行业合作伙伴介绍
- 实习项目案例
- 学生参与行业活动的经历
- 校企合作项目

幻灯片7：毕业生就业方向
- 毕业生就业统计数据
- 主要就业领域
  - 游戏开发
  - 影视制作
  - 广告与市场营销
  - 用户体验设计
- 成功校友案例分享

幻灯片8：未来发展趋势

- 数字媒体技术的前沿趋势
  - 人工智能在数字媒体的应用
  - 增强现实与虚拟现实的发展
  - 5G 技术对数字媒体的影响
- 专业如何应对未来挑战

幻灯片 9：问答环节
- 邀请专家提问
- 提供联系方式以便后续交流

幻灯片 10：结束页
- 感谢致辞
- 演讲者联系信息
- 专业网站或社交媒体链接

内容页面底端有"复制""再试一次""分享"3 个按钮，大家可以根据需要对内容进行复制，或者对本次 AI 机器人输出内容不满意，可以单击"再试一次"重新输出提纲内容。

最后，再根据自己的实际需求对 PPT 大纲进行适当的调整，待调整无误后进入下一个环节。

二、丰富 PPT 中每张幻灯片页面的细节内容

继续就某个 PPT 页面和 AI 机器人对话，让其不断完善和丰富相关内容。例如，在输入框中输入"对于幻灯片 8 中的人工智能在数字媒体的应用举 2 个案例进行说明"，如图 12-3 所示。

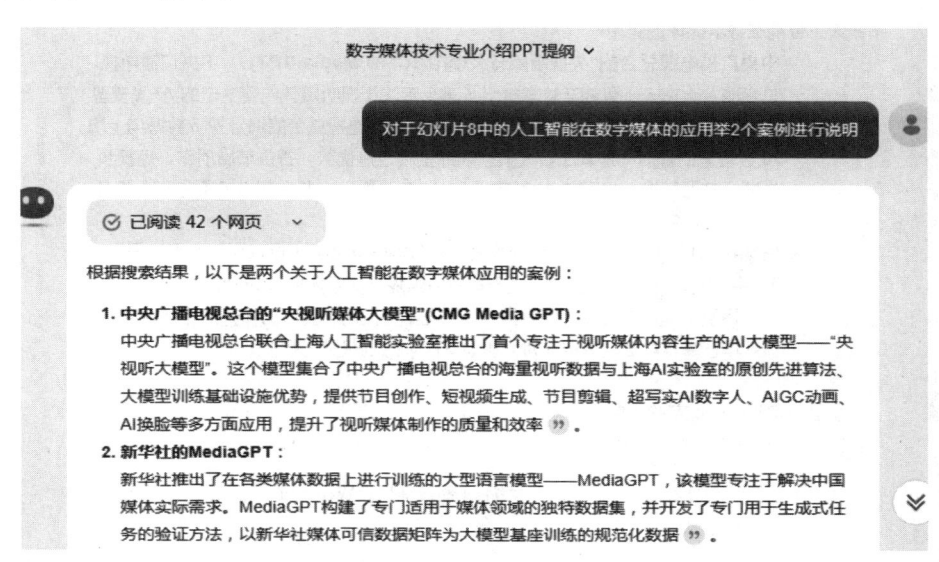

图 12-3　丰富某个幻灯片细节内容

在输入框中继续输入"在幻灯片 9 中模拟专家的 2 个提问并给出概要答案"，如图 12-4 所示。

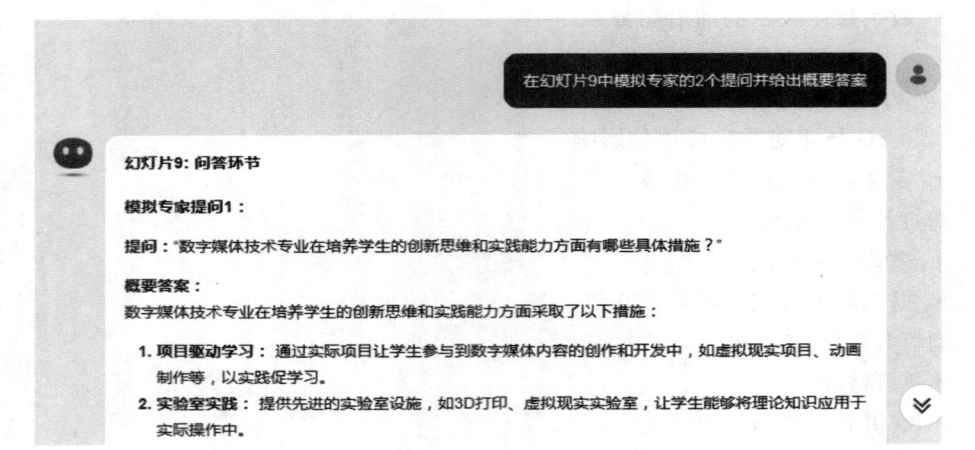

图 12-4　幻灯片 9 中模拟专家提问

三、将 PPT 大纲内容复制到 Word 文档中并整理

将 PPT 大纲和丰富过后的细节复制到 Word 文档中，并进行整理，确定各个章节的标题后进行保存，如图 12-5 所示。

图 12-5　将 PPT 大纲内容复制到 Word 文档中

四、利用讯飞智文 AI 在线工具将整理好的 Word 文档导入并进行 PPT 的制作

打开讯飞智文首页，如图 12-6 所示。

单击"AI PPT"中的"文档创建"，打开文档创建页面，如图 12-7 所示。

图 12-6　讯飞智文首页

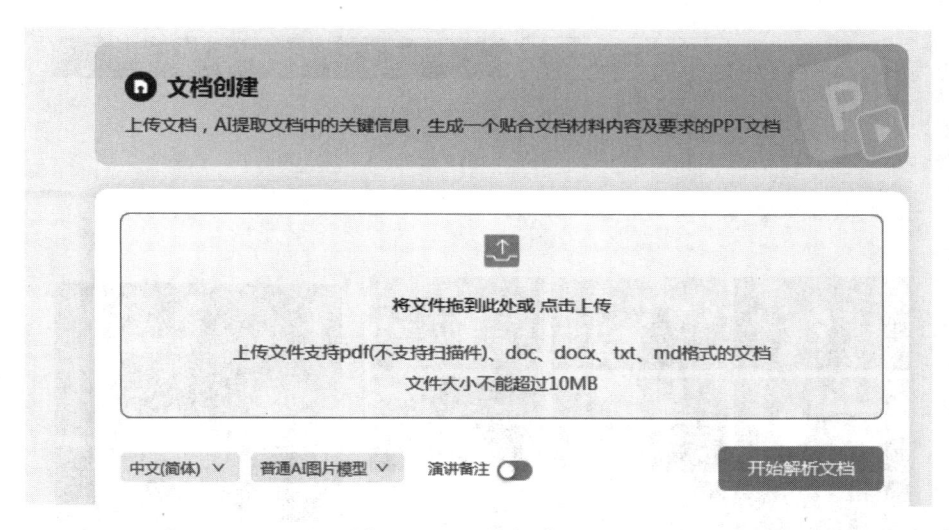

图 12-7　文档创建页面

上传文档，开始解析。解析成功后如图 12-8 所示，单击"下一步"按钮完成操作，也可以单击"重新生成"按钮重新生成。

五、选择 PPT 设计模板并修饰 PPT

上述操作执行完后，进入模板选择页面，如图 12-9 所示。

本例我们选择"风格"为"创意"和"颜色"为"蓝色"（图 12-10）后，可以看到提供的模板，选择其中的第 3 项"人工智能……"后，再单击右上角的"开始生成"按钮完成操作。

六、修改完善 PPT 中部分页面内容

生成 PPT 后，再根据需求进行下载（有些 AI 平台需要付费），下载后再根据需要对 PPT 进行小范围修改即可。

至此，利用 AI 工具制作完成了一份汇报 PPT。

图 12-8 文档解析

图 12-9 模板选择页面

图 12-10 PPT 风格和颜色选择

思政元素融入

大语言模型 AI 工具的层出不穷〔如文心一言（ERNIE）、讯飞星火、智谱 Chat-GLM、DeepSeek 等〕，给使用者带来极大的便利。但是同样要遵从一定的信息伦理与学术诚信，避免学术不端（如 AI 代写论文、作业抄袭、学术造假）、虚假信息传播（如 AI 生成谣言、AI 诈骗）等问题。另外，在使用过程中要注意可能涉及的隐私泄露（如输入敏感信息被记录）和数据网络安全问题，合理使用 AI 工具，避免滥用。

思考与练习

利用当前主流 AI 工具，根据个人工作或学习所需，自行选定一个主题，完成一份演示文稿文件的生成，并提交成果。

参 考 文 献

［1］ 刘振湖，付小玉，涂发金．计算机信息技术［M］．北京：人民邮电出版社，2023．
［2］ 谢楠，韩丽茹，李大齐．大学计算机基础实训教程（Windows 10＋Office 2019）［M］．上海：上海交通大学出版社，2022．
［3］ 韩春玲，徐蕾，陈文青．办公软件高级应用实践指导［M］．上海：上海交通大学出版社，2023．
［4］ 郭艳华，肖若辉，陈萌．计算机基础与应用案例教程［M］．2版．北京：科学出版社，2019．
［5］ 聂长浪，贺秋芳，李久仲．计算机应用基础教程（Windows 10＋Office 2019）［M］．北京：中国水利水电出版社，2021．
［6］ 姜华．大学计算机基础（微课版）［M］．成都：电子科技大学出版社，2021．
［7］ 蔡晓丽，张本文，徐向阳．大学计算机应用基础（微课版）［M］．成都：电子科技大学出版社，2021．
［8］ 林菲．办公软件高级应用（Office 2019）［M］．杭州：浙江大学出版社，2021．
［9］ 马文静．Office 2019办公软件高级应用［M］．北京：电子工业出版社，2020．